MATHEMATICAL
PHYSICS

物理数学シリーズ　4

物理とグリーン関数

今村　勤

岩波書店

序

さきに「物理とフーリエ変換」(岩波全書)を書いたときに，Green 関数についてどの程度ふれるか迷いました．その重要性から省くことは気が進まず，またくわしく書くことは主題とした固有関数系による展開という考え方をぼかすように思えたからです．結果としてちょっと中途半端な記述になってしまい，特に境界面のある場合の Green 関数については鏡像法以外ふれることができませんでした．一方 Green 関数について書かれた書物は多いのですが，案外綜合的にまとめてあるものは少ないようですし，特に種々の境界条件に対する Green 関数を具体的に求めるに当ってどのような考え方に従って求めるかというようなことはあまり意識的にふれられていないと思います．そこで Green 関数の物理的意味と具体的に求めるに当っての考え方に重点をおいて Green 関数の理論を綜合的にまとめようと思いました．このような事情のもとに，関西学院大学の学部で有志学生諸君にした講義，大学院と Boston 大学の大学院で担当した物理数学の講義内容の一部をもとにしてまとめたのがこの小著です．

第1章では Green 関数のもつ物理的な意味すなわち物理系がある作用に対して示す反応という考え方を主に説明しました．第2章では Green 関数のもつ一般的な性質を述べました．第3章では最も広く用いられ，また種々の Green 関数を作るに当っての基礎としても用いられる境界のない場合の Green 関数を具体的に求めました．この本では主として偏微分方程式の Green 関数を対象としているのに対して，Sturm-Liouville 方程式の Green 関数について第4章で述べました．第5章では種々の境界条件に適合するGreen関数を具体的に求めましたが，特にそれらをどのような考え方に従って作っていくかという過程を明瞭にするように努めました．第6章から第9章までは物理のいろいろな分野への応用です．第10章では抽象的な演算子としてのGreen関数を取り扱い，散乱の形式理論のなかに現れるGreen関数について述べました．補遺A～D, Fはできるだけ他の書物を参考にしないでも読めるように物理的数学的背景として加えました．補遺Eは最近場の量子論，物性理論の最先端の研究においてGreen関数が用いられていることを考えて，その古典的な意味でのGreen関数との関連を見るための覚え書の積りで加えました．

応用の便宜を考えて，Green関数を表示しようかと考えたのですが，あまり多くのGreen関数を列挙することはかえって利用しにくいと思いました．また表だけからGreen関数の具体的な形を知るだけでなく，それが得られた過程を少しでもながめる方が応用に際しても役立つだろうと思いました．そこで索引で具体的なGreen関数の式番号を見出すことができるよう努めました．

「物理とフーリエ変換」との重複はできるだけ避けたいと努力しましたが，散乱とか回折はGreen関数の応用分野のなかでも重要なものですので，数学的な補遺と共に多少の重複はお許し願いたいと存じます．計算はできるだけ省略せずに書きました．また同じGreen関数が2通りに表わされた場合などではつとめてその両者の一致を示しておきました．

著者が卒業研究に次いで取り組んだ研究テーマが場の量子論におけるGreen関数でした．大阪大学内山龍雄教授の御指導のもとに大阪大学砂川重信教授とともに当時古典的なGreen関数の理論もあまり知らぬままにただがむしゃらに共同研究を行うことができましたのは著者にとって楽しくまたほほえましい思い出です．砂川教授にはまた本書の原稿を読み有益な助言を戴きました．関西学院大学中津和三教授には図 7.6 (a)～(f) を作成して戴きました．岩波書店片山宏海氏には出版にあたり大変御世話になりました．これらの諸氏にあらためて感謝致します．

1978 年　春

著者しるす

著者はこれまで，理工系学生のための数学入門書として『物理と行列』『物理とフーリエ変換』『物理とグリーン関数』『物理と関数論』の 4 冊を書き，改訂を重ねながら幸いにも多くの読者に迎えられてきました．いずれも物理でよく用いられる数学的手法をテーマとしており，数学科以外の理工系大学生を読者として意識しながら，応用を重視して解説したものです．このたび全 4 冊の「物理数学シリーズ」として読みやすく判型も拡大して再刊させることになりました．装いも一新した本書が，今後も読者のお役に立つことを願っています．

2016 年　春

著　者

記　号　表

ベクトル: 太字例えば $\boldsymbol{A}$ で示す.

$|\boldsymbol{A}|$ または A; ベクトル $\boldsymbol{A}$ の長さ

$\boldsymbol{A}\cdot\boldsymbol{B}$; ベクトル $\boldsymbol{A}$ とベクトル $\boldsymbol{B}$ の内積

$\boldsymbol{A}\times\boldsymbol{B}$; ベクトル $\boldsymbol{A}$ とベクトル $\boldsymbol{B}$ の外積

$\boldsymbol{r}$; 位置ベクトル, そのカルテシアン, 円筒, 球座標をそれぞれ (x, y, z), (ρ, φ, z), (r, θ, φ) と書く. 2次元位置ベクトルであることを強調するときは $\boldsymbol{\rho}$ を用いる.

$\boldsymbol{e}^{(x)}$ など; x 軸方向の単位ベクトル

$\boldsymbol{n}$; 閉曲面上で外向きの単位法線ベクトル

$\boldsymbol{n}_{12}$; 領域1から領域2の方向を向く境界面に垂直な単位ベクトル

X; 時空点を総称するとき, 例えば $\boldsymbol{r}$ だとか $\boldsymbol{r}, t$ などを表わすときに用いる.

積分: 多重積分も特に積分範囲を異にしないときは1つの $\int$ で示す.

$\int d\boldsymbol{r}$; ベクトル空間での積分

$\int_V d\boldsymbol{r}$; 領域 V での積分

$\int_S dS$; 曲面 S での面積分

$\int d\boldsymbol{r}'$ など; 積分変数 $\boldsymbol{r}'$ についての積分

微分: $\nabla\phi(\boldsymbol{r})$; $\mathrm{grad}\,\phi(\boldsymbol{r})$

$\nabla\cdot\boldsymbol{A}(\boldsymbol{r})$; $\mathrm{div}\,\boldsymbol{A}(\boldsymbol{r})$

$\nabla\times\boldsymbol{A}(\boldsymbol{r})$; $\mathrm{rot}\,\boldsymbol{A}(\boldsymbol{r})$

∇'; 変数 $\boldsymbol{r}'$ についての微分

$\dfrac{df}{dx}(a)$ または $\left.\dfrac{df(x)}{dx}\right|_a$; $\left.\dfrac{df(x)}{dx}\right|_{x=a}$ すなわち $x=a$ での微分

$J_n'(ka)$ など; $\left.\dfrac{dJ_n(x)}{dx}\right|_{x=ka}$ すなわち引数についての微分

極限: $f(x\pm 0)=\lim_{|\epsilon|\to 0} f(x\pm|\epsilon|)$

時間平均: $\langle\cdots\rangle$

特別な因子と関数: $\delta_{ij}=\begin{cases}1 & (i=j)\\ 0 & (i\neq j)\end{cases}$ (Kronecker の δ)

$\epsilon_m=2-\delta_{m0}$ (Neumann 因子)

$\theta(x)=\begin{cases}1 & (x>0)\\ 0 & (x<0)\end{cases}$

$\theta(\boldsymbol{r}\in V)=\begin{cases}1 & (\text{点 } \boldsymbol{r} \text{ が領域 } V \text{ に含まれるとき})\\ 0 & (\text{点 } \boldsymbol{r} \text{ が領域 } V \text{ に含まれないとき})\end{cases}$

球座標を用いるとき，座標 θ との混同を避けるために，座標を表わす θ のあとに括弧(　)を用いていない．すなわち $\theta(\cdots)$ はすべて θ 関数を表わす．

$\epsilon(x)=\begin{cases}1 & (x>0)\\ -1 & (x<0)\end{cases}$

$\delta(x)$; Dirac の δ 関数(補遺 B)

複号同順について: 例えば

$H_n^{(\tau)}(x)\to\sqrt{\dfrac{2}{\pi x}}\exp\left\{\pm i\left[x-\left(n+\dfrac{1}{2}\right)\dfrac{\pi}{2}\right]\right\}$ のように $H_n^{(\tau)}$ の τ は上側の符号すなわち＋に対しては 1 を，下側の符号すなわち－に対しては 2 をとる．

対称な式の表現について: 例えば

$$\frac{1}{|\boldsymbol{r}-\boldsymbol{r}'|}=\sum_{n=0}^{\infty}P_n(\cos\gamma)\frac{1}{r'}\left(\frac{r}{r'}\right)^n \qquad (r'>r;\ r'\leftrightarrow r)$$

によって，この式が $r'>r$ に対して成立する式であり，$r>r'$ に

対しては r と r' をいれかえた式すなわち

$$\frac{1}{|\boldsymbol{r}-\boldsymbol{r}'|}=\sum_{n=0}^{\infty}P_n(\cos\gamma)\frac{1}{r}\left(\frac{r'}{r}\right)^n \qquad (r>r')$$

が成立することを示す.

Green 関数: $G(\boldsymbol{r},\boldsymbol{r}')$, $G(\boldsymbol{r},t,\boldsymbol{r}',t')$

$G^{\infty}(\boldsymbol{r},\boldsymbol{r}')=G^{\infty}(\boldsymbol{r}-\boldsymbol{r}')$, $G^{\infty}(\boldsymbol{r},t,\boldsymbol{r}',t')=G^{\infty}(\boldsymbol{r}-\boldsymbol{r}',t-t')$; 基本的な Green 関数(境界面がない場合の Green 関数)

$G^{(0)}$; 近似方程式に対する Green 関数

$G_n(\boldsymbol{r},\boldsymbol{r}')$ など; 空間が n 次元の場合の Green 関数

$g(\boldsymbol{r},\boldsymbol{r}')$ など; 相反性を充たし同次方程式の解となっているもの. したがって $G^{\infty}(\boldsymbol{r}-\boldsymbol{r}')+g(\boldsymbol{r},\boldsymbol{r}')$ は Green 関数である.

抽象的な演算子: $\boldsymbol{L}, \boldsymbol{H}$ など太字で示す. ベクトルと混同するおそれのある所ではそのつど注意する.

Hermite 共役: $\boldsymbol{L}^{\dagger}$

複素共役: c^*

目　次

第1章　物理的，数学的意味

§1.1　作用とその影響

物理学においてある現象を記述ないしは理解しようとするとき，たびたび用いられる思考形式は，その現象がどのような作用の影響として生じてきたかという考え方である．換言すれば，対象とする**物理系にある作用を与えたとき，その物理系にどのような変化が生じるか**という記述法である．このとき理論をできるだけ精密化するためには，与える作用とそれに対する物理系の反応とをできるだけ時間的・空間的に細分化することが望ましい．

この細分化を弦の微小横振動を例にとって考えてみよう．最も細分化した作用として，ある時刻ある点に瞬間的かつ局所的に働く単位外力を考えることができるであろう．一般的な外力はこれらの単位外力の1次結合で得られるし，数学的にもこれらの瞬間的かつ局所的に働く力の取扱いは容易である．この細分化した作用にともなって，それに対する物理系の反応もまた各時刻各点の変位に細分化して考えよう．すなわちある時刻t'，ある点x'に瞬間的かつ局所的な単位外力を作用させた結果として，ある時刻t，ある点xにおける弦の変位にどのような影響が与えられるかというように問題を提起するのである．以上のように考えると，ある時空点(x',t')に与えた単位作用のある時空点(x,t)での場の量(この例では弦の変位)に与える影響は，いったん物理系が定まると(この例では境界条件と弦の張力と密度)すべての現象の伝わり方の総合として，2つの時空点の関数$G(x,t,x',t')$で表わされるであろう．このような関数を**Green 関数**という．

一般の作用に対する物理系の反応を調べるのに，作用を上述のように細分化し，その個々の影響を重ね合せて一般の作用に対する反応が得られる場合が多い．すなわち**重ね合せの原理**(principle of superposition)が成り立つ場合であり，数学的には線形方程式でよく記述される場合である．あるいは厳密に得られないまでも，その原理が成り立つ線形部分がよい近似を与えるか厳密な解へのある手掛りを与える場合がほとんどである．そうであるならば上述の Green 関数を知ることは物理現象を記述ないしは理解する上に有力な方法となり得るであろう．

このような考え方は，弦の振動のような原因結果という時間的経過をともなう現象の記述にのみ有効であるだけでなく，静的な現象の記述にも有効に用いられる．例えば電荷分布が与えられた場合の静電場を求めるに際して，$\boldsymbol{r}'$ 点におかれた単位電荷が $\boldsymbol{r}$ 点における電場にどのような影響を及ぼしているかというように記述するのである．この場合にはその影響を表わす Green 関数は当然空間の2点 $\boldsymbol{r}, \boldsymbol{r}'$ の関数となる．このよく知られた例を少し具体的に見てみよう．

誘電率 ε の一様な誘電体を考えよう．原点に点電荷 Q があるとき，$\boldsymbol{r}$ 点における静電ポテンシャル $\phi(\boldsymbol{r})$ はよく知られているように

$$\phi(\boldsymbol{r}) = \frac{Q}{4\pi\varepsilon}\frac{1}{|\boldsymbol{r}|} \tag{1.1.1}$$

である．電荷分布が $\rho(\boldsymbol{r})$ で与えられたときには，ポテンシャルは各点における電荷の作るポテンシャルの和として

$$\phi(\boldsymbol{r}) = \frac{1}{4\pi\varepsilon}\int\frac{\rho(\boldsymbol{r}')}{|\boldsymbol{r}-\boldsymbol{r}'|}d\boldsymbol{r}' \tag{1.1.2}$$

で表わされる．このように個々の電荷の作るポテンシャルの和と

して全電荷の作るポテンシャルが表わせること，すなわち上述の重ね合せの原理が成り立つことは，$\phi(\boldsymbol{r})$の充たす方程式が

$$\Delta\phi(\boldsymbol{r}) = -\frac{\rho(\boldsymbol{r})}{\varepsilon} \tag{1.1.3}$$

のように線形方程式であることの大切な性質である．解(1.1.2)に現われる関数

$$G(\boldsymbol{r}, \boldsymbol{r}') = \frac{1}{4\pi|\boldsymbol{r}-\boldsymbol{r}'|} \tag{1.1.4}$$

が上述の Green 関数であり，$\boldsymbol{r}'$ にある単位電荷が $\boldsymbol{r}$ 点にどれだけのポテンシャルを生み出すかを示している．

この静電場の場合でも，先に述べた弦の振動の場合でも，物理系に対する作用として電荷を与えるとか外力を与えるとかすることは，数学的には対象とする場の量であるポテンシャルとか変位の充たす方程式において(1.1.3)の右辺のような非同次項を与えることである．本書ではこのような非同次項のことを一般に**源泉**(source)ということにする．すなわち源泉の場の量に対する影響として問題をとらえ，その影響を表わすものとして Green 関数を考えてきた．しかし一般に物理系を取り扱い，場の量を定めるときには，単に源泉を与えるだけではなく境界条件とか初期条件とかの形で場の量自身やその法線方向の微分を境界で与えて定める場合が多い．例えば球面上でポテンシャル分布を与えて内部の電場を求めたり，ある時刻での弦の横方向の変位分布と速度分布を与えてその時刻以後の振動の様子を求めたりするのである．このような場合にも，さきに述べた $\boldsymbol{r}'$ 点における源泉の $\boldsymbol{r}$ 点の場の量に対する影響という考え方を拡張して，境界上の $\boldsymbol{r}'$ 点における境界値を物理系に対する一種の細分化された作用と考えることはできないものであろうか．すなわちその境界値が $\boldsymbol{r}$ 点の場の量に

与える影響は何程かというように問題をとらえるのである．同様に，t_0 という時刻で与えられた $\boldsymbol{r}'$ 点における初期値が時刻 t の $\boldsymbol{r}$ 点における場の量に与える影響は何程かというように考えることができないものであろうか．またもしそれができるとすれば，この境界値，初期値の影響を表わす関数とさきの源泉の影響を表わす関数とはどのような関係にあるであろうか．次節で2つの例について調べて見ることにする．

§1.2　簡単な例

a)　静電ポテンシャル

第1の例として領域 $x\geq 0$，$y\geq 0$ に広がる誘電率 ε の一様な2次元誘電体の中に電荷分布 $\rho(x, y)$ が与えられた物理系を考えよう．静電場のポテンシャル $\phi(x, y)$ の充たす方程式は(A. 4. 41)すなわち

$$\left(\frac{\partial^2}{\partial x^2}+\frac{\partial^2}{\partial y^2}\right)\phi(x, y) = \Delta_2\phi(x, y) = -\frac{\rho(x, y)}{\varepsilon} \tag{1.2.1}$$

である．いま境界条件

$$\left.\begin{aligned} &\phi(\infty, y) = \phi(x, \infty) = 0 \\ &\phi(x, 0) = f(x) \\ &\frac{\partial\phi}{\partial x}(0, y) = g(y) \end{aligned}\right\} \tag{1.2.2}$$

が与えられたとして解を求めてみよう．$x=0$ で $\partial\phi/\partial x$ が与えられ，$y=0$ で ϕ が与えられているのであるから，このような場合に有効な変換は x については Fourier cosine 変換，y については Fourier sine 変換である*．すなわち

＊　文献(9)．

$$\hat{\phi}(k,l)=\frac{2}{\pi}\int_0^\infty \cos kx \sin ly\, \phi(x,y)dxdy \tag{1.2.3}$$

$$\hat{\rho}(k,l)=\frac{2}{\pi}\int_0^\infty \cos kx \sin ly\, \rho(x,y)dxdy \tag{1.2.4}$$

$$\hat{f}(k)=\sqrt{\frac{2}{\pi}}\int_0^\infty \cos kx\, f(x)dx \tag{1.2.5}$$

$$\hat{g}(l)=\sqrt{\frac{2}{\pi}}\int_0^\infty \sin ky\, g(y)dy \tag{1.2.6}$$

とすると，

$$\begin{aligned}\int_0^\infty \cos kx \frac{\partial^2\phi(x,y)}{\partial x^2}dx &= \left[\cos kx \frac{\partial\phi(x,y)}{\partial x}\right]_0^\infty + k\int_0^\infty \sin kx \frac{\partial\phi(x,y)}{\partial x}dx \\ &= -g(y)-k^2\int_0^\infty \cos kx\, \phi(x,y)dx \end{aligned} \tag{1.2.7}$$

$$\int_0^\infty \sin ly \frac{\partial^2\phi(x,y)}{\partial y^2}dy = lf(x)-l^2\int_0^\infty \sin ly\, \phi(x,y)dy \tag{1.2.8}$$

を用いて，(1.2.1)を変換することにより

$$-(k^2+l^2)\hat{\phi}(k,l)-\sqrt{\frac{2}{\pi}}\hat{g}(l)+\sqrt{\frac{2}{\pi}}l\hat{f}(k)=-\frac{\hat{\rho}(k,l)}{\varepsilon} \tag{1.2.9}$$

が得られる．これを解くと

$$\hat{\phi}(k,l)=\frac{1}{k^2+l^2}\left\{\sqrt{\frac{2}{\pi}}l\hat{f}(k)-\sqrt{\frac{2}{\pi}}\hat{g}(l)+\frac{\hat{\rho}(k,l)}{\varepsilon}\right\} \tag{1.2.10}$$

となるから，逆変換により

$$\phi(x,y)=\frac{2}{\pi}\int_0^\infty \cos kx \sin ly\,\hat{\phi}(k,l)dkdl$$
$$=\frac{4}{\pi^2}\int_0^\infty \cos kx \sin ly\left\{l\int_0^\infty \cos kx' f(x')dx'\right.$$
$$-\int_0^\infty \sin ly' g(y')dy'$$
$$\left.+\int_0^\infty \cos kx' \sin ly'\frac{\rho(x',y')}{\varepsilon}dx'dy'\right\}\frac{1}{k^2+l^2}dkdl$$
$$(1.2.11)$$

と書ける．ここで

$$G(x,y,x',y')\equiv\frac{4}{\pi^2}\int_0^\infty\frac{\cos kx \sin ly \cos kx' \sin ly'}{k^2+l^2}dkdl \tag{1.2.12}$$

とおき

$$\left.\frac{\partial G(x,y,x',y')}{\partial y'}\right|_{y'=0}=\frac{4}{\pi^2}\int_0^\infty\frac{l\cos kx \sin ly \cos kx'}{k^2+l^2}dkdl$$

を用いると，(1.2.11)は

$$\phi(x,y)=\int_0^\infty f(x')\left.\frac{\partial G(x,y,x',y')}{\partial y'}\right|_{y'=0}dx'$$
$$-\int_0^\infty g(y')G(x,y,0,y')dy'$$
$$+\int_0^\infty G(x,y,x',y')\frac{\rho(x',y')}{\varepsilon}dx'dy' \tag{1.2.13}$$

と表わせる．ここで第1項と第2項は境界線上の積分であり，第3項は領域内の積分である．

(1.2.13)の右辺第3項を見ると関数$G(x,y,x',y')$が前節で述べた(x',y')点にある単位電荷が(x,y)点のポテンシャルに与える影響を表わしていることは明らかである．それにとどまらず，境界条件の影響もまた同じ関数$G(x,t,x',t')$で表わされていることは大きな特徴である．このように**非同次の境界条件は一種の源泉**として解釈される．その物理的意味については次節で調べることにする．

(1.2.12)に2次元のラプラシアンを作用させ，(B.4)で示されるδ関数を用いて得られる関係

$$\frac{2}{\pi}\int_0^\infty \cos kx \cos kx' dk = \delta(x+x')+\delta(x-x') \tag{1.2.14}$$

$$\frac{2}{\pi}\int_0^\infty \sin ly \sin ly' dl = -\delta(y+y')+\delta(y-y') \tag{1.2.15}$$

を用いて

$$\Delta_2 G(x,y,x',y') = -\delta(x-x')\delta(y-y') \tag{1.2.16}$$

が得られる．ここでx, x', y, y'はすべて正であり，$\delta(x+x')\sim\delta(y+y')\sim 0$を用いた．すなわち方程式(1.2.1)の Green 関数は方程式(1.2.16)の適当な境界条件のもとでの解である．

上例の解(1.2.13)を見ると，Green 関数は電荷分布の特定の関数形$\rho(\boldsymbol{r})$，境界条件の特定の関数形$f(x)$, $g(y)$にはよらないで定まっている．ただ方程式(1.2.16)の解であり，$x=0$では$\partial\phi/\partial x$を与えるという**Neumann 型の境界条件**に対応して

$$\left.\frac{\partial G(x,y,x',y')}{\partial x'}\right|_{x'=0} = 0 \tag{1.2.17}$$

を，$y=0$ではϕを与えるという**Dirichlet 型の境界条件**に対応して

$$G(x,y,x',0) = 0 \tag{1.2.18}$$

を充たす解である．一度このような Green 関数が定まると，方程式(1.2.1)の解であり境界$x=0$で Neumann 型の$\partial\phi/\partial x$を与え，

境界 $y=0$ で Dirichlet 型の ϕ を与える問題の解はすべて積分(1.2.13)で表わせる．すなわち境界面とそこでの境界条件の型さえ指定すれば，それに対応してただ1つの Green 関数が定まり，電荷分布 $\rho(\boldsymbol{r})$，境界値を与える $f(x)$，$g(y)$ などの関数形は全く自由にとれるすべての解は積分(1.2.13)で表わされるのである．

b）弦の微小横振動

第2の例として無限に長い弦の微小横振動を考えよう．変位 $D(x,t)$ の充たす方程式は

$$\left(\frac{\partial^2}{\partial x^2}-\frac{1}{c^2}\frac{\partial^2}{\partial t^2}\right)D(x,t) = -\rho(x,t) \qquad (1.2.19)$$

である．x についての Fourier 積分変換

$$\hat{D}(k,t) \equiv \frac{1}{2\pi}\int_{-\infty}^{\infty} e^{-ikx}D(x,t)dx \qquad (1.2.20)$$

の充たす方程式は

$$\left(\frac{1}{c^2}\frac{\partial^2}{\partial t^2}+k^2\right)\hat{D}(k,t) = \hat{\rho}(k,t) \equiv \frac{1}{2\pi}\int_{-\infty}^{\infty} e^{-ikx}\rho(x,t)dx \qquad (1.2.21)$$

である．(1.2.21)の一般解

$$\hat{D}(k,t) = A(k)\cos ck(t-t_0)+B(k)\sin ck(t-t_0) + \frac{c}{k}\int_{t_0}^{t}\sin ck(t-t')\hat{\rho}(k,t')dt' \qquad (1.2.22)$$

の2つの係数 $A(k), B(k)$ は，初期値から

$$\left.\begin{aligned} A(k) &= \hat{D}(k,t_0) = \frac{1}{2\pi}\int_{-\infty}^{\infty} e^{-ikx}D(x,t_0)dx \\ B(k) &= \frac{1}{ck}\frac{\partial \hat{D}}{\partial t}(k,t_0) = \frac{1}{2\pi}\int_{-\infty}^{\infty} e^{-ikx}\frac{1}{ck}\frac{\partial D}{\partial t}(x,t_0)dx \end{aligned}\right\} \qquad (1.2.23)$$

として定まる．Fourier 積分逆変換をとることにより

$$D(x,t)=\int_{-\infty}^{\infty}e^{ikx}\hat{D}(k,t)dk$$
$$=\frac{1}{2\pi}\int_{-\infty}^{\infty}e^{ikx}\Big[\cos ckt\int_{-\infty}^{\infty}e^{-ikx'}D(x',t_0)dx'$$
$$+\frac{\sin ckt}{ck}\int_{-\infty}^{\infty}e^{-ikx'}\frac{\partial D}{\partial t}(x',t_0)dx'$$
$$+\int_{t_0}^{t}\frac{c}{k}\sin ck(t-t')\int_{-\infty}^{\infty}e^{-ikx'}\rho(x',t')dx'dt'\Big]dk \tag{1.2.24}$$

が得られる．いま

$$\theta(t)=\begin{cases}1 & (t>0)\\ 0 & (t<0)\end{cases} \tag{1.2.25}$$

として

$$G(x,t,x',t')=\frac{1}{2\pi}\int_{-\infty}^{\infty}e^{ik(x-x')}\frac{c\sin ck(t-t')}{k}dk\,\theta(t-t') \tag{1.2.26}$$

とおくと，(1.2.24)は

$$D(x,t)=\frac{1}{c^2}\int_{-\infty}^{\infty}\Big\{G(x,t,x',t_0)\frac{\partial D}{\partial t'}(x',t_0)$$
$$-\frac{\partial G}{\partial t'}(x,t,x',t_0)D(x',t_0)\Big\}dx'$$
$$+\int_{t_0}^{t}\int_{-\infty}^{\infty}G(x,t,x',t')\rho(x',t')dx'dt' \tag{1.2.27}$$

と書ける．右辺第1項は初期時刻における空間積分であり，第2項は時空領域にわたっての積分である．

(1.2.27)の右辺第2項をみると，$G(x,t,x',t')$は時空点(x',t')にある単位源泉が時空点(x,t)の弦の変位に及ぼす影響を示して

いるといえる．それのみならず第1項においては同じ関数 G が x' における初期速度と初期変位の (x, t) 点の弦の変位に対する影響をも表わしている．このように**初期条件もまた一種の源泉**として解釈されるが，その物理的意味については次節で調べる．

Green 関数 $G(x, t, x', t')$ (1. 2. 26) が方程式

$$\left(\frac{\partial^2}{\partial x^2} - \frac{1}{c^2}\frac{\partial^2}{\partial t^2}\right)G(x, t, x', t') = -\delta(x-x')\delta(t-t') \tag{1. 2. 28}$$

を充たすことは，補遺 B の (B. 4), (B. 16), (B. 17) を用いて証明することができる．

解 (1. 2. 27) を見ると，Green 関数 (1. 2. 26) は源泉の特定の関数形 $\rho(x, t)$，初期速度分布，初期変位分布の特定の関数形 $\left.\frac{\partial D}{\partial t}\right|_{t=t_0}$，$D(t=t_0)$ にはよらずに定まっている．すなわち任意の源泉，任意の初期値に対する方程式 (1. 2. 19) の解が，特定の Green 関数 (1. 2. 26) を用いて積分 (1. 2. 27) で表わされたのである．

Green 関数 (1. 2. 26) は直接調べられるように，初期条件

$$G(x, t'+0, x', t') = 0 \tag{1. 2. 29}$$

$$\left.\frac{\partial G(x, t, x', t')}{\partial t}\right|_{t=t'+0} = c^2\delta(x-x') \tag{1. 2. 30}$$

を充たす方程式

$$\left(\frac{\partial^2}{\partial x^2} - \frac{1}{c^2}\frac{\partial^2}{\partial t^2}\right)G(x, t, x', t') = 0 \qquad (t>t') \tag{1. 2. 31}$$

の解であるともいえる．

§1.3　源泉・境界条件・初期条件

前節の2例ではそれぞれ (1. 2. 13)(1. 2. 27) に示されたように，

源泉の影響と，境界値，初期値の影響を示す関数とは同じ Green 関数であった．この節ではそれが同じである理由を調べてみよう．

第1の静電ポテンシャルを求める例については，通常，方程式(1.2.1)をある閉曲面 S 上で $\phi(\boldsymbol{r})$ を与えて解く Dirichlet 問題であるとか，S 上で $\boldsymbol{n}\cdot\nabla\phi(\boldsymbol{r})$ を与えて解く Neumann 問題として扱われる．境界の近傍での解の様子はその近くの境界条件がきめると考えてよい．したがってその様子を知るには局所的な境界条件をとれば充分である．換言すればその局所の接平面を境界面として，その局所での境界条件を接平面全体にのばして考えてもよい．

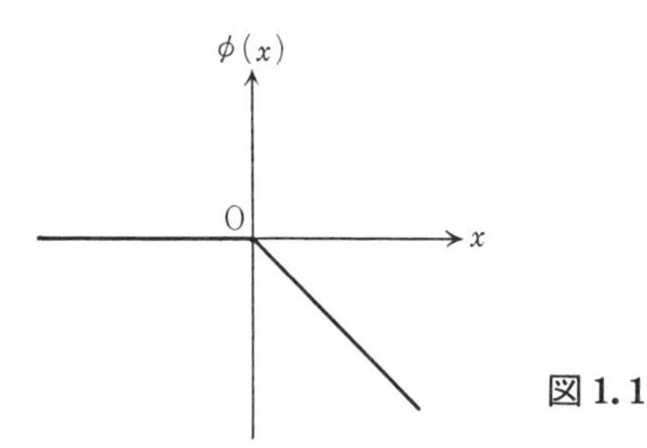

図 1.1

さていま導体$(x<0)$の表面 $x=0$ に一様な面密度 λ の電荷が分布しているとしよう．これによって作られるポテンシャルは，図1.1のように

$$\phi(x)=\frac{-\lambda x}{\varepsilon}\theta(x) \tag{1.3.1}$$

である．対象とする領域が $x>0$ であるとすると，境界平面 $x=0$ の外向きの単位法線ベクトル $\boldsymbol{n}=-\boldsymbol{e}^{(x)}$ を用いて

$$\boldsymbol{n}\cdot\nabla\phi\bigg|_{x=+0}=\frac{\lambda}{\varepsilon} \tag{1.3.2}$$

である．すなわち境界面で $\boldsymbol{n}\cdot\nabla\phi$ を与えることは面密度 $\lambda=\varepsilon\boldsymbol{n}\cdot\nabla\phi$ の電荷が分布しているのと同等である．したがって Neumann 問

題における $\boldsymbol{r}$ 点のポテンシャルに対する境界値の影響は

$$\int_S G(\boldsymbol{r}, \boldsymbol{r}')\frac{\lambda(\boldsymbol{r}')}{\varepsilon}dS' = \int_S G(\boldsymbol{r}, \boldsymbol{r}')\, \boldsymbol{n}\cdot\nabla'\phi(\boldsymbol{r}')dS' \tag{1.3.3}$$

となり，(1.2.13)の右辺第2項が確かめられる．

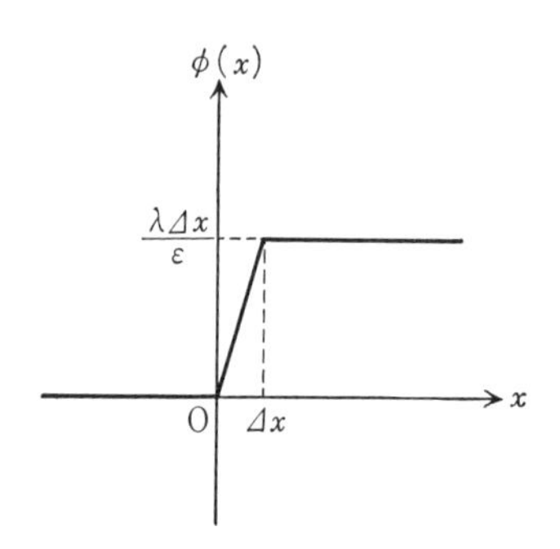

図 1.2

つぎに平面 $x=0$ に面密度 $-\lambda$ の電荷が分布し，それから微小距離 Δx だけ離れた平面 $x=\Delta x$ に面密度 λ の電荷が分布する電荷2重層を考えよう．このときのポテンシャルは，$\phi(x)=0\,(x<0)$ として，図1.2のように

$$\phi(x) = \frac{\lambda x}{\varepsilon}\theta(x)\theta(\Delta x - x) + \frac{\lambda\Delta x}{\varepsilon}\theta(x-\Delta x) \tag{1.3.4}$$

と表わされる．のちに $\Delta x\rightarrow 0$ の極限を考えると，ポテンシャルのとび $\phi(\Delta x)=\lambda\Delta x/\varepsilon$ を与えることは(1.3.4)を生みだす面密度 λ をもつ電気2重層があるのと同等である．境界面上の点 $\boldsymbol{r}'$ で与えられたポテンシャル $\phi(\boldsymbol{r}')$ を領域の内側からの極限と考えて面密度 $\lambda(\boldsymbol{r}')=\phi(\boldsymbol{r}')\varepsilon/\Delta x$ の2重層で置きかえると，Dirichlet 問題における $\boldsymbol{r}$ 点のポテンシャルに対する境界値の影響は，

$$\int_S \{G(\boldsymbol{r}, \boldsymbol{r}' - \Delta x\boldsymbol{n}) - G(\boldsymbol{r}, \boldsymbol{r}')\}\frac{\lambda(\boldsymbol{r}')}{\varepsilon}dS'$$

$$= -\int_S \boldsymbol{n}\cdot\nabla' G(\boldsymbol{r}, \boldsymbol{r}')\Delta x \frac{\phi(\boldsymbol{r}')}{\Delta x} dS' = -\int_S \boldsymbol{n}\cdot\nabla' G(\boldsymbol{r}, \boldsymbol{r}')\phi(\boldsymbol{r}')dS' \tag{1.3.5}$$

となり，(1.2.13)の右辺第1項が確かめられる．

第2の弦の振動の例については，通常，方程式(1.2.19)を初期変位分布と初期速度分布を与えて解く**Cauchy 問題**として扱われる．質点の力学における**撃力**の概念と同様に，短時間に急激な力が加わった影響を等価な初期速度でおきかえるという考え方をしてみよう．(1.2.19)において瞬間的な力として

$$\rho(x, t) = \rho(x)\delta(t-t_0) \tag{1.3.6}$$

をとる．(1.2.19)を t_0-0 から t_0+0 まで積分すると，$\partial^2 D/\partial x^2$ に t について δ 関数的な非正則性がなければ左辺第1項からの寄与は無視することができて

$$-\frac{1}{c^2}\left[\frac{\partial D(x, t)}{\partial t}\right]_{t=t_0-0}^{t=t_0+0} = -\rho(x) \tag{1.3.7}$$

となる．$t<t_0$ で $\partial D/\partial t=0$ であれば

$$\frac{\partial D}{\partial t}(x, t_0+0) = c^2\rho(x) \tag{1.3.8}$$

が得られる．これは瞬間的な外力(1.3.6)の代りに，(1.3.8)で得られる等価な初期速度分布を用いて，外力がない場合の方程式を解くという撃力の考えの基礎を与える．源泉(1.3.6)の影響は(1.2.27)から

$$\int_{t_0}^{t} dt' \int_{-\infty}^{\infty} dx' G(x, t, x', t')\rho(x', t') = \int_{-\infty}^{\infty} dx' G(x, t, x', t_0)\rho(x') \tag{1.3.9}$$

となるから，この外力を(1.3.8)を用いて等価な初期速度分布でおきかえると，

$$\frac{1}{c^2}\int_{-\infty}^{\infty}G(x,t,x',t_0)\frac{\partial D}{\partial t}(x',t_0)dx' \tag{1.3.10}$$

となって(1.2.27)の第1項の初期速度部分と同じになる．すなわち(1.2.27)において，初期速度分布を0として源泉(1.3.6)を用いても，初期速度分布を(1.3.8)として源泉を0にとっても同じ結果を与える．

つぎに，質点の力学において大きさが等しく方向が反対の撃力の対を短時間おいて質点に作用させると質点の変位のみを与えることを頭において，初期変位分布を源泉

$$\rho(x,t) = -\rho(x)\delta(t-t_0-\Delta t)+\rho(x)\delta(t-t_0) \tag{1.3.11}$$

で代用することを考えてみよう．$\rho(x)\delta(t-t_0)$の作用によって生じた速度分布は微小時間Δtの間は持続すると考えてよいから，(1.3.8)を用いて源泉(1.3.11)によって生じる変位は

$$D(x,t_0+\Delta t) = c^2\rho(x)\Delta t \tag{1.3.12}$$

である．源泉(1.3.11)の影響は(1.2.27)から

$$\begin{aligned}&\int_{t_0}^{t}dt'\int_{-\infty}^{\infty}dx'G(x,t,x',t')\rho(x',t')\\&=\int_{-\infty}^{\infty}dx'\{-G(x,t,x',t_0+\Delta t)+G(x,t,x',t_0)\}\rho(x')\\&\simeq -\int_{-\infty}^{\infty}dx'\left.\frac{\partial G(x,t,x',t')}{\partial t'}\right|_{t'=t_0}\Delta t\rho(x')\end{aligned} \tag{1.3.13}$$

となるから，この外力の対を(1.3.12)を用いて等価な初期変位分布でおきかえると

$$-\frac{1}{c^2}\int_{-\infty}^{\infty}\left.\frac{\partial G(x,t,x',t')}{\partial t'}\right|_{t'=t_0}D(x',t_0)dx' \tag{1.3.14}$$

となり，(1.2.27)の第2項の初期変位部分を与える．すなわち初期変位分布，初期速度分布とも対応する源泉でその影響を代用できるので，(1.2.27)における初期値の影響が源泉の影響を与える

Green 関数 $G(x,t,x',t')$ を用いて表わされていることが理解される.

第2の例で見られた初期値と源泉との関係は，拡散方程式

$$\frac{\partial^2\sigma(x,t)}{\partial x^2}-\frac{1}{\kappa^2}\frac{\partial\sigma(x,t)}{\partial t}=-\rho(x,t) \tag{1.3.15}$$

のように時間微分が1階の場合はどうなるであろうか．このとき源泉として(1.3.6)をとり，(1.3.15)を t_0-0 から t_0+0 まで積分することにより，(1.3.8)の代りに

$$\sigma(x,t_0+0)=\kappa^2\rho(x) \tag{1.3.16}$$

が得られる．ここでも $\sigma(x,t)=0$ $(t<0)$ を仮定している．(1.3.16)から初期値の影響は

$$\int G(x,t,x',t')\rho(x')\delta(t'-t_0)dx'dt'$$

$$=\frac{1}{\kappa^2}\int G(x,t,x',t_0)\sigma(x',t_0)dx' \tag{1.3.17}$$

で表わされることが予想されるし，事実§2.2においてそれが示される．当然ではあるが，(1.3.17)の G は方程式(1.3.15)に対する Green 関数であり，上例の(1.2.26)とは異なった関数である．(1.3.17)の形を見れば，$G(x,t,x',t')$ は時刻 t' の σ が時刻 t の σ に伝播する様子を示す．この意味で伝達関数(propergator)または変換関数(transformation function)ということもある.

§1.4 取り扱う方程式の類別

a) Helmholtz 方程式など静的な方程式

Laplace 方程式*

* (1.4.1)を Poisson 方程式といい，特にその非同次項が0のものを Laplace 方程式ということが多い．以下本書ではどちらも Laplace 方程式と総称することにする.

$$\Delta\phi(\boldsymbol{r}) \equiv \left(\frac{\partial^2}{\partial x^2}+\frac{\partial^2}{\partial y^2}+\frac{\partial^2}{\partial z^2}\right)\phi(\boldsymbol{r}) = -\rho(\boldsymbol{r}) \tag{1.4.1}$$

は物理学の多くの分野で非常によく現われる方程式である．一様な誘電体内に電荷分布が与えられたときの静電ポテンシャルの方程式(A. 4. 41)であるとか，質量分布によって作られるNewtonの重力ポテンシャルの方程式，非圧縮性流体の渦無し流に対する速度ポテンシャルの方程式(A. 2. 4)，一様な導体内に外部起電力分布が与えられたときの静電ポテンシャルの方程式(A. 4. 44)などである．また静的な熱伝導において，方程式(A. 3. 1)で時間微分を0とおいたものもLaplace方程式である．いずれの場合でも解 $\phi(\boldsymbol{r})$ から

$$\boldsymbol{E}(\boldsymbol{r}) = -\nabla\phi(\boldsymbol{r}) \tag{1.4.2}$$

で得られるベクトル場は電場であるとか，流体の速度場であるとか，熱流密度であるとか重要な物理量を表わしている．

つぎに波動方程式

$$\left(\Delta-\frac{1}{c^2}\frac{\partial^2}{\partial t^2}\right)\phi(\boldsymbol{r},t) = -\rho(\boldsymbol{r},t) \tag{1.4.3}$$

で記述される物理系が定常的である場合，すなわち $\cos(\omega t+\delta)$ のような時間的変化を示す場合を考えよう．例えば(A. 4. 21)を充たす電磁ポテンシャルが一定振動数で変化する電流によって作られた場合とか，波動光学の基礎方程式(A. 4. 48)で単色光を取り扱う場合である．このとき源泉 $\rho(\boldsymbol{r},t)$ と場の量 $\phi(\boldsymbol{r},t)$ を

$$\rho(\boldsymbol{r},t) = \rho(\boldsymbol{r})\cos(\omega t+\delta) \tag{1.4.4}$$

$$\phi(\boldsymbol{r},t) = \phi(\boldsymbol{r})\cos(\omega t+\delta) \tag{1.4.5}$$

と書くと，$k=\omega/c$ とおいて方程式

$$(\Delta+k^2)\phi(\boldsymbol{r}) = -\rho(\boldsymbol{r}) \tag{1.4.6}$$

が成立する．これがHelmholtz方程式である．この方程式もま

た物理学で非常によく現われる．上述の例の他にも(A. 2. 8)で記述される音波が一定振動数をもつときとか，(A. 5. 4)で $V=0$ とした1体自由粒子の定常 Schrödinger 方程式などがある．空間の次元数を減ずるとよく知られた膜や弦の振動の定常的な場合の方程式である．

物理的な観測量はすべて実数値をとる．また量子力学を除いて基礎方程式系に現われる係数もまた実数である．方程式が実数係数の線形方程式の場合には，複素数値をとる解の実部，虚部はまたそれぞれに解となっている．後に見るように例えば外向波のような境界条件を扱うときには**複素解**を扱うのが便利である．また指数関数は微分積分に際して取り扱い易い．このような理由で本書においては特にことわらない限り定常的な場合はすべて複素解を取り扱う．すなわち(1. 4. 4) (1. 4. 5)の代りに

$$\rho(\boldsymbol{r}, t) = \rho(\boldsymbol{r})e^{-i\omega t} \tag{1. 4. 7}$$

$$\phi(\boldsymbol{r}, t) = \phi(\boldsymbol{r})e^{-i\omega t} \tag{1. 4. 8}$$

と書いて(1. 4. 3)に代入し，(1. 4. 6)と同じ

$$(\Delta + k^2)\phi(\boldsymbol{r}) = -\rho(\boldsymbol{r}) \tag{1. 4. 9}$$

を得る．ただしこのときは，物理的な源泉が $\mathrm{Re}\,\rho(\boldsymbol{r}, t)$ となるような $\rho(\boldsymbol{r})$ を用いて方程式(1. 4. 9)を解いた解 $\phi(\boldsymbol{r})$ から

$$\mathrm{Re}\{\phi(\boldsymbol{r})e^{-i\omega t}\} \tag{1. 4. 10}$$

をつくると求める物理量が得られるのである．このような取扱いでは，$\phi(\boldsymbol{r})$ の充たす方程式は，$\phi(\boldsymbol{r}, t)$ の充たす方程式で時間微分を

$$\frac{\partial}{\partial t} \to -i\omega \tag{1. 4. 11}$$

で置き換えて得ることができる．実際(1. 4. 3)で(1. 4. 11)の置き換えをすれば(1. 4. 9)が得られる．

(1. 4. 11)のような手続きは時間について1階の微分を含む場合

でもそのまま用いられる．例えば導体内での電場の方程式(A. 4. 31)で(1. 4. 11)の置き換えをおこなうと

$$(\Delta+\varepsilon\mu\omega^2+i\sigma\mu\omega)\boldsymbol{E}(\boldsymbol{r})=0 \qquad (1.4.12)$$

が得られる．この解から(1. 4. 10)のようにして $\mathrm{Re}\{\boldsymbol{E}(\boldsymbol{r})e^{-i\omega t}\}$ をつくれば，これが求める電場である．

また Helmholtz 方程式で定数項が負となった方程式

$$(\Delta-\mu^2)\phi(\boldsymbol{r}) = -\rho(\boldsymbol{r}) \qquad (1.4.13)$$

も物理学で用いられる．例えば拡散方程式(A. 3. 6)で時間的変化がない場合とか，b)項で述べる Klein-Gordon 方程式(1. 4. 16)の静的な場合である．後者は湯川により中間子論として核力の問題に用いられた．また強電解質中の静電ポテンシャルに対する Debye-Hückel の取扱いにも現われる式である．

Laplace 方程式(1. 4. 1)，Helmholtz 方程式(1. 4. 6)，方程式(1. 4. 12)のような形の式，方程式(1. 4. 13)などを本書では総称して Helmholtz 型方程式とよぶ．

b) 波動方程式など動的な方程式

方程式

$$\left(\Delta-\frac{1}{c^2}\frac{\partial^2}{\partial t^2}-\frac{1}{\kappa^2}\frac{\partial}{\partial t}-\mu^2\right)\phi(\boldsymbol{r},t) = -\rho(\boldsymbol{r},t) \qquad (1.4.14)$$

で特に $c^2\neq\infty$ のとき，これを波動型方程式とよぶことにしよう．また $c^2=\infty$ とした

$$\left(\Delta-\frac{1}{\kappa^2}\frac{\partial}{\partial t}-\mu^2\right)\phi(\boldsymbol{r},t) = -\rho(\boldsymbol{r},t) \qquad (1.4.15)$$

は拡散方程式(A. 3. 6)である．(1. 4. 15)で $\mu^2=0$ としたものは熱伝導方程式(A. 3. 1)となる．

波動型方程式のうち，$\kappa^2=\infty$ のもの

$$\left(\Delta-\frac{1}{c^2}\frac{\partial^2}{\partial t^2}-\mu^2\right)\phi(\boldsymbol{r},t)=-\rho(\boldsymbol{r},t) \qquad (1.4.16)$$

を Klein-Gordon 方程式とよび，場の量子論において質量 $\hbar\mu/c$ の中間子場の充たす方程式である．このとき c は光速度を表わす．さらに $\mu=0$ のもの

$$\left(\Delta-\frac{1}{c^2}\frac{\partial^2}{\partial t^2}\right)\phi(\boldsymbol{r},t)=-\rho(\boldsymbol{r},t) \qquad (1.4.17)$$

は波動方程式である．音波に対する(A.2.8)では c は音速を表わし，電磁場に対する(A.4.21)などでは $c=(\varepsilon\mu)^{-1/2}$ は媒質中の光速度を表わす．Klein-Gordon 方程式と比較すると光子の質量が0であることに対応している．

波動型方程式のうちで，$\kappa^2\neq\infty$，$\mu^2=0$ のものは，例えば導体中の電磁場に対する方程式(A.4.31)などである．

方程式(1.4.14)の空間の次元数が1のもの

$$\left(\frac{\partial^2}{\partial x^2}-\frac{1}{c^2}\frac{\partial^2}{\partial t^2}-\frac{1}{\kappa^2}\frac{\partial}{\partial t}-\mu^2\right)\phi(x,t)=-\rho(x,t) \qquad (1.4.18)$$

は減衰も含めた弦の振動の方程式(A.1.1)や送電線に対する電信方程式(A.4.47)などである．弦の振動の場合で明らかなように κ^{-2} の項は速度に比例する摩擦的な減衰を表わし，μ^2 の項は変位に比例するゴム弾性的な減衰項，換言すれば慣性的な動きにくさを表わしている．

(1.4.18)で $c^2=\infty$ とした空間が1次元の拡散方程式には，表面から放射による熱の出入りがある場合の棒の熱伝導方程式(A.3.4)も含まれる．

c)　一般の方程式への応用

a)およびb)項で述べてきた方程式はいずれも定数係数の線形

偏微分方程式である．これらの Green 関数は本書で具体的に求めるように，いろいろの境界面，境界条件の型に対して得られる．また(1.2.13)や(1.2.27)のように，解が局所的に電荷分布を与えたり境界値を与えたりしたときの解の和すなわち積分で表わされていることは，方程式が線形であり重ね合せの原理が成り立つことの重要な結果である．しかし物理学に出てくる方程式には，よく解析されている Legendre 方程式や Bessel 方程式などを除いては係数が定数でないために具体的な Green 関数を求めることが困難であったり，非線形であるために重ね合せの原理が成り立たないものもある．このような方程式を取り扱う場合に Green 関数の考え方をどのように応用できるかを考えてみよう．

ポテンシャルの中の1粒子に対する定常 Schrödinger 方程式

$$\{\Delta+k^2-V(\boldsymbol{r})\}\psi(\boldsymbol{r})=0 \qquad (1.4.19)$$

を例にとろう．Helmholtz 方程式

$$(\Delta+k^2)\psi_0(\boldsymbol{r})=0 \qquad (1.4.20)$$

の解を $\psi_0(\boldsymbol{r})$，Green 関数を $G(\boldsymbol{r},\boldsymbol{r}')$ とすると，(1.2.16)にならって $G(\boldsymbol{r},\boldsymbol{r}')$ の充たす方程式は

$$(\Delta+k^2)G(\boldsymbol{r},\boldsymbol{r}')=-\delta(\boldsymbol{r}-\boldsymbol{r}') \qquad (1.4.21)$$

である．適当な境界条件を充たす $\psi_0(\boldsymbol{r})$ と $G(\boldsymbol{r},\boldsymbol{r}')$ を用いて，微分方程式(1.4.19)を積分方程式

$$\psi(\boldsymbol{r})=\psi_0(\boldsymbol{r})-\int G(\boldsymbol{r},\boldsymbol{r}')V(\boldsymbol{r}')\psi(\boldsymbol{r}')d\boldsymbol{r}' \qquad (1.4.22)$$

にもってくることができる．実際(1.4.22)の解が(1.4.19)を充たすことは(1.4.22)に$(\Delta+k^2)$を作用させ，(1.4.20)(1.4.21)を用いることによって示されるし，$\psi(\boldsymbol{r})$の境界条件は $\psi_0(\boldsymbol{r})$, $G(\boldsymbol{r},\boldsymbol{r}')$ の境界条件で定まる．一般に積分方程式の方が解の一般的性質を調べるのに便利なことが多いし，逐次近似などの近似を進めるのに

も便利である．したがって(1.4.22)のような積分方程式に書き換えることは有効なことが多い．また(1.4.22)は $V(\boldsymbol{r})$ が $\phi(\boldsymbol{r})$ の関数であってもそのまま成立する．すなわち微分方程式(1.4.19)が非線形であってもよいのである*．かくして以下本書で具体的に求める Green 関数は，**単にその Green 関数に対する方程式で記述される物理系に対してのみ有効であるのでなく，もっと一般の物理系の取扱いに対して有効となる．**

* (1.4.19)が非線形のとき，その方程式の Green 関数が意味をもつということではない．非線形方程式の解を扱うのにその線形部分の方程式に対する Green 関数が有効であるということである．一方(1.4.19)が線形であればそれ自体の Green 関数も意味をもつ．これと似た事情は第2量子化の Green 関数についてもおこる．補遺 E 参照．

第2章　Green 関数の基本的な性質

§2.1　Helmholtz 型方程式の Green 関数

この節では Helmholtz 方程式

$$(\Delta+k^2)\phi(\boldsymbol{r}) = -\rho(\boldsymbol{r}) \tag{2.1.1}$$

を例にとって，その Green 関数の基本的な性質である**相反性**，**解の表現**，**非正則性**を説明しよう．これらの性質はいずれも k に無関係であり，そのまま Laplace 方程式や(1.4.12)(1.4.13)のような方程式に対する Green 関数の性質でもある．

Helmholtz 方程式に対する Green 関数として，(1.2.16)にならって，方程式

$$(\Delta+k^2)G(\boldsymbol{r},\boldsymbol{r}') = -\delta(\boldsymbol{r}-\boldsymbol{r}') \tag{2.1.2}$$

を充たし，ある境界面 S 上で $\boldsymbol{r}'$ によらず

$$A(\boldsymbol{r})\boldsymbol{n}\cdot\nabla G(\boldsymbol{r},\boldsymbol{r}')+B(\boldsymbol{r})G(\boldsymbol{r},\boldsymbol{r}') = 0 \qquad (\boldsymbol{r}:S\text{ 上}) \tag{2.1.3}$$

を充たすものであると定義する．$\boldsymbol{n}$ は S 上での外向きの単位法線ベクトル，A, B は同時には 0 にならないある関数である．

まず相反性(reciprocity)

$$G(\boldsymbol{r},\boldsymbol{r}') = G(\boldsymbol{r}',\boldsymbol{r}) \tag{2.1.4}$$

を証明しておこう．Green の定理(F.8)と方程式(2.1.2)を用いて

$$\int_S dS\,\boldsymbol{n}\cdot\{G(\boldsymbol{r},\boldsymbol{r}')\nabla G(\boldsymbol{r},\boldsymbol{r}'')-G(\boldsymbol{r},\boldsymbol{r}'')\nabla G(\boldsymbol{r},\boldsymbol{r}')\}$$
$$=\int_V d\boldsymbol{r}\{G(\boldsymbol{r},\boldsymbol{r}')\Delta G(\boldsymbol{r},\boldsymbol{r}'')-G(\boldsymbol{r},\boldsymbol{r}'')\Delta G(\boldsymbol{r},\boldsymbol{r}')\}$$

$$= -\int_V d\boldsymbol{r}\{G(\boldsymbol{r},\boldsymbol{r}')\delta(\boldsymbol{r}-\boldsymbol{r}'')-G(\boldsymbol{r},\boldsymbol{r}'')\delta(\boldsymbol{r}-\boldsymbol{r}')\}$$

$$= G(\boldsymbol{r}',\boldsymbol{r}'')-G(\boldsymbol{r}'',\boldsymbol{r}') \qquad (2.1.5)$$

が得られる．ここで S は 2 点 $\boldsymbol{r}',\boldsymbol{r}''$ を含む領域 V を包む閉曲面，$\boldsymbol{n}$ は外向きの単位法線ベクトル，dS は面積分を表わす．S 上で境界条件(2.1.3)が充たされると，左辺が 0 となることが示せるので相反性(2.1.4)が証明される．相反性と(2.1.2)から

$$(\Delta+k^2)G(\boldsymbol{r}',\boldsymbol{r}) = -\delta(\boldsymbol{r}-\boldsymbol{r}') \qquad (2.1.6)$$

が成立することがわかる．

つぎに Helmholtz 方程式の解 $\phi(\boldsymbol{r})$ を $G(\boldsymbol{r},\boldsymbol{r}')$ を用いて書き表わそう．ふたたび Green の定理(F.8)と(2.1.1)(2.1.6)を用いて

$$\int_S dS'\boldsymbol{n}\cdot\{G(\boldsymbol{r},\boldsymbol{r}')\nabla'\phi(\boldsymbol{r}')-\phi(\boldsymbol{r}')\nabla'G(\boldsymbol{r},\boldsymbol{r}')\}$$

$$= \int_V d\boldsymbol{r}'\{G(\boldsymbol{r},\boldsymbol{r}')\Delta'\phi(\boldsymbol{r}')-\phi(\boldsymbol{r}')\Delta'G(\boldsymbol{r},\boldsymbol{r}')\}$$

$$= -\int_V d\boldsymbol{r}'\{G(\boldsymbol{r},\boldsymbol{r}')\rho(\boldsymbol{r}')-\phi(\boldsymbol{r}')\delta(\boldsymbol{r}'-\boldsymbol{r})\}$$

$$= -\int_V d\boldsymbol{r}'G(\boldsymbol{r},\boldsymbol{r}')\rho(\boldsymbol{r}')+\phi(\boldsymbol{r})\theta(\boldsymbol{r}\in V) \qquad (2.1.7)$$

が得られる．$\theta(\boldsymbol{r}\in V)$ は $\boldsymbol{r}$ が V に含まれるとき 1，含まれないとき 0 である因子とする．(2.1.7)で $\boldsymbol{r}\in V$ にとると，解 $\phi(\boldsymbol{r})$ が

$$\phi(\boldsymbol{r}) = \int_S dS'\boldsymbol{n}\cdot\{G(\boldsymbol{r},\boldsymbol{r}')\nabla'\phi(\boldsymbol{r}')-\phi(\boldsymbol{r}')\nabla'G(\boldsymbol{r},\boldsymbol{r}')\}$$

$$+\int_V d\boldsymbol{r}'G(\boldsymbol{r},\boldsymbol{r}')\rho(\boldsymbol{r}') \qquad (2.1.8)$$

のように書ける．Helmholtz 型方程式は閉境界面 S 上で，A, B, C を A, B は同時には 0 にならないある関数として境界条件

$$A(\boldsymbol{r})\boldsymbol{n}\cdot\nabla\phi(\boldsymbol{r})+B(\boldsymbol{r})\phi(\boldsymbol{r}) = C(\boldsymbol{r}) \qquad (2.1.9)$$

が与えられると一意的に解ける．境界面上の一部ででも ϕ と $\boldsymbol{n}\cdot\nabla\phi$ を同時に勝手に与えることはできない．この意味では(2.1.8)はまだ解を境界条件と源泉とで書き表わしたことにはなっていない．いま $G(\boldsymbol{r},\boldsymbol{r}')$ が(2.1.9)と同じ関数 A, B を用いた境界条件(2.1.3)を充たす Green 関数であるとしよう．境界面上の $A\neq 0$ の部分では，(2.1.8)の面積分は(2.1.3)(2.1.4)を用いて

$$\int dS'\frac{G(\boldsymbol{r},\boldsymbol{r}')}{A(\boldsymbol{r}')}(A(\boldsymbol{r}')\boldsymbol{n}\cdot\nabla'\phi(\boldsymbol{r}')+B(\boldsymbol{r}')\phi(\boldsymbol{r}')) = \int dS' G(\boldsymbol{r},\boldsymbol{r}')\frac{C(\boldsymbol{r}')}{A(\boldsymbol{r}')} \tag{2.1.10}$$

となり，$A=0$ の部分では

$$-\int dS'\phi(\boldsymbol{r}')\,\boldsymbol{n}\cdot\nabla' G(\boldsymbol{r},\boldsymbol{r}') = -\int dS'\frac{C(\boldsymbol{r}')}{B(\boldsymbol{r}')}\boldsymbol{n}\cdot\nabla' G(\boldsymbol{r},\boldsymbol{r}') \tag{2.1.11}$$

となる．したがって(2.1.8)の S 上の積分はすべて与えられた境界値で書き表わせたことになる*.

特に $\phi(\boldsymbol{r})$ を境界で与える Dirichlet 問題($A=0, B=1$)であれば

$$G(\boldsymbol{r},\boldsymbol{r}') = 0 \qquad (\boldsymbol{r}' : S\text{ 上}) \tag{2.1.12}$$

にとれば，(2.1.8)の右辺第1項が0となり，解を境界値と $\rho(\boldsymbol{r})$ で表わすことになる．$\boldsymbol{n}\cdot\nabla\phi(\boldsymbol{r})$ を境界で与える Neumann 問題($A=1, B=0$)であれば

$$\boldsymbol{n}\cdot\nabla' G(\boldsymbol{r},\boldsymbol{r}') = 0 \qquad (\boldsymbol{r}' : S\text{ 上}) \tag{2.1.13}$$

にとれば，(2.1.8)の右辺第2項が0となり，解を与えられた関数で表わすことになる．

いずれにせよこのような Green 関数は境界面 S とそこでの境界条件の型をきめる A, B を定めれば一意的に定まるのであり，

---

*　解の一意性は2つの解の差が $\rho(\boldsymbol{r})=C(\boldsymbol{r})=0$ の解となることから明らかであろう．

境界値を定める $C(\boldsymbol{r})$ と源泉 $\rho(\boldsymbol{r})$ にはよらない．換言すれば**境界面と境界条件の型が定まれば，境界値と源泉を任意に変えたすべての解はただ 1 つの Green 関数を用いて積分で表わされる．**

(2.1.8)を導いたとき，$\boldsymbol{r}$ は V の内部にあるとした．$\boldsymbol{r}$ が V の外部にあれば(2.1.7)から(2.1.8)の左辺は 0 となる．したがって(2.1.8)の右辺は境界面では一般に不連続となっている．

さていま例えば Dirichlet 問題を考えるとして，(2.1.12)を充たす Green 関数をとり，(2.1.8)の右辺の S 上の積分の $\phi(\boldsymbol{r})$ に与えられた境界値を入れたとしよう．(2.1.8)で $\boldsymbol{r}$ を内側から境界上の 1 点 $\boldsymbol{r}_0$ に近づけたときに右辺は実際に $\phi(\boldsymbol{r}_0)$ に一致するかどうかを調べておこう．$\boldsymbol{r}$ を S 上の点 $\boldsymbol{r}_0$ に近づけると，(2.1.4)と(2.1.12)によって S 上の積分は $\boldsymbol{r}_0$ の近く以外からの寄与が 0 に近づくことは明らかであろう．したがって S 上の積分を形式的に $\boldsymbol{r}_0$ を通り $\boldsymbol{r}$ を囲む小さな閉曲面 S_0 上の積分として極限をとってもよい．$\phi(\boldsymbol{r})$ があまり急激な変化をしない関数であるとすると，この小さな閉曲面上の積分で $\phi(\boldsymbol{r}')$ を $\phi(\boldsymbol{r}_0)$ でおきかえて積分の外に出してよいであろう．かくして Gauss の定理(F.1)と(2.1.2)を用いて

$$\begin{aligned}
&\lim_{\boldsymbol{r}\to\boldsymbol{r}_0}\left[-\int_{S_0} dS'\boldsymbol{n}\cdot\nabla' G(\boldsymbol{r}',\boldsymbol{r})\phi(\boldsymbol{r}')\right] \\
&\quad = \lim_{\boldsymbol{r}\to\boldsymbol{r}_0}\left[-\int_{S_0} dS'\boldsymbol{n}\cdot\nabla' G(\boldsymbol{r}',\boldsymbol{r})\phi(\boldsymbol{r}_0)\right] \\
&\quad = -\phi(\boldsymbol{r}_0)\lim_{\boldsymbol{r}\to\boldsymbol{r}_0}\int_{V_0} d\boldsymbol{r}'\Delta' G(\boldsymbol{r}',\boldsymbol{r}) \\
&\quad = \phi(\boldsymbol{r}_0)\lim_{\boldsymbol{r}\to\boldsymbol{r}_0}\int_{V_0} d\boldsymbol{r}'\{\delta(\boldsymbol{r}-\boldsymbol{r}')+k^2 G(\boldsymbol{r}',\boldsymbol{r})\} \\
&\quad = \phi(\boldsymbol{r}_0)
\end{aligned} \tag{2.1.14}$$

となって実際に境界値 $\phi(\boldsymbol{r}_0)$ に近づくことが示される．ここで V_0

は S_0 で囲まれる領域である．また(2.1.8)の領域 V での積分は $\boldsymbol{r}$ を $\boldsymbol{r}_0$ に近づけると(2.1.12)により 0 に近づく．Neumann 問題の場合もほとんど同様に，(2.1.8)の $\boldsymbol{n}$ 方向微分 $\boldsymbol{n}\cdot\nabla\phi(\boldsymbol{r})$ が実際に右辺の S 上の積分に代入された与えられた境界値に近づくことが示される．

つぎに Green 関数のもつべき非正則性について考えてみよう．Green 関数の充たす方程式(2.1.2)の非同次項は $\boldsymbol{r}=\boldsymbol{r}'$ で非正則である．したがって当然 Green 関数もそこで非正則性をもたなければならない．非正則性には空間の次元数が大きく関係するが，まず空間を 3 次元として話をしよう．一般にある関数の非正則性は微分することによってその程度を高くすると考えてよい．したがって方程式(2.1.2)において，左辺のなかで $\Delta G(\boldsymbol{r}, \boldsymbol{r}')$ の項が右辺の非正則性を生み出さなければならない．右辺は $|\boldsymbol{r}-\boldsymbol{r}'|$ の関数と考えてよいから球対称性がある．非正則性のみを議論するときには，$\boldsymbol{r}\sim\boldsymbol{r}'$ の小さな領域に話を限ってよいから境界面からの影響は無視できるであろう．そうすると Green 関数の非正則な部分は $R=|\boldsymbol{r}-\boldsymbol{r}'|$ の関数 $G^{(\mathrm{s})}(R)$ としてよい．すなわち $\boldsymbol{r}\sim\boldsymbol{r}'$ では

$$\Delta G^{(\mathrm{s})}(R) = -\delta(\boldsymbol{r}-\boldsymbol{r}') \tag{2.1.15}$$

が成立する．この両辺を $\boldsymbol{r}'$ を中心とする半径 ϵ の小球内で体積積分をすると，Gauss の定理(F.1)により

$$\int_V \Delta G^{(\mathrm{s})}(R) d\boldsymbol{r} = \int_S \frac{\partial G^{(\mathrm{s})}(R)}{\partial R} dS = 4\pi\epsilon^2 \frac{\partial G^{(\mathrm{s})}(\epsilon)}{\partial \epsilon} = -1 \tag{2.1.16}$$

となる．かくして

$$G^{(\mathrm{s})}(R) = \frac{1}{4\pi R} \tag{2.1.17}$$

が得られる．

空間が 2 次元の場合の Green 関数の非正則な部分 $G_2{}^{(\mathrm{s})}(\rho)$ は

$$\int_{V_2} \Delta_2 G_2{}^{(\mathrm{s})}(\rho)\, d\boldsymbol{\rho} = \int_L \frac{\partial G^{(\mathrm{s})}(\rho)}{\partial \rho} dl = 2\pi\epsilon \frac{\partial G^{(\mathrm{s})}(\epsilon)}{\partial \epsilon} = -1 \tag{2.1.18}$$

から

$$G_2{}^{(\mathrm{s})}(\rho) = -\frac{1}{2\pi} \ln \rho \tag{2.1.19}$$

として得られる．ここで $\boldsymbol{\rho}$ は 2 次元ベクトル，$\int_L dl$ は半径 ϵ の小円周上の積分，$\int_{V_2} d\boldsymbol{\rho}$ はその円周で囲まれた円内の積分である．

空間が 1 次元のときには

$$\int_{-\epsilon}^{\epsilon} \frac{d^2 G_1{}^{(\mathrm{s})}(x)}{dx^2} dx = \frac{dG_1{}^{(\mathrm{s})}(\epsilon)}{d\epsilon} - \frac{dG_1{}^{(\mathrm{s})}}{d\epsilon}(-\epsilon) = -1 \tag{2.1.20}$$

から

$$G_1{}^{(\mathrm{s})}(x) = -\frac{x}{2}\epsilon(x) = -\frac{x}{2}\{\theta(x) - \theta(-x)\} = -\frac{|x|}{2} \tag{2.1.21}$$

が得られる．

§2.2　波動方程式など動的な方程式の Green 関数

さて動的な方程式(1.4.14)

$$\left(\Delta - \frac{1}{c^2}\frac{\partial^2}{\partial t^2} - \frac{1}{\kappa^2}\frac{\partial}{\partial t} - \mu^2\right)\phi(\boldsymbol{r}, t) = -\rho(\boldsymbol{r}, t) \tag{2.2.1}$$

の Green 関数を，方程式

$$\left(\Delta - \frac{1}{c^2}\frac{\partial^2}{\partial t^2} - \frac{1}{\kappa^2}\frac{\partial}{\partial t} - \mu^2\right)G(\boldsymbol{r}, t, \boldsymbol{r}', t') = -\delta(\boldsymbol{r} - \boldsymbol{r}')\delta(t - t') \tag{2.2.2}$$

を充たし，境界面 S 上で境界条件

$$A(\boldsymbol{r})\boldsymbol{n}\cdot\nabla G(\boldsymbol{r},t,\boldsymbol{r}',t')+B(\boldsymbol{r})G(\boldsymbol{r},t,\boldsymbol{r}',t')=0 \qquad (\boldsymbol{r}:S\text{ 上}) \tag{2.2.3}$$

を充たすものであると定義して，その基本的な性質を調べよう．A, B は同時には 0 にならない与えられた関数である．

通常，物理学においては**因果律**にそった記述法が用いられる．すなわち時刻 t におけるある現象を生み出す原因はつねに t より前の時刻における現象であると考える．したがって Green 関数 $G(\boldsymbol{r},t,\boldsymbol{r}',t')$ を，時空点 $\boldsymbol{r}',t'$ における単位作用の時空点 $\boldsymbol{r},t$ における場の量に対する影響であるとするならば，G として**遅延条件**

$$G(\boldsymbol{r},t,\boldsymbol{r}',t')=0 \qquad (t<t') \tag{2.2.4}$$

を充たすものがそれに適しているであろう．本書では特に断わらない限り遅延条件(2.2.4)を充たす Green 関数について述べることとする．

まず相反性

$$G(\boldsymbol{r},t,\boldsymbol{r}',t')=G(\boldsymbol{r}',-t',\boldsymbol{r},-t) \tag{2.2.5}$$

を証明しよう．方程式(2.2.2)から

$$\left(\Delta-\frac{1}{c^2}\frac{\partial^2}{\partial t^2}+\frac{1}{\kappa^2}\frac{\partial}{\partial t}-\mu^2\right)G(\boldsymbol{r},-t,\boldsymbol{r}'',-t'')=-\delta(\boldsymbol{r}-\boldsymbol{r}'')\delta(t-t'') \tag{2.2.6}$$

が成立する．(2.2.2)に $G(\boldsymbol{r},-t,\boldsymbol{r}'',-t'')$ を掛けたものから，(2.2.6)に $G(\boldsymbol{r},t,\boldsymbol{r}',t')$ を掛けたものを引き，$\boldsymbol{r},t$ について $(\boldsymbol{r}',t')$ 点と $(\boldsymbol{r}'',t'')$ 点を内部に含む時空にわたって積分をすると，

$$\begin{aligned}
&-G(\boldsymbol{r}',-t',\boldsymbol{r}'',-t'')+G(\boldsymbol{r}'',t'',\boldsymbol{r}',t')\\
&\quad=\int_{t_0}^{t_1}dt\int_V d\boldsymbol{r}\Big[G(\boldsymbol{r},-t,\boldsymbol{r}'',-t'')\\
&\qquad\times\left(\Delta-\frac{1}{c^2}\frac{\partial^2}{\partial t^2}-\frac{1}{\kappa^2}\frac{\partial}{\partial t}-\mu^2\right)G(\boldsymbol{r},t,\boldsymbol{r}',t')
\end{aligned}$$

$$
-\left(\Delta-\frac{1}{c^2}\frac{\partial^2}{\partial t^2}+\frac{1}{\kappa^2}\frac{\partial}{\partial t}-\mu^2\right)G(\boldsymbol{r},-t,\boldsymbol{r}'',-t'')\cdot G(\boldsymbol{r},t,\boldsymbol{r}',t')\Bigg]
$$

$$
\begin{aligned}
&=\int_{t_0}^{t_1}dt\int_S dS\,\boldsymbol{n}\cdot[G(\boldsymbol{r},-t,\boldsymbol{r}'',-t'')\nabla G(\boldsymbol{r},t,\boldsymbol{r}',t')\\
&\quad-\nabla G(\boldsymbol{r},-t,\boldsymbol{r}'',-t'')\cdot G(\boldsymbol{r},t,\boldsymbol{r}',t')]\\
&\quad-\frac{1}{c^2}\int_V d\boldsymbol{r}\Bigg[G(\boldsymbol{r},-t,\boldsymbol{r}'',-t'')\frac{\partial G(\boldsymbol{r},t,\boldsymbol{r}',t')}{\partial t}\\
&\quad-\frac{\partial G(\boldsymbol{r},-t,\boldsymbol{r}'',-t'')}{\partial t}G(\boldsymbol{r},t,\boldsymbol{r}',t')\Bigg]_{t=t_0}^{t=t_1}\\
&\quad-\frac{1}{\kappa^2}\int_V d\boldsymbol{r}\Big[G(\boldsymbol{r},-t,\boldsymbol{r}'',-t'')G(\boldsymbol{r},t,\boldsymbol{r}',t')\Big]_{t=t_0}^{t=t_1}
\end{aligned}
\tag{2.2.7}
$$

が得られる．ここで V は $\boldsymbol{r}',\boldsymbol{r}''$ 点を含む領域，S はそれを包む閉曲面，区間 (t_0,t_1) は t',t'' を含み，Green の定理(F.8)を用いている．(2.2.7)の右辺第1項は S 上の積分であり，境界条件(2.2.3)を用いれば0であることがわかる．右辺第2項と第3項は遅延条件(2.2.4)を用いて0となることが示せる．かくして相反性(2.2.5)が証明される．

つぎに(2.2.1)の解 $\phi(\boldsymbol{r},t)$ を Green 関数を用いて書き表わそう．相反性と(2.2.6)から

$$
\left(\Delta'-\frac{1}{c^2}\frac{\partial^2}{\partial t'^2}+\frac{1}{\kappa^2}\frac{\partial}{\partial t'}-\mu^2\right)G(\boldsymbol{r},t,\boldsymbol{r}',t')=-\delta(\boldsymbol{r}-\boldsymbol{r}')\delta(t-t')
\tag{2.2.8}
$$

が得られる．相反性の証明のときと同じように，(2.2.1)の $\boldsymbol{r},t$ を $\boldsymbol{r}',t'$ で書いた式に $G(\boldsymbol{r},t,\boldsymbol{r}',t')$ を掛けたものから，(2.2.8)に $\phi(\boldsymbol{r}',t')$ を掛けたものを引き，$\boldsymbol{r}',t'$ について点 $(\boldsymbol{r},t)$ を含む時空領域について積分すると

$$
-\int_{t_0}^{t_1}dt'\int_V d\boldsymbol{r}'G(\boldsymbol{r},t,\boldsymbol{r}',t')\,\rho(\boldsymbol{r}',t')+\phi(\boldsymbol{r},t)
$$

$$= \int_{t_0}^{t_1} dt' \int_V d\boldsymbol{r}' \Big[G(\boldsymbol{r}, t, \boldsymbol{r}', t') \Big(\Delta' - \frac{1}{c^2}\frac{\partial^2}{\partial t'^2} - \frac{1}{\kappa^2}\frac{\partial}{\partial t'} - \mu^2 \Big) \phi(\boldsymbol{r}', t')$$

$$- \phi(\boldsymbol{r}', t') \Big(\Delta' - \frac{1}{c^2}\frac{\partial^2}{\partial t'^2} + \frac{1}{\kappa^2}\frac{\partial}{\partial t'} - \mu^2 \Big) G(\boldsymbol{r}, t, \boldsymbol{r}', t') \Big]$$

$$= \int_{t_0}^{t_1} dt' \int_S dS' \boldsymbol{n} \cdot [G(\boldsymbol{r}, t, \boldsymbol{r}', t') \nabla' \phi(\boldsymbol{r}', t') - \phi(\boldsymbol{r}', t') \nabla' G(\boldsymbol{r}, t, \boldsymbol{r}', t')]$$

$$- \frac{1}{c^2} \int_V d\boldsymbol{r}' \Big[G(\boldsymbol{r}, t, \boldsymbol{r}', t') \frac{\partial \phi(\boldsymbol{r}', t')}{\partial t'} - \frac{\partial G(\boldsymbol{r}, t, \boldsymbol{r}', t')}{\partial t'} \phi(\boldsymbol{r}', t') \Big]_{t'=t_0}^{t'=t_1}$$

$$- \frac{1}{\kappa^2} \int_V d\boldsymbol{r}' \Big[G(\boldsymbol{r}, t, \boldsymbol{r}', t') \phi(\boldsymbol{r}', t') \Big]_{t'=t_0}^{t'=t_1}$$

が得られる．遅延条件を用いると，解は

$$\phi(\boldsymbol{r}, t)$$

$$= \int_{t_0}^{t+0} dt' \int_S dS' \boldsymbol{n} \cdot \{G(\boldsymbol{r}, t, \boldsymbol{r}', t') \nabla' \phi(\boldsymbol{r}', t') - \phi(\boldsymbol{r}', t') \nabla' G(\boldsymbol{r}, t, \boldsymbol{r}', t')\}$$

$$+ \int_{t_0}^{t+0} dt' \int_V d\boldsymbol{r}' G(\boldsymbol{r}, t, \boldsymbol{r}', t') \rho(\boldsymbol{r}', t')$$

$$+ \frac{1}{\kappa^2} \int_V d\boldsymbol{r}' G(\boldsymbol{r}, t, \boldsymbol{r}', t_0) \phi(\boldsymbol{r}', t_0)$$

$$+ \frac{1}{c^2} \int_V d\boldsymbol{r}' \Big\{ G(\boldsymbol{r}, t, \boldsymbol{r}', t_0) \frac{\partial \phi(\boldsymbol{r}', t_0)}{\partial t_0} - \frac{\partial G(\boldsymbol{r}, t, \boldsymbol{r}', t_0)}{\partial t_0} \phi(\boldsymbol{r}', t_0) \Big\} \tag{2.2.9}$$

と書き表わせる．右辺第2項は源泉の影響を表わし，第3項，第4項は初期値の影響を表わす．第1項は境界値の影響を表わすものであり，S 上の $A \neq 0$ の部分では(2.2.3)を用いて被積分関数が

$$\frac{G(\boldsymbol{r}, t, \boldsymbol{r}', t')}{A(\boldsymbol{r}')} \{A(\boldsymbol{r}') \boldsymbol{n} \cdot \nabla' \phi(\boldsymbol{r}', t') + B(\boldsymbol{r}') \phi(\boldsymbol{r}', t')\} \tag{2.2.10}$$

となり，$A=0$ の部分では

$$-\phi(\boldsymbol{r}', t')\, \boldsymbol{n} \cdot \nabla' G(\boldsymbol{r}, t, \boldsymbol{r}', t') \tag{2.2.11}$$

となる．したがっていま境界 S 上で境界条件が

$$A(\boldsymbol{r}')\boldsymbol{n}\cdot\nabla'\phi(\boldsymbol{r}',t')+B(\boldsymbol{r}')\phi(\boldsymbol{r}',t') = C(\boldsymbol{r}',t') \qquad (\boldsymbol{r}' : S\text{ 上}) \tag{2.2.12}$$

で与えられる問題を解く場合には，その関数 A, B を用いてつけた境界条件(2.2.3)を充たす Green 関数を用いる．そうすると，境界面上の $A\neq 0$ の部分は(2.2.10)と(2.2.12)を用いて与えられた関数 $C(\boldsymbol{r}',t')/A(\boldsymbol{r}')$ で，また $A=0$ の部分は ϕ を与えることになるので(2.2.11)のように与えられた関数 $\phi(\boldsymbol{r}',t')$ で書き表わされるのである．

方程式(2.2.1)を少し異なった角度から見てみよう．場の量を $\phi(\boldsymbol{r},t)$ から

$$\chi(\boldsymbol{r},t) = e^{c^2t/2\kappa^2}\phi(\boldsymbol{r},t) \tag{2.2.13}$$

に変換すると，$\chi(\boldsymbol{r},t)$ の充たす方程式は

$$\left\{\Delta-\frac{1}{c^2}\frac{\partial^2}{\partial t^2}+\left(\frac{c^2}{4\kappa^4}-\mu^2\right)\right\}\chi(\boldsymbol{r},t) = -e^{c^2t/2\kappa^2}\rho(\boldsymbol{r},t) \tag{2.2.14}$$

となる．すなわち，時間についての1階微分の項がなくなり，質量の項の符号を任意にした Klein-Gordon 方程式となる．方程式(2.2.14)の Green 関数を $\tilde{G}(\boldsymbol{r},t,\boldsymbol{r}',t')$ と書くと，解の表現(2.2.9)を用いて

$$\begin{aligned}
e^{c^2t/2\kappa^2}\phi(\boldsymbol{r},t) = &\int_{t_0}^{t+0}dt'\int_S dS'\boldsymbol{n}\cdot\{\tilde{G}(\boldsymbol{r},t,\boldsymbol{r}',t')\nabla'(e^{c^2t'/2\kappa^2}\phi(\boldsymbol{r}',t'))\\
&-e^{c^2t'/2\kappa^2}\phi(\boldsymbol{r}',t')\nabla'\tilde{G}(\boldsymbol{r},t,\boldsymbol{r}',t')\}\\
&+\frac{1}{c^2}\int_V d\boldsymbol{r}'\left\{\tilde{G}(\boldsymbol{r},t,\boldsymbol{r}',t_0)\frac{\partial}{\partial t_0}(e^{c^2t_0/2\kappa^2}\phi(\boldsymbol{r}',t_0))\right.\\
&\left.-\frac{\partial\tilde{G}(\boldsymbol{r},t,\boldsymbol{r}',t_0)}{\partial t_0}(e^{c^2t_0/2\kappa^2}\phi(\boldsymbol{r}',t_0))\right\}
\end{aligned}$$

$$+\int_{t_0}^{t+0}dt'\int_V d\boldsymbol{r}'\tilde{G}(\boldsymbol{r},t,\boldsymbol{r}',t')e^{c^2t'/2\kappa^2}\rho(\boldsymbol{r}',t') \tag{2.2.15}$$

と表わすことができる．G と $\tilde{G}$ には

$$G(\boldsymbol{r},t,\boldsymbol{r}',t')=e^{-c^2t/2\kappa^2}\tilde{G}(\boldsymbol{r},t,\boldsymbol{r}',t')e^{c^2t'/2\kappa^2} \tag{2.2.16}$$

の関係があることは Green 関数の方程式から確かめることができる．(2.2.16)を用いると(2.2.9)と(2.2.15)が一致することが示せる．

解の表現(2.2.9)において，$\boldsymbol{r}$ を V の内部から境界 S 上の点に近づけたときに左辺が実際に右辺 S 上の積分に現われる境界値に一致することは，(2.1.14)の議論とほとんど同様にして示すことができる．つぎに $t\to t_0+0$ としたときに左辺が右辺 $t'=t_0$ での積分に現われる初期値と一致することを示しておこう．まず $c^2=\infty$ すなわち拡散型の場合は，(2.2.2)を t について $t'-0$ から $t'+0$ まで積分することにより，(1.3.16)を得たのと同様に

$$G(\boldsymbol{r},t,\boldsymbol{r}',t')|_{t=t'+0}=\kappa^2\delta(\boldsymbol{r}-\boldsymbol{r}') \tag{2.2.17}$$

が得られる．これを用いると(2.2.9)の左辺は $t\to t_0+0$ の極限で右辺 $t'=t_0$ での積分に現われる $\phi(\boldsymbol{r},t_0)$ に一致することが示せる．$c^2\neq\infty$ すなわち波動型の場合は(2.2.2)を t について $t'-0$ から $t'+0$ まで積分することによって，(1.3.8)を得たのと同様にして

$$\left.\frac{\partial G(\boldsymbol{r},t,\boldsymbol{r}',t')}{\partial t}\right|_{t=t'+0}=c^2\delta(\boldsymbol{r}-\boldsymbol{r}') \tag{2.2.18}$$

が得られる．ここで $G(\boldsymbol{r},t,\boldsymbol{r}',t')$ の時間依存性は $\partial G/\partial t$ のそれよりも $t\sim t'$ ではゆるやかであると考えている．したがってまた遅延条件ともあわせ考えて

$$G(\boldsymbol{r},t,\boldsymbol{r}',t')|_{t=t'+0}=0 \tag{2.2.19}$$

としてよい．Green 関数の方程式(2.2.2)と境界条件(2.2.3)は時

間の原点をずらしても変らない．したがって Green 関数は

$$G(\boldsymbol{r}, t, \boldsymbol{r}', t') = G(\boldsymbol{r}, \boldsymbol{r}', t-t') \qquad (2.2.20)$$

のように時間については $t-t'$ の関数となる．かくして

$$\frac{\partial G(\boldsymbol{r}, t, \boldsymbol{r}', t')}{\partial t} = -\frac{\partial G(\boldsymbol{r}, t, \boldsymbol{r}', t')}{\partial t'} \qquad (2.2.21)$$

が得られる．(2.2.18)(2.2.19)(2.2.21)を用いると，(2.2.9)の左辺は $t \to t_0+0$ の極限で右辺 $t'=t_0$ での積分に現われる $\phi(\boldsymbol{r}, t_0)$ に一致することが示せる．さらに(2.2.2)をあわせて用いると，(2.2.9)の左辺の時間微分はこの極限で右辺の $\dfrac{\partial \phi}{\partial t}(\boldsymbol{r}, t_0)$ に一致することが示せる．

第3章　基本的な Green 関数

§3.1　基本的な Green 関数とその求め方

これまでに述べてきたように，$\boldsymbol{L}$をある微分演算子とすると，方程式

$$\boldsymbol{L}\phi(X) = -\rho(X) \tag{3.1.1}$$

に対する Green 関数は，方程式

$$\boldsymbol{L}G(X, X') = -\delta(X-X') \tag{3.1.2}$$

を充たし，Dirichlet 問題，Neumann 問題などに対応してそれぞれに適当な境界条件を充たすものである．Xは方程式に応じて$\boldsymbol{r}$，または$\boldsymbol{r}, t$をまとめて表わすものとする．いま$g(X, X')$を方程式

$$\boldsymbol{L}g(X, X') = 0 \tag{3.1.3}$$

の解であり，相反性をも充たしているものとしよう．$G(X, X')+g(X, X')$は(3.1.2)を充たし，相反性をも充たしている．したがって１つの$G(X, X')$が得られると，$g(X, X')$を適当に選んで$G(X, X')+g(X, X')$が要求される境界条件を充たすようにできれば，それが求める Green 関数である*.

限られた領域V内における物理系を考察しよう．一度$G(X, X')$が得られると，領域Vの外側に点X''を選んで$G(X, X'')$を作ると，Xは領域V内に限ってよいからXとX''が一致することは

* 前章で示したように要求される境界条件を充たせば相反性は充たされる．したがって相反性を始めからgに要求しておく必要はない．しかし実際に境界条件を充たす解を見出す際には始めから相反性の条件をつけた上で探す方が容易であることが多い．そこで本書ではまず相反性を充たしている関数gを作ってから境界条件を検討した．

ない．したがって $\delta(X-X'')$ は実質的に 0 であり，$G(X,X'')$ は実質的に同次方程式(3.1.3)の解と考えてよい．また X'' を X' の関数として定めて，$G(X,X'')$ を X と X' の関数として相反性を充たすようにしておくとこれは $g(X,X')$ の候補である．このような考察から，特別な解 $G(X,X')$ を求めることは X'' を適当に選ぶことにより多くの同次方程式の解を与え，新しい Green 関数を与えることになる．また後に第5章でくわしく述べるように，§3.2 b)項で得られる Green 関数の表現において，$X=X'$ での非正則性を何らかの方法で避けることによって同次方程式の解を求めることができる．例えば X のある成分についての解析的表現のとびをなくしたり，積分の収束性をよくしたり，被積分関数に現われる非正則関数を正則なものに置き換えたりするのである．かくしてふたたび特解 $G(X,X')$ を求めることがそのまま多くの解を求めることに通じる．またさらに，同次方程式のいろいろな形の解を知ることは単に多くの Green 関数を与えるだけではなく，例えば2つの誘電体が接している物理系の取扱いに典型的に現われる，次のような有力な手段を与える．すなわちその2つの領域で未定係数または未定関数を含んだ解を作り，それらが境界条件を充たすように未定係数または未定関数を定める方法である．このとき源泉のある領域については未定係数または関数を含む $g(X,X')$ を用いた $G(X,X')$ で解を表わし，源泉のない領域については未定係数または関数を含む $g(X,X')$ を利用して解を作ればよい．

(3.1.2)の特解のうちもっとも求め易いものは境界面がない場合である．このとき(3.1.2)の非同次項が $X-X'$ の関数であるので解もまた $X-X'$ の関数であることが予想される．このような Green 関数であることを特に強調するときには $G^{\infty}(X-X')$ と書くことにして**基本的な Green 関数**とよぶことにしよう.

さて方程式(3.1.2)を解くのに有効な方法としては大体次の3つの方法が考えられる. 第1は, Fourier 積分変換など連続固有値に対する場合も含めて, $\boldsymbol{L}$ の固有関数系を用いた展開によって求める方法である. 第2は, $X \neq X'$ で同次方程式の解となり, $X=X'$ での非正則性がこの非同次方程式の解がもつべき非正則性と合致するものを求める方法である. 第3は, X のうちいくつかの成分についての Fourier 積分変換などで次元数の低い偏微分方程式や常微分方程式に対する Green 関数を求める問題に帰着させ, それらの Green 関数を利用して求める方法である.

§3.2 Helmholtz 型方程式の Green 関数

a) Fourier 変換による解法

まず Helmholtz 方程式

$$(\Delta+k^2)\phi(\boldsymbol{r}) = -\rho(\boldsymbol{r}) \tag{3.2.1}$$

の Green 関数で, 境界面がなく, 無限遠で条件

$$\lim_{|r|\to\infty} G(\boldsymbol{r}, \boldsymbol{r}') = \begin{cases} \text{有界} & (\text{空間が1次元のとき}) \\ 0 & (\text{それ以外}) \end{cases} \tag{3.2.2}$$

を充たすものを Fourier 積分変換を用いて求めてみよう. 空間が n 次元の Green 関数 $G_n(\boldsymbol{r}, \boldsymbol{r}')$ の充たすべき方程式は Δ_n を n 次元のラプラシアンとして

$$(\Delta_n+k^2)G_n(\boldsymbol{r}, \boldsymbol{r}') = -\delta(\boldsymbol{r}-\boldsymbol{r}') \tag{3.2.3}$$

である. $\boldsymbol{r}, \boldsymbol{r}'$ は一般に取り扱っている次元数のベクトルであり, $\delta(\boldsymbol{r})$ はその次元数での δ 関数を表わす. 有界な領域で境界条件が与えられていないので, 前節で述べたように, $G_n(\boldsymbol{r}, \boldsymbol{r}')$ は $\boldsymbol{r}-\boldsymbol{r}'$ の関数 $G_n(\boldsymbol{r}-\boldsymbol{r}')$ と仮定してよい. その Fourier 変換と逆変換は

$$\hat{G}_n(\boldsymbol{p}) = \frac{1}{(2\pi)^n}\int G_n(\boldsymbol{r})e^{-i\boldsymbol{p}\cdot\boldsymbol{r}}d\boldsymbol{r} \tag{3.2.4}$$

$$G_n(\boldsymbol{r}) = \int \hat{G}_n(\boldsymbol{p})e^{i\boldsymbol{p}\cdot\boldsymbol{r}}d\boldsymbol{p} \tag{3.2.5}$$

である．(3.2.3)の Fourier 変換をとると，部分積分により

$$(-p^2+k^2)\hat{G}_n(p) = -\frac{1}{(2\pi)^n} \tag{3.2.6*}$$

が得られる．この解として未定の定数 c を用い

$$\hat{G}_n(p) = \frac{1}{(2\pi)^n}\left\{P\frac{1}{p^2-k^2}+c\delta(p^2-k^2)\right\} \tag{3.2.7}$$

にとる．P は Cauchy の主値をとることを意味する．また $p=|\boldsymbol{p}|$ のみの関数となるが，誤解のおそれもないであろうから以下においても同じ $\hat{G}_n(\boldsymbol{p})=\hat{G}_n(p)$ などで示すことにする．

(3.2.7)において c の代表的な選択として，$\pm i\pi$ をとってみよう．このとき(B.13)によって ϵ を無限小の正数として

$$\hat{G}_n{}^{\pm}(p) = \frac{1}{(2\pi)^n}\frac{1}{p^2-k^2\mp i\epsilon} \tag{3.2.8}$$

と書ける．これは p についての積分を考えるとき，図3.1のように $\hat{G}^+$ においては積分路 C_1 をとって極を避け $\hat{G}^-$ においては積

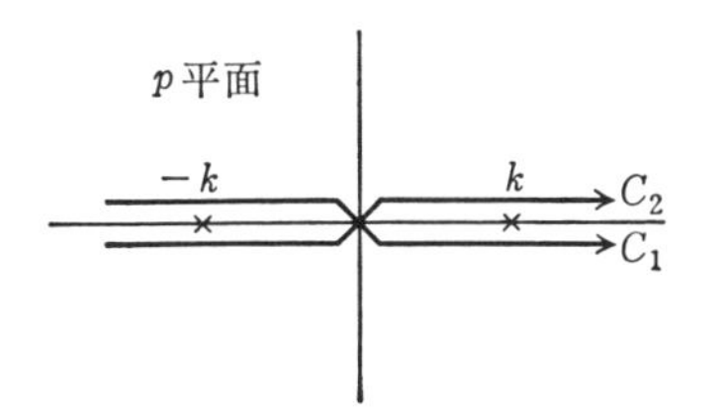

図 3.1

---

* 部分積分における充分遠方からの寄与は一般には0とはならず急激に振動する量を与える．このような寄与は通常(B.15)のように形式的な減衰因子があると考えて無視する．δ 関数を含む Fourier 解析ではこのような取扱いで有用な結果が得られることが多い．

分路 C_2 をとって極を避けて積分することを意味する*. (3.2.8) を(3.2.5)に代入して p 以外の積分を遂行すると，空間の次元数がそれぞれ1, 2, 3の場合に

$$G_1{}^{\pm}(|x|)=\frac{1}{2\pi}\int_{-\infty}^{\infty}\frac{e^{ipx}}{p^2-k^2\mp i\epsilon}dp=\frac{1}{4\pi}\int_{-\infty}^{\infty}\frac{1}{p^2-k^2\mp i\epsilon}(e^{ipx}+e^{-ipx})dp \tag{3.2.9}$$

$$G_2{}^{\pm}(r)=\frac{1}{(2\pi)^2}\int_0^{\infty}pdp\int_0^{2\pi}d\varphi\frac{e^{ipr\cos\varphi}}{p^2-k^2\mp i\epsilon}=\frac{1}{2\pi}\int_0^{\infty}\frac{pJ_0(pr)}{p^2-k^2\mp i\epsilon}dp \tag{3.2.10}$$

$$\begin{aligned}G_3{}^{\pm}(r)&=\frac{1}{(2\pi)^3}\int_0^{\infty}p^2dp\int_0^{\pi}\sin\theta d\theta\int_0^{2\pi}d\varphi\frac{e^{ipr\cos\theta}}{p^2-k^2\mp i\epsilon}\\&=\frac{-i}{8\pi^2r}\int_{-\infty}^{\infty}\frac{p(e^{ipr}-e^{-ipr})}{p^2-k^2\mp i\epsilon}dp\end{aligned} \tag{3.2.11}$$

が得られる. (3.2.10)では(D.15)を用いた. G_1 においては積分に現われる x が正も負もとれることを示すために r を用いずに書いた.

$G_n\,(n=1,2,3)$ の間にはまず

$$G_3{}^{\pm}(r)=\frac{-1}{2\pi r}\frac{dG_1{}^{\pm}(|x|)}{dx}\bigg|_{x=r} \tag{3.2.12}$$

の関係があることが(3.2.9) (3.2.11)から直接示される. さらに $\int_{-\infty}^{\infty}G_3(r)dz$ が $G_2(r)$ と同じ方程式を充たすことから

$$G_2{}^{\pm}(r)=\int_{-\infty}^{\infty}G_3{}^{\pm}(r)dz \tag{3.2.13}$$

の関係がある. したがって $G_n{}^{\pm}(r)$ を求めるにあたって(3.2.9)～(3.2.11)を直接積分してもよいし，まず $G_1{}^{\pm}(|x|)$ を求めてから(3.2.12)を用いて $G_3{}^{\pm}(r)$ を求め，さらに(3.2.13)から $G_2{}^{\pm}(r)$ を計算することもできる. (3.2.12)の関係は Helmholtz 方程式の場

---

* p の積分領域が正に限られるときは，図3.1の原点から右の積分路となる.

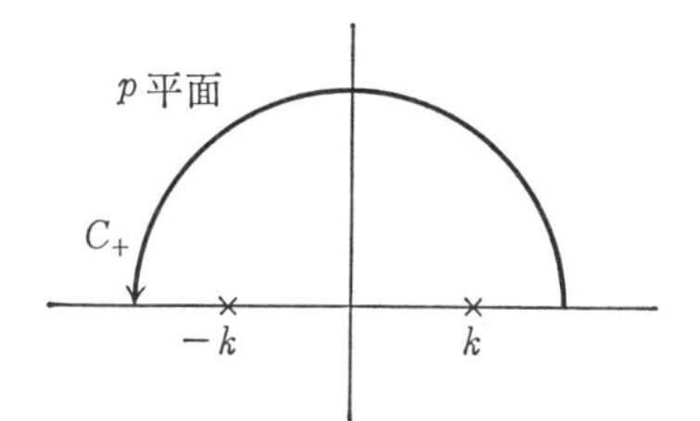

図 3.2

合に限らず一般に $G(X, X')$ が $\boldsymbol{r}, \boldsymbol{r}'$ について $|\boldsymbol{r}-\boldsymbol{r}'|$ のみの関数であるときには常に成立する．また(3.2.13)に相当する関係式は一般に微分方程式の係数が z によらなければ成立する．

さてまず $G_1{}^{\pm}(|x|)$ を $x>0$ として計算しよう．(3.2.9)の始めの表現では，複素 p 平面の上半面で e^{ipx} が充分早く 0 となるので，上半面に図 3.2 のように充分大きな半円の積分路 C_+ をつけ加えてもよい．このようにして G^+ に対しては図 3.1 の C_1 と共に，G^- に対しては図 3.1 の C_2 と共に閉じた積分路となる．この積分路の内部に含まれる被積分関数の極は G^+ では $p=k$ に，G^- では $p=-k$ にある．かくして Cauchy の定理により

$$G_1{}^{\pm}(|x|) = \frac{\pm i}{2k} e^{\pm ik|x|} \tag{3.2.14}$$

が得られる．$x<0$ として計算するときは下半面をまわる積分路をつけ加えることにより同じ結果が得られる．

(3.2.14)と(3.2.12)を用いて

$$G_3{}^{\pm}(r) = \frac{1}{4\pi r} e^{\pm ikr} \tag{3.2.15}$$

が得られる．$e^{-i\omega t}$ のような時間的な変化を想定すると，$G_3{}^{\pm}(r)$ はそれぞれ**外向き，内向きの球面波**を表わしていることがわかる．(3.2.15)はまた，(3.2.14)を得たのと全く同様に(3.2.11)を計算して直接得ることもできる．

空間が2次元の Green 関数を求めるには2次元ベクトルを特に $\boldsymbol{\rho}$ と書き，(3.2.13)を用いると

$$G_2{}^{\pm}(\rho) = \int_{-\infty}^{\infty} G_3{}^{\pm}(r)dz = \int_{-\infty}^{\infty} \frac{1}{4\pi\sqrt{\rho^2+z^2}} e^{\pm ik\sqrt{\rho^2+z^2}} dz$$

を計算すればよい．ここで $\rho=|\boldsymbol{\rho}|$ である．変数を

$$z = \rho \sinh t$$

と変換すれば，(D.17)を用いて

$$G_2{}^{\pm}(\rho) = \frac{1}{4\pi}\int_{-\infty}^{\infty} e^{\pm ik\rho\cosh t} dt = \frac{\pm i}{4} H_0{}^{(\tau)}(k\rho) \qquad (3.2.16)$$

が得られる．ここで複号 ± に対してそれぞれ $\tau=1,2$ をとる．(3.2.16)はまた(3.2.10)から(D.36)を用いて直接計算することもできる．

特に $k=0$，すなわち Laplace 方程式

$$\Delta\phi(\boldsymbol{r}) = -\rho(\boldsymbol{r})$$

に対する Green 関数は，(3.2.14)(3.2.16)(3.2.15)からそれぞれ

$$G_1(|x|) = -\frac{|x|}{2} \qquad (3.2.17)$$

$$G_2(\rho) = -\frac{1}{2\pi}\ln\rho \qquad (3.2.18)$$

$$G_3(r) = \frac{1}{4\pi r} \qquad (3.2.19)$$

として得られる．(3.2.17)(3.2.18)では無限大の定数項を除いての $k\to 0$ の極限である．(3.2.19)は Newton ポテンシャル，Coulomb ポテンシャルとしてよく知られている．(3.2.17)~(3.2.19)がそれぞれさきに得られた Helmholtz 型方程式の Green 関数の非正則な部分(2.1.21)(2.1.19)(2.1.17)と一致することは，非正則の部分が Laplace 方程式の Green 関数に対する方程式(2.1.15)の解であったことから当然であろう．

b) Green 関数の便利な表現

前項では，境界面がない場合の基本的な Green 関数 $G^{\infty}(\boldsymbol{r}-\boldsymbol{r}')$ が求められた．つぎの段階として必要となることは大体つぎの2つの操作であろう．第1は，境界面のない場合に $G^{\infty}(\boldsymbol{r}-\boldsymbol{r}')$ そのものを用いて解の表現(2.1.8)に現われる積分

$$\int_V G^{\infty}(\boldsymbol{r}-\boldsymbol{r}')\rho(\boldsymbol{r}')d\boldsymbol{r}' \tag{3.2.20}$$

を遂行することである．このためには $\boldsymbol{r}$ と $\boldsymbol{r}'$ の依存性を

$$G^{\infty}(\boldsymbol{r}-\boldsymbol{r}') = \sum_j F_j(\boldsymbol{r})F_j(\boldsymbol{r}') \tag{3.2.21}$$

のように分離することができれば便利である．第2はいくつかの境界条件に対応して，同次方程式

$$(\Delta+k^2)g(\boldsymbol{r},\boldsymbol{r}') = 0 \tag{3.2.22}$$

の解であり，相反性

$$g(\boldsymbol{r},\boldsymbol{r}') = g(\boldsymbol{r}',\boldsymbol{r}) \tag{3.2.23}$$

を充たす関数 $g(\boldsymbol{r},\boldsymbol{r}')$ を適当に選んで

$$G(\boldsymbol{r},\boldsymbol{r}') = G^{\infty}(\boldsymbol{r}-\boldsymbol{r}')+g(\boldsymbol{r},\boldsymbol{r}')$$

が与えられた境界条件に適する Green 関数となるようにすることである．後に§5.3で具体的に $g(\boldsymbol{r},\boldsymbol{r}')$ を求めるが，そのとき前項で得られた Green 関数 $G^{\infty}(\boldsymbol{r}-\boldsymbol{r}')$ をいろいろな形に表現しておくことが有効となる．

このような事情を念頭において，まず球座標と結びつく有用な表現として(3.2.15)に対して(C.19)で与えられる展開

$$\frac{e^{\pm ik|\boldsymbol{r}-\boldsymbol{r}'|}}{4\pi|\boldsymbol{r}-\boldsymbol{r}'|} = \pm\frac{ik}{4\pi}\sum_{n=0}^{\infty}(2n+1)P_n(\cos\gamma)j_n(kr')h_n{}^{(\tau)}(kr)$$

$$(r>r';\ r\leftrightarrow r') \tag{3.2.24}$$

を考えよう．γ は $\boldsymbol{r}$ と $\boldsymbol{r}'$ のなす角であり，$h_n{}^{(\tau)}$ は複号の ± に従って第1種球 Hankel 関数 $h_n{}^{(1)}$ と第2種球 Hankel 関数 $h_n{}^{(2)}$ を

表わす．$(r>r';\ r\leftrightarrow r')$はこの式が$r>r'$に対して成り立つ式であり，$r'>r$に対しては$r$と$r'$を置き換えた式が成り立つことを示している．(3.2.24)の$P_n(\cos\gamma)$を(C.21)に従って展開すると，$\boldsymbol{r},\boldsymbol{r}'$の球座標をそれぞれ$(r,\theta,\varphi)$, (r',θ',φ')として

$$\begin{aligned}\frac{e^{\pm ik|\boldsymbol{r}-\boldsymbol{r}'|}}{4\pi|\boldsymbol{r}-\boldsymbol{r}'|} &= \pm\frac{ik}{4\pi}\sum_{n=0}^{\infty}(2n+1)\sum_{m=-n}^{n}\frac{(n-m)!}{(n+m)!}\\ &\qquad\times P_n{}^m(\cos\theta)P_n{}^m(\cos\theta')e^{im(\varphi-\varphi')}j_n(kr')h_n{}^{(\tau)}(kr)\\ &= \pm\frac{ik}{4\pi}\sum_{n=0}^{\infty}(2n+1)\sum_{m=0}^{n}\epsilon_m\frac{(n-m)!}{(n+m)!}\cos m(\varphi-\varphi')\\ &\qquad\times P_n{}^m(\cos\theta)P_n{}^m(\cos\theta')j_n(kr')h_n{}^{(\tau)}(kr)\\ &\qquad\qquad (r>r';\ r\leftrightarrow r')\end{aligned} \tag{3.2.25}$$

が得られる．ここで用いた

$$\epsilon_m = 2-\delta_{m0} = \begin{cases}1 & (m=0)\\ 2 & (m=1,2,\cdots)\end{cases} \tag{3.2.26}$$

はNeumann因子とよばれる．(3.2.25)は(3.2.21)のように$\boldsymbol{r}$の関数と$\boldsymbol{r}'$の関数の積に分解した形をしており，(3.2.20)のような積分を容易にする．(3.2.25)はまた同時に(3.2.20)のような積分を$\boldsymbol{r}$依存性の明瞭な項の和に分解するという役割もはたすのである．

つぎに円筒座標$\boldsymbol{r}=(\boldsymbol{\rho},z)=(\rho,\varphi,z)$と結びつく有用な表現として

$$\begin{aligned}\frac{e^{\pm ik|\boldsymbol{r}-\boldsymbol{r}'|}}{4\pi|\boldsymbol{r}-\boldsymbol{r}'|} &= \pm\frac{i}{4\pi}\int_{W^{(\tau)}}H_0{}^{(\tau)}(\pm i\sqrt{\lambda^2-k^2}|\boldsymbol{\rho}-\boldsymbol{\rho}'|)\cos\lambda(z-z')d\lambda\\ &= \pm\frac{i}{4\pi}\int_0^{\infty}H_0{}^{(\tau)}(\sqrt{k^2-\lambda^2}|\boldsymbol{\rho}-\boldsymbol{\rho}'|)\cos\lambda(z-z')d\lambda\end{aligned} \tag{3.2.27}$$

を証明しておこう．ここで$W^{(\tau)}$は図3.3のように原点から出発

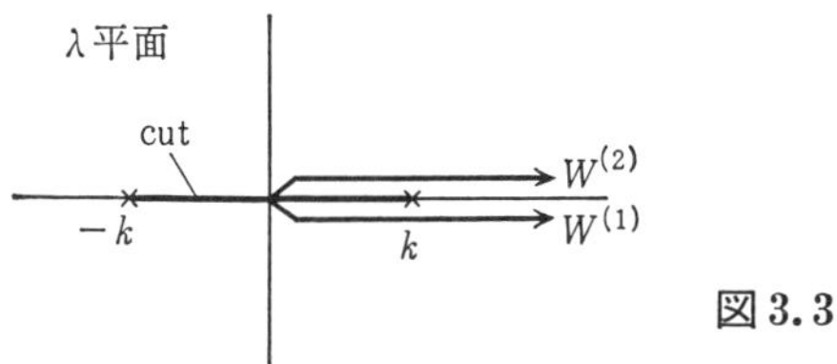

図 3.3

して実軸の下(上)を通る積分路であり，$\lambda>k$ の実軸で $\sqrt{\lambda^2-k^2}$ が正の値をとる Riemann 葉で考えている．(3.2.27)の2つめの表現では $\sqrt{k^2-\lambda^2}$ は $\lambda>k$ のとき複号に従ってそれぞれ $\pm i\sqrt{\lambda^2-k^2}$ を表わすものと約束しておく．(3.2.27)は変数 $z-z'$ についての Fourier cosine 積分変換であると考えられるので，逆変換

$$\frac{2}{\pi}\int_0^{\infty}\frac{e^{\pm ik|\boldsymbol{r}-\boldsymbol{r}'|}}{4\pi|\boldsymbol{r}-\boldsymbol{r}'|}\cos\lambda(z-z')d(z-z') = \pm\frac{i}{4\pi}H_0^{(\tau)}(\sqrt{k^2-\lambda^2}|\boldsymbol{\rho}-\boldsymbol{\rho}'|) \tag{3.2.28}$$

を示せばよい．(3.2.28)の左辺は

$$\frac{1}{8\pi^2}\int_{-\infty}^{\infty}\frac{e^{\pm ik\sqrt{|\boldsymbol{\rho}-\boldsymbol{\rho}'|^2+(z-z')^2}}}{\sqrt{|\boldsymbol{\rho}-\boldsymbol{\rho}'|^2+(z-z')^2}}(e^{i\lambda(z-z')}+e^{-i\lambda(z-z')})d(z-z')$$

となるが，変数を

$$z-z' = |\boldsymbol{\rho}-\boldsymbol{\rho}'|\sinh\chi$$

に変換すると

$$\frac{1}{8\pi^2}\int_{-\infty}^{\infty}e^{\pm ik|\boldsymbol{\rho}-\boldsymbol{\rho}'|\cosh\chi}(e^{i\lambda|\boldsymbol{\rho}-\boldsymbol{\rho}'|\sinh\chi}+e^{-i\lambda|\boldsymbol{\rho}-\boldsymbol{\rho}'|\sinh\chi})d\chi$$

となる．さてここで積分公式

$$\int_{-\infty}^{\infty}e^{i\alpha(x\sinh\varphi+t\cosh\varphi)}d\varphi = \begin{cases} i\pi H_0^{(1)}(\alpha\sqrt{t^2-x^2}) & (t>|x|) \\ i\pi H_0^{(1)}(i\alpha\sqrt{x^2-t^2}) & (|x|>|t|) \\ -i\pi H_0^{(2)}(\alpha\sqrt{t^2-x^2}) & (-t>|x|) \end{cases} \tag{3.2.29}$$

を証明しておこう．まず $|t|>|x|$ の場合は実数 φ_0 を用いて

$$|t| = \sqrt{t^2-x^2}\cosh\varphi_0, \qquad x = \sqrt{t^2-x^2}\sinh\varphi_0$$

とおくと，t の正負に従って(D. 17)を用いて

$$\int_{-\infty}^{\infty} e^{\pm i\alpha\sqrt{t^2-x^2}\cosh(\varphi\pm\varphi_0)}d\varphi = \int_{-\infty}^{\infty} e^{\pm i\alpha\sqrt{t^2-x^2}\cosh\varphi}d\varphi$$

$$= \pm i\pi H_0^{(\tau)}(\alpha\sqrt{t^2-x^2})$$

が得られる．つぎに $|x|>|t|$ の場合は，実数 φ_0 を用いて

$$|x| = \sqrt{x^2-t^2}\cosh\varphi_0, \qquad t = \sqrt{x^2-t^2}\sinh\varphi_0$$

とおくと，x の正負どちらに対しても(D. 18)と(D. 11)を用いて

$$\int_{-\infty}^{\infty} e^{\pm i\alpha\sqrt{x^2-t^2}\sinh(\varphi\pm\varphi_0)}d\varphi = 2\int_0^{\infty}\cos(\alpha\sqrt{x^2-t^2}\sinh\varphi)d\varphi$$

$$= i\pi H_0^{(1)}(i\alpha\sqrt{x^2-t^2})$$

が得られる．かくして(3. 2. 29)が証明される．(3. 2. 29)を用いると

$$\frac{1}{8\pi^2}\int_{-\infty}^{\infty} e^{\pm ik|\boldsymbol{\rho}-\boldsymbol{\rho}'|\cosh\chi}(e^{i\lambda|\boldsymbol{\rho}-\boldsymbol{\rho}'|\sinh\chi}+e^{-i\lambda|\boldsymbol{\rho}-\boldsymbol{\rho}'|\sinh\chi})d\chi$$

$$= \begin{cases} \pm\dfrac{i}{4\pi}H_0^{(\tau)}(|\boldsymbol{\rho}-\boldsymbol{\rho}'|\sqrt{k^2-\lambda^2}) & (k>\lambda) \\ \dfrac{i}{4\pi}H_0^{(1)}(i|\boldsymbol{\rho}-\boldsymbol{\rho}'|\sqrt{\lambda^2-k^2}) & \end{cases} \tag{3. 2. 30}$$

$$= \frac{-i}{4\pi}H_0^{(2)}(-i|\boldsymbol{\rho}-\boldsymbol{\rho}'|\sqrt{\lambda^2-k^2}) \qquad (\lambda>k)$$

が示されて，(3. 2. 28)したがって(3. 2. 27)が証明される．ここで $\lambda>k$ の最後の等式は(D. 26)による．

(3. 2. 27)に和公式(D. 22)(D. 23)を用いて

$$\frac{e^{\pm ik|\boldsymbol{r}-\boldsymbol{r}'|}}{4\pi|\boldsymbol{r}-\boldsymbol{r}'|} = \pm\frac{i}{4\pi}\sum_{m=0}^{\infty}\epsilon_m\cos m(\varphi-\varphi')\int_0^{\infty}H_m^{(\tau)}(\rho\sqrt{k^2-\lambda^2})$$

$$\times J_m(\rho'\sqrt{k^2-\lambda^2})\cos\lambda(z-z')d\lambda \qquad (\rho>\rho';\ \rho\leftrightarrow\rho') \tag{3. 2. 31}$$

が得られる．これはまた(3.2.21)の形をしている*．

円筒座標と結びつくもう1つの有用な表現として

$$\frac{e^{\pm ik|\boldsymbol{r}-\boldsymbol{r}'|}}{4\pi|\boldsymbol{r}-\boldsymbol{r}'|}=\frac{1}{4\pi}\int_{W^{(\tau)}}J_0(\lambda|\boldsymbol{\rho}-\boldsymbol{\rho}'|)e^{-\sqrt{\lambda^2-k^2}|z-z'|}\frac{\lambda d\lambda}{\sqrt{\lambda^2-k^2}}$$
$$=\frac{1}{4\pi}\int_0^\infty J_0(\lambda|\boldsymbol{\rho}-\boldsymbol{\rho}'|)e^{-\sqrt{\lambda^2-k^2}|z-z'|}\frac{\lambda d\lambda}{\sqrt{\lambda^2-k^2}} \tag{3.2.32}$$

を証明しておこう．ここで $W^{(\tau)}$ は図3.3の積分路であり，2つめの表現では $\sqrt{\lambda^2-k^2}$ は $k>\lambda$ のとき複号にしたがってそれぞれ $\mp i\sqrt{k^2-\lambda^2}$ を表わすものと約束しておく．(3.2.32)の左辺は $\boldsymbol{\rho}=\boldsymbol{\rho}'$，$z=z'$ 以外で Helmholtz 方程式の解である．一方任意の λ に対して

$$J_0(\lambda|\boldsymbol{\rho}-\boldsymbol{\rho}'|)e^{\pm\sqrt{\lambda^2-k^2}(z-z')}$$

もまた同じ方程式を充たす．そこで ρ', z' を0にとり，積分の収束性を考慮して

$$\int_{W^{(\tau)}}F_\pm(\lambda)J_0(\lambda\rho)e^{-\sqrt{\lambda^2-k^2}|z|}d\lambda=\frac{e^{\pm ik\sqrt{\rho^2+z^2}}}{\sqrt{\rho^2+z^2}}$$

が成立するような $F_\pm(\lambda)$ を求めてみよう．いま $z=0$ とおくと

$$\int_0^\infty F_\pm(\lambda)J_0(\lambda\rho)d\lambda=\frac{e^{\pm ik\rho}}{\rho}$$

となるから，Hankel 変換**

$$\tilde{f}(\xi)=\int_0^\infty xJ_n(x\xi)f(x)dx \tag{3.2.33}$$

と逆変換**

$$f(x)=\int_0^\infty \xi J_n(x\xi)\tilde{f}(\xi)d\xi \tag{3.2.34}$$

---

* φ, z について分離形にすることは容易であろう．

** 文献(9)．

の関係と(D. 34)を用いて

$$F_{\pm}(\lambda)=\lambda\int_0^\infty \frac{e^{\pm ik\rho}}{\rho}\rho J_0(\lambda\rho)d\rho=\begin{cases}\dfrac{\lambda}{\sqrt{\lambda^2-k^2}} & (\lambda>k)\\[2ex] \dfrac{\pm i\lambda}{\sqrt{k^2-\lambda^2}} & (k>\lambda)\end{cases}$$

となる．これはちょうど $k>\lambda$ で $W^{(\tau)}$ にそって積分をすることと同等であるので，(3. 2. 32)が証明されたことになる．

(3. 2. 32)で和公式(D. 22)を用いると

$$\frac{e^{\pm ik|\boldsymbol{r}-\boldsymbol{r}'|}}{4\pi|\boldsymbol{r}-\boldsymbol{r}'|}=\frac{1}{4\pi}\int_{W^{(\tau)}}\sum_{m=0}^\infty \epsilon_m J_m(\lambda\rho)J_m(\lambda\rho')\cos m(\varphi-\varphi')$$

$$\times e^{-\sqrt{\lambda^2-k^2}|z-z'|}\frac{\lambda d\lambda}{\sqrt{\lambda^2-k^2}} \tag{3. 2. 35}$$

となる．これはまた(3. 2. 21)の形をしている．

Laplace 方程式に対する Green 関数(3. 2. 19)の有効な表現は上述の結果で $k\to 0$ の極限をとることによって得られる．すなわち(3. 2. 24)(3. 2. 25)(3. 2. 27)(3. 2. 31)(3. 2. 32)(3. 2. 35)に対応してそれぞれ

$$\frac{1}{4\pi|\boldsymbol{r}-\boldsymbol{r}'|}=\frac{1}{4\pi}\sum_{n=0}^\infty P_n(\cos\gamma)\frac{r'^n}{r^{n+1}} \qquad (r>r';\ r\leftrightarrow r') \tag{3. 2. 36}$$

$$=\sum_{n=0}^\infty\sum_{m=0}^n \frac{\epsilon_m}{4\pi}\frac{(n-m)!}{(n+m)!}P_n{}^m(\cos\theta)P_n{}^m(\cos\theta')\cos m(\varphi-\varphi')\frac{r'^n}{r^{n+1}}$$

$$(r>r';\ r\leftrightarrow r') \tag{3. 2. 37}$$

$$=\frac{1}{2\pi^2}\int_0^\infty K_0(\lambda|\boldsymbol{\rho}-\boldsymbol{\rho}'|)\cos\lambda(z-z)')d\lambda \tag{3. 2. 38}$$

$$=\sum_{m=0}^\infty \frac{\epsilon_m}{2\pi^2}\cos m(\varphi-\varphi')\int_0^\infty K_m(\lambda\rho)I_m(\lambda\rho')\cos\lambda(z-z')d\lambda$$

$$(\rho>\rho';\ \rho\leftrightarrow\rho') \tag{3. 2. 39}$$

$$=\frac{1}{4\pi}\int_0^\infty J_0(\lambda|\boldsymbol{\rho}-\boldsymbol{\rho}'|)e^{-\lambda|z-z'|}d\lambda \tag{3. 2. 40}$$

$$= \sum_{m=0}^{\infty} \frac{\epsilon_m}{4\pi} \cos m(\varphi-\varphi') \int_0^{\infty} J_m(\lambda\rho) J_m(\lambda\rho') e^{-\lambda|z-z'|} d\lambda \tag{3.2.41}$$

が得られる．

つぎに空間が 2 次元の場合の Helmholtz 方程式に対する Green 関数(3.2.16)の有用な表現を考えよう．和公式(D.22)を用いると

$$\frac{\pm i}{4} H_0^{(\tau)}(k|\boldsymbol{\rho}-\boldsymbol{\rho}'|) = \frac{\pm i}{4} \sum_{m=0}^{\infty} \epsilon_m \cos m(\varphi-\varphi') H_m^{(\tau)}(k\rho) J_m(k\rho')$$
$$(\rho>\rho';\ \rho\leftrightarrow\rho') \tag{3.2.42}$$

が得られる．これは $\boldsymbol{\rho}(\rho,\varphi)$ と $\boldsymbol{\rho}'(\rho',\varphi')$ の関数の積の形に分解されている．

空間が 2 次元の場合の Laplace 方程式に対する Green 関数(3.2.18)を取り扱うときには

$$z = x+iy = \rho e^{i\varphi}, \qquad z' = x'+iy' = \rho' e^{i\varphi'}$$

とおいて複素 z 平面を考えると便利である．このとき

$$-\frac{1}{2\pi}\ln|\boldsymbol{\rho}-\boldsymbol{\rho}'| = -\frac{1}{2\pi}\ln|z-z'| = -\frac{1}{2\pi}\mathrm{Re}\ln(z-z')$$
$$= -\frac{1}{2\pi}\mathrm{Re}\left\{\ln z+\ln\left(1-\frac{z'}{z}\right)\right\}$$
$$= -\frac{1}{2\pi}\mathrm{Re}\left\{\ln z-\sum_{n=1}^{\infty}\frac{1}{n}\left(\frac{z'}{z}\right)^n\right\}$$
$$= -\frac{1}{2\pi}\ln\rho+\frac{1}{2\pi}\sum_{n=1}^{\infty}\frac{1}{n}\left(\frac{\rho'}{\rho}\right)^n\cos n(\varphi-\varphi')$$
$$(\rho>\rho';\ \rho\leftrightarrow\rho') \tag{3.2.43}$$

と書き表わすことができる．

c) 変形 Helmholtz 方程式

§1.4 で述べたように波動方程式の定常的な解，すなわち特定

の角振動数 $\omega=kc$ で振動する解を取り扱うときにHelmholtz方程式が現われる．また(A. 4. 31)のような形の方程式

$$\left(\Delta-\frac{1}{c^2}\frac{\partial^2}{\partial t^2}-\frac{1}{\kappa^2}\frac{\partial}{\partial t}\right)\phi(\boldsymbol{r},t) = -\rho(\boldsymbol{r},t) = -\rho(\boldsymbol{r})e^{-i\omega t} \tag{3.2.44}$$

の定常的な解を取り扱うときには，(1. 4. 8)のような複素解

$$\phi(\boldsymbol{r},t) = \phi(\boldsymbol{r})e^{-i\omega\tau} \tag{3.2.45}$$

を考え，(1. 4. 11)のように時間微分を $-i\omega$ でおきかえると，(1. 4. 12)の形の方程式

$$\left(\Delta+\frac{\omega^2}{c^2}+\frac{i\omega}{\kappa^2}\right)\phi(\boldsymbol{r}) = (\Delta+k^2\tilde{n}^2)\phi(\boldsymbol{r}) = -\rho(\boldsymbol{r}) \tag{3.2.46}$$

が得られる．$\tilde{n}$ は複素屈折率(complex refractive index)とよばれ

$$\tilde{n} = \alpha+i\beta \tag{3.2.47}$$

$$\alpha = \sqrt{\frac{1}{2}+\sqrt{\frac{1}{4}+\frac{c^4}{4\kappa^4\omega^2}}} \tag{3.2.48}$$

$$\beta = \sqrt{-\frac{1}{2}+\sqrt{\frac{1}{4}+\frac{c^4}{4\kappa^4\omega^2}}} \tag{3.2.49}$$

である．

また(A. 2. 11)のような吸収を考慮した平面音波の場合も

$$\left\{\left(1-\frac{4i\omega\nu}{3c^2}\right)\frac{\partial^2}{\partial x^2}+\frac{\omega^2}{c^2}\right\}\phi(\boldsymbol{r}) = 0 \tag{3.2.50}$$

となって(3. 2. 46)と同形の方程式となる．

(3. 2. 46)に対するGreen関数のFourier変換は(3. 2. 8)と同様に

$$\hat{G}_n(p) = \frac{1}{(2\pi)^n}\frac{1}{p^2-k^2\tilde{n}^2} \tag{3.2.51}$$

である．(3. 2. 8)と異なる点は分母が0にならないので(3. 2. 8)のように $\pm i\epsilon$ をつけて極を避ける必要がないことである．(3. 2. 51)

の逆変換は $n=1$ に対して

$$G_1(x)=\frac{1}{2\pi}\int_{-\infty}^{\infty}\frac{e^{ipx}}{p^2-k^2\tilde{n}^2}dp$$
$$=\frac{i}{2k\tilde{n}}e^{ik\tilde{n}|x|} \tag{3.2.52}$$

であり，(3.2.12)を用いて $n=3$ に対する

$$G_3(r)=\frac{-1}{2\pi r}\frac{dG_1(r)}{dr}=\frac{1}{4\pi r}e^{ik\tilde{n}r} \tag{3.2.53}$$

が得られる．$n=2$ に対しては，(3.2.13)を用いて(3.2.16)を得たのと同様にして

$$G_2(\rho)=\frac{i}{4}H_0^{(1)}(k\tilde{n}\rho) \tag{3.2.54}$$

が得られる．

拡散方程式(A.3.7)や Klein-Gordon 方程式(1.4.16)において時間依存性がなければ，方程式

$$(\Delta-\mu^2)\phi(\boldsymbol{r}) = -\rho(\boldsymbol{r}) \tag{3.2.55}$$

となる．これに対する Green 関数の充たす方程式は

$$(\Delta-\mu^2)G(\boldsymbol{r},\boldsymbol{r}') = -\delta(\boldsymbol{r}-\boldsymbol{r}') \tag{3.2.56}$$

である．この場合の Fourier 変換は(3.2.8)の代りに

$$\hat{G}_n(p)=\frac{1}{(2\pi)^n}\frac{1}{p^2+\mu^2} \tag{3.2.57}$$

として得られる．1 次元の Green 関数は逆変換により

$$G_1(x)=\frac{1}{2\pi}\int_{-\infty}^{\infty}\frac{e^{ipr}}{p^2+\mu^2}dp=\frac{1}{2\mu}e^{-\mu|x|} \tag{3.2.58}$$

である．3 次元の Green 関数は(3.2.12)を用いて

$$G_3(r)=\frac{1}{4\pi r}e^{-\mu r} \tag{3.2.59}$$

となる．これは湯川ポテンシャルとよばれるもので，Coulombポテンシャルと異なり指数関数的に減少するので有限な距離でのみ効果的な力を生みだす．Klein-Gordon方程式に出てくるμ^2は中間子の質量の効果を表わすもので，質量が0の光子のやりとりで生じるCoulomb力が遠くまで到達する力を表わすのと対比される．空間が2次元のときは(D. 37)を用いて逆変換が計算され

$$G_2(r)=\frac{1}{2\pi}\int_0^\infty \frac{pJ_0(pr)}{p^2+\mu^2}dp=\frac{i}{4}H_0{}^{(1)}(i\mu r) \qquad (3.2.60)$$

となる．(3.2.58) (3.2.60) (3.2.59)は当然ながら(3.2.52) (3.2.54) (3.2.53)で$k\tilde{n}=i\mu$としたものに一致する．

d）非正則性を用いた求め方

(2.1.17)から$G_3(r)$の$r=0$での非正則性は$(4\pi r)^{-1}$である．一方よく知られているように，$e^{\pm ikr}/r$は$r\neq 0$で同次方程式

$$(\Delta+k^2)\frac{e^{\pm ikr}}{r}=\left(\frac{1}{r}\frac{\partial^2}{\partial r^2}r+k^2\right)\frac{e^{\pm ikr}}{r}=0 \qquad (3.2.61)$$

の解である．これから原点で$(4\pi r)^{-1}$の非正則性を持ち$r\neq 0$で同次方程式の解となる関数，すなわちGreen関数

$$\frac{\cos kr}{4\pi r},\qquad \frac{e^{ikr}}{4\pi r},\qquad \frac{e^{-ikr}}{4\pi r} \qquad (3.2.62)$$

などが得られる．ここで

$$\mathrm{Im}\frac{e^{\pm ikr}}{4\pi r}=\pm\frac{\sin kr}{4\pi r}$$

は原点で非正則ではなく従ってGreen関数ではないことに注意しよう．Green関数の充たす方程式の非同次項は実関数であるから，実係数方程式に対するGreen関数が複素数値をとる関数であれば，その実数部分がGreen関数の方程式を充たしている．またその虚数部分は同次方程式を充たす．

空間が2次元の場合は補遺Dで述べる0次円筒関数$Z_0(k\rho)$が

同次方程式

$$(\Delta_2+k^2)Z_0(k\rho)=\left(\frac{1}{\rho}\frac{\partial}{\partial\rho}\rho\frac{\partial}{\partial\rho}+k^2\right)Z_0(k\rho)=0 \qquad (3.2.63)$$

の解である．$Z_0(k\rho)$ のうち原点で(2.1.19)の非正則性すなわち $-\ln\rho/2\pi$ を示すものは(D.6)(D.9)から

$$-\frac{1}{4}N_0(k\rho),\qquad \frac{i}{4}H_0{}^{(1)}(k\rho),\qquad \frac{-i}{4}H_0{}^{(2)}(k\rho) \qquad (3.2.64)$$

である．これらは $\rho\to\infty$ の漸近形(D.21)からそれぞれ実定常波，外向波，内向波の性質を持っている．

空間が1次元のとき，$e^{\pm ikx}$ は同次方程式の解である．これから(2.1.21)の非正則性 $-|x|/2$ を原点で持つものとして

$$\frac{\pm i}{2k}e^{\pm ik|x|} \qquad (3.2.65)$$

が得られる．

§3.3 拡散方程式の Green 関数

方程式

$$\left(\Delta-\frac{1}{\kappa^2}\frac{\partial}{\partial t}-\mu^2\right)\phi(\boldsymbol{r},t)=-\rho(\boldsymbol{r},t) \qquad (3.3.1)$$

に対する Green 関数の充たす方程式は

$$\left(\Delta-\frac{1}{\kappa^2}\frac{\partial}{\partial t}-\mu^2\right)G(\boldsymbol{r},t,\boldsymbol{r}',t')=-\delta(\boldsymbol{r}-\boldsymbol{r}')\delta(t-t') \qquad (3.3.2)$$

である．いま境界面がない場合に，遅延条件(2.2.4)を充たす Green 関数を求めよう．§3.1で述べたように，この基本的な Green 関数は $\boldsymbol{r}-\boldsymbol{r}'$，$t-t'$ の関数

$$G(\boldsymbol{r},t,\boldsymbol{r}',t')=G^{\infty}(\boldsymbol{r}-\boldsymbol{r}',t-t') \qquad (3.3.3)$$

と考えられる．(3.3.2)を Fourier 変換することによって，$\boldsymbol{r}-\boldsymbol{r}'$

についての Fourier 変換

$$\hat{G}^{\infty}(\boldsymbol{p}, t-t') = \frac{1}{(2\pi)^n}\int G^{\infty}(\boldsymbol{r}-\boldsymbol{r}', t-t')e^{-i\boldsymbol{p}\cdot(\boldsymbol{r}-\boldsymbol{r}')}d(\boldsymbol{r}-\boldsymbol{r}') \tag{3.3.4}$$

に対する方程式

$$\left\{\frac{\partial}{\partial t}+\kappa^2(p^2+\mu^2)\right\}\hat{G}^{\infty}(\boldsymbol{p}, t-t') = \frac{\kappa^2}{(2\pi)^n}\delta(t-t') \tag{3.3.5}$$

が得られる．ここで n は空間の次元数である．(3.3.5)は常微分方程式に対する Green 関数の方程式と同等であるから，§3.1で述べた第3の方法すなわち Fourier 変換などでより簡単な方程式に対する Green 関数を求める問題に帰着されたわけである．

遅延条件(2.2.4)を充たす(3.3.5)の解が

$$\hat{G}^{\infty}(p, t) = \frac{\kappa^2}{(2\pi)^n}e^{-\kappa^2(p^2+\mu^2)t}\theta(t) \tag{3.3.6}$$

であることが(B.16)を用いて確かめることができる．これを Fourier 逆変換すると

$$\begin{aligned} G^{\infty}(r, t) &= \frac{\kappa^2}{(2\pi)^n}\int e^{-\kappa^2(p^2+\mu^2)t}\theta(t)e^{i\boldsymbol{p}\cdot\boldsymbol{r}}d\boldsymbol{p} \\ &= \kappa^2\theta(t)e^{-\kappa^2\mu^2 t}\prod_{j=1}^{n}\frac{1}{2\pi}\int e^{-\kappa^2 p_j{}^2 t+ip_j r_j}dp_j \\ &= \kappa^2\theta(t)\left(\frac{1}{4\pi\kappa^2 t}\right)^{n/2}e^{-\kappa^2\mu^2 t-r^2/4\kappa^2 t} \end{aligned} \tag{3.3.7}$$

が得られる．これは確かに r と t のみの関数になっている．Helmholtz 方程式の場合と同様に誤解のおそれもないであろうから，$\hat{G}(\boldsymbol{p}, t)$ と $\hat{G}(p, t)$，$G(\boldsymbol{r}, t)$ と $G(r, t)$ を同じ $\hat{G}$ または G で書くことにする．

(3.3.7)がさきに一般論で得られた条件(2.2.17)すなわち

$$G^{\infty}(r, +0) = \kappa^2\delta(\boldsymbol{r}) \tag{3.3.8}$$

を充たしていることは，$r \neq 0$ で 0 に近づくことと，

$$\lim_{t \to +0} \int G^{\infty}(r, t) d\boldsymbol{r} = \kappa^2 \tag{3.3.9}$$

となることから予想される．しかし厳密にはこれだけでは δ 関数の微分のような項が $G^{\infty}(r, +0)$ に含まれていないとはいえない．むしろ(3.3.6)から得られる

$$\hat{G}^{\infty}(p, +0) = \frac{\kappa^2}{(2\pi)^n} \tag{3.3.10}$$

を逆変換することによって(B.4)から(3.3.8)が示されると考えればよい．

(3.3.2)とか(3.3.5)のように非同次項が $\delta(t-t')$ を含む場合にはこれを同次方程式の初期値問題にすりかえて解くことが多い．すなわち $t>t'$ に話を限ると方程式の非同次項は 0 としてよい．初期値として，遅延条件と方程式の非同次項を用いて§2.2の考え方で得られる(3.3.8)や(3.3.10)をとり，それぞれの同次方程式を解いたものが(3.3.7)であり(3.3.6)である．この考え方は§1.3で述べたようにちょうど力学における瞬間的に働く力を初期速度でおきかえる撃力の考えに相当する．またこれは Green 関数を求める方法としては，§3.1で述べた非正則性と，$t \neq t'$ で成り立つ同次方程式の解とを用いる方法である．

§3.4 波動方程式の Green 関数

次節で求める一般化された波動方程式の特別な場合として含まれてしまうが，次節での計算がかなり面倒であるので，最も普通の場合である波動方程式について解いてみよう．波動方程式に対する Green 関数の充たすべき方程式

$$\left(\Delta-\frac{1}{c^2}\frac{\partial^2}{\partial t^2}\right)G(\boldsymbol{r},t,\boldsymbol{r}',t') = -\delta(\boldsymbol{r}-\boldsymbol{r}')\delta(t-t') \tag{3.4.1}$$

の1つの特解を求めよう．いま $\boldsymbol{r}-\boldsymbol{r}', t-t'$ のみの関数と仮定してそれらをあらためて $\boldsymbol{r}, t$ とかく．その t についての Fourier 変換

$$\hat{G}(\boldsymbol{r},\omega) = \frac{1}{2\pi}\int G(\boldsymbol{r},t)e^{i\omega t}dt \tag{3.4.2}$$

の充たす方程式は，(3.4.1)を Fourier 変換することにより

$$\left(\Delta+\frac{\omega^2}{c^2}\right)\hat{G}(\boldsymbol{r},\omega) = -\frac{1}{2\pi}\delta(\boldsymbol{r}) \tag{3.4.3}$$

となる．これは Helmholtz の方程式に対する Green 関数の充たす方程式(2.1.2)を 2π で割ったものであるから，その特解として(3.2.15)で $k=\omega/c$ とおいたものから

$$\hat{G}(r,\omega) = \frac{1}{2\pi}\frac{1}{4\pi r}e^{i\omega r/c} \tag{3.4.4}$$

が得られる．これを逆変換すると(B.4)を用いて

$$G(r,t) = \frac{1}{8\pi^2 r}\int e^{i\omega r/c-i\omega t}d\omega = \frac{1}{4\pi r}\delta\left(t-\frac{r}{c}\right) \tag{3.4.5}$$

となる．$t<0$ に対してはこの δ 関数は実質的に0であるから(3.4.5)は遅延条件を充たしている．

空間が2次元のときは(3.2.13)がこの場合も成立するので

$$G_2(\rho,t) = \int_{-\infty}^{\infty}\frac{1}{4\pi\sqrt{\rho^2+z^2}}\delta\left(t-\frac{\sqrt{\rho^2+z^2}}{c}\right)dz$$

$$= \frac{c}{2\pi\sqrt{c^2t^2-\rho^2}}\theta(ct-\rho) \tag{3.4.6}$$

が得られる．

空間が1次元のときは同じ理由で G_2 をさらに y で積分することにより

$$G_1(|x|, t) = \frac{c}{2}\theta(ct - |x|) \tag{3.4.7}$$

が得られる.

これらの特徴としては空間が3次元の場合には δ 関数のために作用の伝わる速さが c という一定値をとり，影響は尾を引かない. すなわち点 $\boldsymbol{r}'$ で時刻 t' という瞬間だけある現象がおきたとき，他の点 $\boldsymbol{r}$ ではその影響がある瞬間 $t=t'+|\boldsymbol{r}-\boldsymbol{r}'|/c$ だけに生じ，だらだらと続かない. しかし空間が2次元および1次元の場合は事情が異なり，作用の伝わる最高速度は c であるが影響は尾を引く. ただ1次元の場合には $\partial G/\partial t$ は δ 関数となるので，影響のうち $\partial G/\partial t$ によって伝達される部分は尾を引かない.

さて§2.2においては，解の表現(2.2.9)の左辺が $t\to t_0+0$ としたときに右辺の $t'=t_0$ の積分のなかに現われる初期値に近づくことを(2.2.18)(2.2.19)(2.2.21)を用いて一般的に調べた. ここでは具体的な Green 関数(3.4.5)について実際に示しておこう.

$$\begin{aligned}
&\lim_{t\to t_0+0}\int \left.\frac{\partial G(\boldsymbol{r}-\boldsymbol{r}', t-t')}{\partial t'}\right|_{t'=t_0}\phi(\boldsymbol{r}', t_0)d\boldsymbol{r}' \\
&\quad = \int \frac{1}{4\pi|\boldsymbol{r}-\boldsymbol{r}'|}\delta'\left(\frac{|\boldsymbol{r}-\boldsymbol{r}'|}{c}\right)\phi(\boldsymbol{r}', t_0)|\boldsymbol{r}-\boldsymbol{r}'|^2 d|\boldsymbol{r}-\boldsymbol{r}'|d\Omega \\
&\quad = \int |\boldsymbol{r}-\boldsymbol{r}'|\delta'\left(\frac{|\boldsymbol{r}-\boldsymbol{r}'|}{c}\right)d|\boldsymbol{r}-\boldsymbol{r}'|\phi(\boldsymbol{r}, t_0) \\
&\quad = -c^2\phi(\boldsymbol{r}, t_0)
\end{aligned} \tag{3.4.8}$$

$$\begin{aligned}
\lim_{t\to t_0+0}\int G(\boldsymbol{r}-\boldsymbol{r}', t-t_0)f(\boldsymbol{r}')d\boldsymbol{r}' &= \int |\boldsymbol{r}-\boldsymbol{r}'|\delta\left(\frac{|\boldsymbol{r}-\boldsymbol{r}'|}{c}\right)d|\boldsymbol{r}-\boldsymbol{r}'|f(\boldsymbol{r}) \\
&\simeq 0
\end{aligned} \tag{3.4.9}$$

を用いれば $t\to t_0+0$ の極限が求めるものとなることがいえる.

以上において(3.4.3)の特解(3.4.4)を用いた結果，遅延条件を充たした Green 関数(3.4.5)が得られた. これを G_{ret} と書くこ

とにしよう．(3.4.4)の代りに特解

$$\hat{G}(r,\omega)=\frac{1}{2\pi}\frac{1}{4\pi r}e^{-i\omega r/c} \tag{3.4.10}$$

を用いると，G_{ret} の代りに

$$G_{\mathrm{adv}}(r,t)=\frac{1}{4\pi r}\delta\left(t+\frac{r}{c}\right) \tag{3.4.11}$$

が得られる．これは $t>0$ に対しては 0 となるので**先進条件**を充たしている．これを G_{adv} と書くことにする．(2.2.9)のような初期条件のもとでの解の表現の代りに，G_{adv} を用いて終期条件のもとでの解の表現を作ることもできる．

§3.2 a)項では3次元 Fourier 変換を用いて Helmholtz 方程式に対する Green 関数を求めたが，本節では波動方程式の Green 関数を求めるのに時間についての Fourier 変換で Helmholtz 方程式に対する Green 関数を求める問題に帰着させた．しかし波動方程式の Green 関数を求めるのに始めから $\boldsymbol{r}, t$ 双方についての4次元 Fourier 変換を用いて求めることもできる．このような方法については D 関数など他の有用な関数に関する議論と共に§9.1 d)項で述べることにする．

§3.5 波動型方程式の Green 関数

$c^2\neq\infty$ として，方程式

$$\left(\Delta-\frac{1}{c^2}\frac{\partial^2}{\partial t^2}-\frac{1}{\kappa^2}\frac{\partial}{\partial t}-\mu^2\right)\phi(\boldsymbol{r},t)=-\rho(\boldsymbol{r},t) \tag{3.5.1}$$

の Green 関数が充たす方程式は

$$\left(\Delta-\frac{1}{c^2}\frac{\partial^2}{\partial t^2}-\frac{1}{\kappa^2}\frac{\partial}{\partial t}-\mu^2\right)G(\boldsymbol{r},t,\boldsymbol{r}',t')=-\delta(\boldsymbol{r}-\boldsymbol{r}')\delta(t-t') \tag{3.5.2}$$

である．いま境界がない場合に，遅延条件(2.2.4)を充たす

Green 関数を求めよう．(3.5.2)の右辺は $|\boldsymbol{r}-\boldsymbol{r}'|$ と $t-t'$ の関数であり，有限なところに境界がないから解は $|\boldsymbol{r}-\boldsymbol{r}'|$ と $t-t'$ のみの関数と考えられるので，これを

$$G(\boldsymbol{r},t,\boldsymbol{r}',t')=G^{\infty}(|\boldsymbol{r}-\boldsymbol{r}'|,t-t') \tag{3.5.3}$$

とおく．以下 $\boldsymbol{r}-\boldsymbol{r}'$, $t-t'$ をあらためて $\boldsymbol{r},t$ と書く．$\boldsymbol{r}$ について Fourier 変換した

$$\hat{G}(\boldsymbol{p},t)=\frac{1}{(2\pi)^n}\int_{-\infty}^{\infty}G^{\infty}(\boldsymbol{r},t)e^{-i\boldsymbol{p}\cdot\boldsymbol{r}}d\boldsymbol{r} \tag{3.5.4}$$

の充たす方程式は

$$\left(\frac{1}{c^2}\frac{\partial^2}{\partial t^2}+\frac{1}{\kappa^2}\frac{\partial}{\partial t}+\mu^2+p^2\right)\hat{G}(\boldsymbol{p},t)=\frac{1}{(2\pi)^n}\delta(t) \tag{3.5.5}$$

である．ここで n は空間の次元数を表わす．

さて遅延条件を充たす Green 関数に対して成立する $t=+0$ での条件(2.2.18)と(2.2.19)を Fourier 変換すると

$$\frac{\partial\hat{G}}{\partial t}(\boldsymbol{p},+0)=\frac{c^2}{(2\pi)^n} \tag{3.5.6}$$

$$\hat{G}(\boldsymbol{p},+0)=0 \tag{3.5.7}$$

が得られる．したがって遅延条件を充たす非同次方程式(3.5.5)の解は同次方程式の解で初期条件(3.5.6)(3.5.7)を充たすものである．同次方程式の 2 つの独立解は

$$e^{-i\omega_{\pm}t},\qquad \omega_{\pm}=\frac{1}{2}\left\{\frac{-ic^2}{\kappa^2}\pm\sqrt{4c^2(p^2+\mu^2)-c^4/\kappa^4}\right\} \tag{3.5.8}$$

であるから，一般解

$$Ae^{-i\omega_+t}+Be^{-i\omega_-t}$$

から初期条件(3.5.6)(3.5.7)を充たすものを作ると

$$\hat{G}(p,t)=\frac{ic^2}{(2\pi)^n}\frac{e^{-i\omega_+t}-e^{-i\omega_-t}}{\omega_+-\omega_-}\theta(t) \tag{3.5.9}$$

が得られる．実際これが非同次方程式(3.5.5)の $t<0$ で 0 の解に

なっていることを(B. 16) (B. 17)を用いて直接確かめられる.

特に$\kappa^2=\infty$のとき，すなわちKlein-Gordon方程式では

$$\hat{G}(p,t)=\frac{c}{(2\pi)^n}\frac{\sin c\sqrt{p^2+\mu^2}t}{\sqrt{p^2+\mu^2}}\theta(t) \tag{3.5.10}$$

となり，さらに$\mu^2=0$すなわち波動方程式では

$$\hat{G}(p,t)=\frac{c}{(2\pi)^n}\frac{\sin cpt}{p}\theta(t) \tag{3.5.11}$$

となる.

空間が1次元の場合のGreen関数$G_1^\infty(x,t)$は(3. 5. 9)を逆変換することにより

$$G_1^\infty(x,t)=\frac{ic^2\theta(t)}{2\pi}e^{-c^2t/2\kappa^2}\int_{-\infty}^{\infty}\{e^{-ict\sqrt{p^2+\mu^2-c^2/4\kappa^4}} \\ -e^{ict\sqrt{p^2+\mu^2-c^2/4\kappa^4}}\}\frac{e^{ipx}dp}{\sqrt{4c^2(p^2+\mu^2)-c^4/\kappa^4}} \tag{3.5.12}$$

を計算すればよい．この計算を$\mu^2-c^2/4\kappa^4$の正負に従って2つの場合に分けて行なおう.

(i)　$\mu^2-c^2/4\kappa^4\equiv\alpha^2>0$の場合

$$G_1^\infty(x,t)=\frac{ic\theta(t)}{4\pi}e^{-c^2t/2\kappa^2}\int_{-\infty}^{\infty}\{e^{-ict\sqrt{p^2+\alpha^2}}-e^{ict\sqrt{p^2+\alpha^2}}\}\frac{e^{ipx}dp}{\sqrt{p^2+\alpha^2}} \tag{3.5.13}$$

において，変数を

$$p=\alpha\sinh\varphi$$

と変換すると，(3. 5. 13)の積分部分は

$$\int_{-\infty}^{\infty}e^{i\alpha x\sinh\varphi}\{e^{-ict\alpha\cosh\varphi}-e^{ict\alpha\cosh\varphi}\}d\varphi \tag{3.5.14}$$

となる．ここで積分公式(3. 2. 29)すなわち

$$\int_{-\infty}^{\infty} e^{i\alpha(x\sinh\varphi+t\cosh\varphi)}d\varphi = \begin{cases} i\pi H_0{}^{(1)}(\alpha\sqrt{t^2-x^2}) & (t>|x|) \\ i\pi H_0{}^{(1)}(i\alpha\sqrt{x^2-t^2}) & (|x|>|t|) \\ -i\pi H_0{}^{(2)}(\alpha\sqrt{t^2-x^2}) & (-t>|x|) \end{cases} \tag{3.5.15}$$

を用いると，(3.5.13)は $ct>|x|$ に対しては

$$\begin{aligned} &G_1^\infty(x,t) \\ &\quad= \frac{ic}{4\pi}e^{-c^2t/2\kappa^2}\{-i\pi H_0{}^{(2)}(\alpha\sqrt{c^2t^2-x^2})-i\pi H_0{}^{(1)}(\alpha\sqrt{c^2t^2-x^2})\} \\ &\quad= \frac{c}{2}e^{-c^2t/2\kappa^2}J_0(\alpha\sqrt{c^2t^2-x^2}) \end{aligned}$$

であり，$|x|>ct$ に対して 0 である．かくして

$$G_1^\infty(x,t) = \frac{c}{2}e^{-c^2t/2\kappa^2}J_0(\sqrt{\mu^2-c^2/4\kappa^4}\sqrt{c^2t^2-x^2})\theta(ct-|x|) \tag{3.5.16}$$

が得られる．

(3.2.12)と(3.5.16)から 3 次元の場合の Green 関数が $r=|\boldsymbol{r}|$ として

$$\begin{aligned} &G_3^\infty(r,t) \\ &\quad= \frac{-1}{2\pi r}\frac{\partial G_1(x,t)}{\partial x}\bigg|_{x=r} \\ &\quad= \frac{c}{4\pi r}e^{-c^2t/2\kappa^2}\delta(ct-r) \\ &\qquad -\frac{c}{4\pi}\frac{\sqrt{\mu^2-c^2/4\kappa^4}}{\sqrt{c^2t^2-r^2}}e^{-c^2t/2\kappa^2}J_1(\sqrt{\mu^2-c^2/4\kappa^4}\sqrt{c^2t^2-r^2})\theta(ct-r) \end{aligned} \tag{3.5.17}$$

と得られる．ここで(B.16)(D.20)を用いている．

2 次元の場合の Green 関数は(3.2.13)を用いて

$$
\begin{aligned}
G_2^\infty(\rho, t) & \\
&= \int_{-\infty}^{\infty} G_3^\infty(r, t)dz \\
&= \frac{c}{2\pi}\frac{1}{\sqrt{c^2t^2-\rho^2}}e^{-c^2t/2\kappa^2}\theta(ct-\rho)-\frac{c}{4\pi}e^{-c^2t/2\kappa^2}\sqrt{\mu^2-c^2/4\kappa^4} \\
&\quad \times\int_{-\infty}^{\infty}\frac{J_1(\sqrt{\mu^2-c^2/4\kappa^4}\sqrt{c^2t^2-\rho^2-z^2})}{\sqrt{c^2t^2-\rho^2-z^2}}\theta(c^2t^2-\rho^2-z^2)dz
\end{aligned}
$$

を計算すればよい．第2項の積分は

$$
z=\sqrt{c^2t^2-\rho^2}\sin\chi
$$

と変数を変換すれば，(D. 32) を用いて

$$
\begin{aligned}
&\int_{-\pi/2}^{\pi/2} J_1(\sqrt{\mu^2-c^2/4\kappa^4}\sqrt{c^2t^2-\rho^2}\cos\chi)d\chi \\
&\quad = 2\int_0^{\pi/2} J_1(\sqrt{\mu^2-c^2/4\kappa^4}\sqrt{c^2t^2-\rho^2}\sin\chi)d\chi \\
&\quad = 2\frac{1-\cos(\sqrt{\mu^2-c^2/4\kappa^4}\sqrt{c^2t^2-\rho^2})}{\sqrt{\mu^2-c^2/4\kappa^4}\sqrt{c^2t^2-\rho^2}}
\end{aligned}
$$

となる．かくして

$$
G_2^\infty(\rho, t)=\frac{c}{2\pi}e^{-c^2t/2\kappa^2}\frac{\cos(\sqrt{\mu^2-c^2/4\kappa^4}\sqrt{c^2t^2-\rho^2})}{\sqrt{c^2t^2-\rho^2}}\theta(ct-\rho) \tag{3. 5. 18}
$$

が得られる．

特に $\kappa^2=\infty$ とすると (3. 5. 16) (3. 5. 18) (3. 5. 17) はそれぞれ空間の次元数が 1, 2, 3 のときの Klein-Gordon 方程式にたいする Green 関数

$$
G_1^\infty(x, t)=\frac{c}{2}J_0(\mu\sqrt{c^2t^2-r^2})\theta(ct-|x|) \tag{3. 5. 19}
$$

$$
G_2^\infty(\rho, t)=\frac{c}{2\pi}\frac{\cos\mu\sqrt{c^2t^2-\rho^2}}{\sqrt{c^2t^2-\rho^2}}\theta(ct-\rho) \tag{3. 5. 20}
$$

$$G_3^\infty(r,t)=\frac{c}{4\pi r}\delta(ct-r)-\frac{c\mu}{4\pi\sqrt{c^2t^2-r^2}}J_1(\mu\sqrt{c^2t^2-r^2})\theta(ct-r) \tag{3.5.21}$$

が得られる．さらに(3.5.19)∼(3.5.21)で $\mu=0$ とすると波動方程式に対する Green 関数(3.4.7) (3.4.6) (3.4.5)に一致する．

(ii) $c^2/4\kappa^4-\mu^2\equiv\beta^2>0$ の場合

(3.5.12)から

$$G_1^\infty(x,t)=\frac{ic\theta(t)}{4\pi}e^{-c^2t/2\kappa^2}\int_{-\infty}^{\infty}\{e^{-ict\sqrt{p^2-\beta^2}}-e^{ict\sqrt{p^2-\beta^2}}\}\frac{e^{ipx}dp}{\sqrt{p^2-\beta^2}} \tag{3.5.22}$$

と書ける．積分全体としては被積分関数が1価であるから cut は考えなくてもよい．しかし第1項と第2項を別々に計算するときには cut を考えねばならない．いま cut を図3.4のように入れ，実軸上 $p>\beta$ で $\sqrt{p^2-\beta^2}$ が正実数をとるような Riemann 葉で積分路を図3.4の C にとっておく．まず積分の第1項が正の t に対して

$$\begin{aligned}I_1&=\int_C\frac{e^{ipx}}{\sqrt{p^2-\beta^2}}e^{-ict\sqrt{p^2-\beta^2}}dp\\&=\begin{cases}0 & (x>ct)\\ -2i\pi J_0(i\beta\sqrt{c^2t^2-x^2}) & (ct>|x|)\\ -2i\pi J_0(\beta\sqrt{x^2-c^2t^2}) & (-ct>x)\end{cases}\end{aligned} \tag{3.5.23}$$

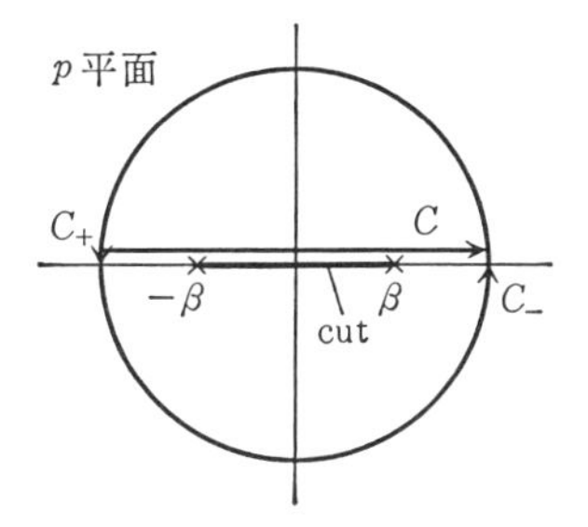

図3.4

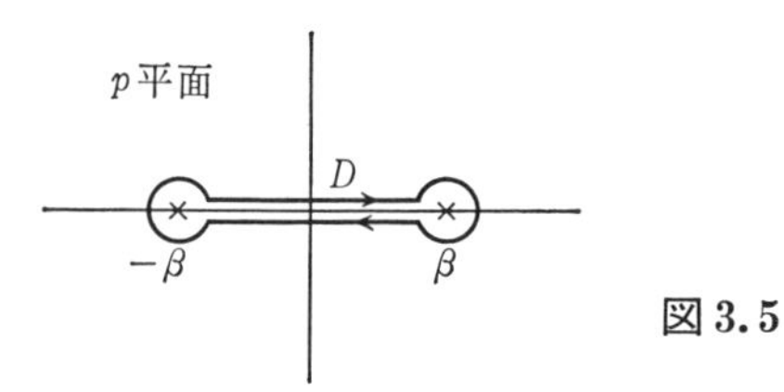

図 3.5

となることを示そう．$x>ct$ であれば図 3.4 で上半面に充分大きな半円積分路 C_+ をつけ加えることができて，0 となることがいえる．$ct>x$ であれば下半面に積分路 C_- をつけ加えることにより図 3.5 の積分路 D についての積分に等しくなることがいえる．D 上の積分において $p=\pm\beta$ のまわりの無限小円周部分の積分は 0 となる．変数を

$$p=\beta\cos\varphi$$

と変換すると，実軸の上下でそれぞれ

$$\sqrt{p^2-\beta^2}=\pm i\sqrt{\beta^2-p^2}$$

となることを考慮して

$$I_1=-i\int_{-\pi}^{\pi}e^{i\beta(x\cos\varphi-ict\sin\varphi)}d\varphi \qquad (ct>x)$$

と書ける．$ct>|x|$ のときには φ_0 を純虚数として

$$x=i\sqrt{c^2t^2-x^2}\sin\varphi_0, \qquad ct=\sqrt{c^2t^2-x^2}\cos\varphi_0$$

とおくことができ，

$$\begin{aligned}I_1&=-i\int_{-\pi}^{\pi}e^{i\beta\sqrt{c^2t^2-x^2}(i\sin\varphi_0\cos\varphi-i\cos\varphi_0\sin\varphi)}d\varphi\\&=-i\int_{-\pi}^{\pi}e^{\beta\sqrt{c^2t^2-x^2}\sin(\varphi-\varphi_0)}d\varphi\end{aligned}$$

と書ける．この積分を図 3.6 のように積分路 ADCB の積分に移すと，AD についての積分と CB についての積分は打ち消し合う．

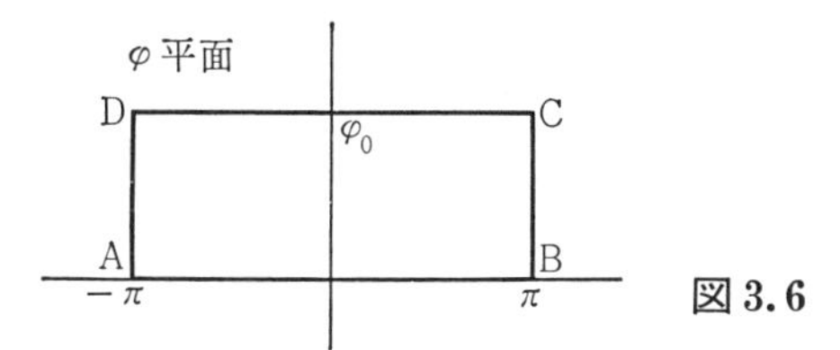

図 3.6

DC についての積分は $\varphi-\varphi_0=\chi$ を新しい変数として書くと，(D. 16) から

$$I_1 = -i\int_{-\pi}^{\pi} e^{\beta\sqrt{c^2t^2-x^2}\sin\chi}d\chi = -2i\int_0^{\pi} e^{\beta\sqrt{c^2t^2-x^2}\cos\chi}d\chi$$
$$= -2i\pi J_0(i\beta\sqrt{c^2t^2-x^2}) \qquad (ct>|x|)$$

となる．$-ct>x$ のときは φ_0 を純虚数として

$$x = \sqrt{x^2-c^2t^2}\cos\varphi_0, \qquad ct = i\sqrt{x^2-c^2t^2}\sin\varphi_0$$

とおくことができ，

$$I_1 = -i\int_{-\pi}^{\pi} e^{i\beta\sqrt{x^2-c^2t^2}(\cos\varphi_0\cos\varphi+\sin\varphi_0\sin\varphi)}d\varphi$$
$$= -i\int_{-\pi}^{\pi} e^{i\beta\sqrt{x^2-c^2t^2}\cos(\varphi-\varphi_0)}d\varphi \qquad (3.5.24)$$

と書ける．この積分をふたたび図 3.6 の積分路 DC についての積分に移して計算すると (D. 15) から

$$I_1 = -i\int_{-\pi}^{\pi} e^{i\beta\sqrt{x^2-c^2t^2}\cos\chi}d\chi$$
$$= -i\int_{-\pi}^{\pi}\cos(\beta\sqrt{x^2-c^2t^2}\cos\chi)d\chi$$
$$= -2\pi iJ_0(\beta\sqrt{x^2-c^2t^2}) \qquad (-ct>x)$$

となる．かくして (3.5.23) が証明された．つぎに積分の第 2 項が正の t に対して

$$I_2 = \int_C \frac{e^{ipx}}{\sqrt{p^2-\beta^2}}e^{ict\sqrt{p^2-\beta^2}}dp$$

$$= \begin{cases} 0 & (x+ct>0) \\ -2i\pi J_0(\beta\sqrt{x^2-c^2t^2}) & (x+ct<0) \end{cases} \tag{3.5.25}$$

であることを示そう．$x+ct>0$ のときには積分路を図 3.4 の C_+ をつけ加えることにより 0 となる．$x+ct<0$ のときには(3.5.24)との違いは

$$I_2 = -i\int_{-\pi}^{\pi} e^{i\beta\sqrt{x^2-c^2t^2}\cos(\varphi+\varphi_0)}d\varphi$$

となるだけであるので，積分路を図 3.6 の DC に代えて，図 3.7 の DC にすることによりまったく同様に(3.5.25)が証明される．

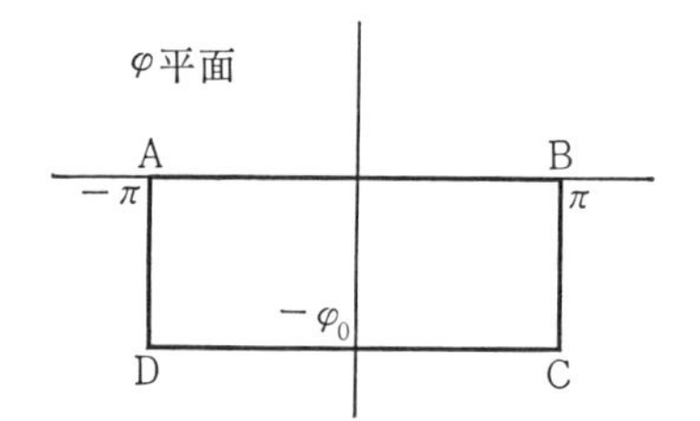

図 3.7

かくして(3.5.22)(3.5.23)(3.5.25)より

$$G_1^{\infty}(x,t) = \frac{c}{2}e^{-c^2t/2\kappa^2}J_0(i\sqrt{c^2/4\kappa^4-\mu^2}\sqrt{c^2t^2-x^2})\theta(ct-|x|) \tag{3.5.26}$$

が得られる．

(3.5.26)(3.2.12)を用いて 3 次元空間の Green 関数が

$$\begin{aligned} G_3^{\infty}(r,t) &= \frac{-1}{2\pi r}\frac{\partial G_1^{\infty}(x,t)}{\partial x}\bigg|_{x=r} \\ &= \frac{ce^{-c^2t/2\kappa^2}}{4\pi r}\delta(ct-r) - \frac{ic\sqrt{c^2/4\kappa^4-\mu^2}}{4\pi\sqrt{c^2t^2-r^2}}e^{-c^2t^2/2\kappa^2} \\ &\quad \times J_1(i\sqrt{c^2/4\kappa^4-\mu^2}\sqrt{c^2t^2-r^2})\theta(ct-r) \end{aligned} \tag{3.5.27}$$

として得られる．ここで $r=|\boldsymbol{r}|$ である．

空間が2次元の Green 関数は(3.5.27)(3.2.13)から

$$G_2^\infty(\rho,t)=\int_{-\infty}^{\infty}G_3^\infty(r,t)dz$$
$$=\frac{c}{2\pi}\frac{e^{-c^2t/2\kappa^2}}{\sqrt{c^2t^2-\rho^2}}\theta(ct-\rho)-\frac{ic\sqrt{c^2/4\kappa^4-\mu^2}}{4\pi}e^{-c^2t/2\kappa^2}$$
$$\times\int_{-\infty}^{\infty}\frac{J_1(i\sqrt{c^2/4\kappa^4-\mu^2}\sqrt{c^2t^2-\rho^2-z^2})}{\sqrt{c^2t^2-\rho^2-z^2}}\theta(c^2t^2-\rho^2-z^2)dz$$

である．第2項の積分は $z=\sqrt{c^2t^2-\rho^2}\cos\varphi$ と変数を変換することにより，(D.32)を用いて

$$\int_0^\pi J_1(i\sqrt{c^2/4\kappa^4-\mu^2}\sqrt{c^2t^2-\rho^2}\sin\varphi)d\varphi\theta(ct-\rho)$$
$$=\frac{2-2\cos(i\sqrt{c^2/4\kappa^4-\mu^2}\sqrt{c^2t^2-\rho^2})}{i\sqrt{c^2/4\kappa^4-\mu^2}\sqrt{c^2t^2-\rho^2}}\theta(ct-\rho)$$

となるので

$$G_2^\infty(\rho,t)=\frac{ce^{-c^2t/2\kappa^2}}{2\pi\sqrt{c^2t^2-\rho^2}}\cosh(\sqrt{c^2/4\kappa^4-\mu^2}\sqrt{c^2t^2-\rho^2})\theta(ct-\rho) \tag{3.5.28}$$

が得られる．

特に $\mu=0$ の場合は(3.5.26)(3.5.28)(3.5.27)はそれぞれ

$$G_1^\infty(x,t)=\frac{ce^{-c^2t/2\kappa^2}}{2}J_0\left(i\frac{c}{2\kappa^2}\sqrt{c^2t^2-x^2}\right)\theta(ct-|x|) \tag{3.5.29}$$

$$G_2^\infty(\rho,t)=\frac{ce^{-c^2t/2\kappa^2}}{2\pi\sqrt{c^2t^2-\rho^2}}\cosh\left(\frac{c}{2\kappa^2}\sqrt{c^2t^2-\rho^2}\right)\theta(ct-\rho) \tag{3.5.30}$$

$$G_3^\infty(r,t)=\frac{ce^{-c^2t/2\kappa^2}}{4\pi r}\delta(ct-r)-\frac{ic^2e^{-c^2t/2\kappa^2}}{8\pi\kappa^2\sqrt{c^2t^2-r^2}}$$
$$\times J_1\left(\frac{ic}{2\kappa^2}\sqrt{c^2t^2-r^2}\right)\theta(ct-r) \tag{3.5.31}$$

が得られる．(3. 5. 29)～(3. 5. 31)でさらに$\kappa^2 \to \infty$とするとふたたび波動方程式のGreen関数(3. 4. 7)(3. 4. 6)(3. 4. 5)が得られる．

(3. 5. 16)と(3. 5. 26)，(3. 5. 18)と(3. 5. 28)，(3. 5. 17)と(3. 5. 27)を比較してみよう．後者はいずれも前者の$\sqrt{\mu^2 - c^2/4\kappa^2}$を$i\sqrt{c^2/4\kappa^2 - \mu^2}$でおきかえれば得られるが，この因子の偶関数であるから$-i\sqrt{c^2/4\kappa^2 - \mu^2}$でおきかえてもよい．

第4章　Sturm–Liouville 方程式に対する Green 関数

§4.1　固有関数系による表現

Sturm–Liouville の固有値問題とは，Sturm–Liouville 方程式

$$\left\{\frac{d}{dx}\left(p(x)\frac{d}{dx}\right)+q(x)+\lambda\rho(x)\right\}\phi(x) \equiv \boldsymbol{L}\phi(x) = 0 \tag{4.1.1}$$

を $x=a, b$ で適当な境界条件を与えて解いたときに，ある特定の実数値(固有値という)の系列 $\lambda=\{\lambda_n\}$ に対してのみそれぞれ解(固有関数という)の系列 $\phi(x)=\{\phi_n(x)\}$ が得られるという問題である．適当な境界条件としては，$a\leq x\leq b$ で，$p(x), q(x), \rho(x)$ が正則で実数値をとり，$p(x)>0$，$\rho(x)\geq 0$ としたときの正則境界条件

$$a_1\phi(a)+a_2\frac{d\phi}{dx}(a) = 0, \qquad b_1\phi(b)+b_2\frac{d\phi}{dx}(b) = 0 \tag{4.1.2}$$

または

$$\phi(a) = \phi(b), \qquad p(a)\frac{d\phi}{dx}(a) = p(b)\frac{d\phi}{dx}(b) \tag{4.1.3}$$

であるとか，$a<x<b$ で $p(x), q(x), \rho(x)$ が正則で実数値をとり，$p(x)>0$，$\rho(x)\geq 0$ で境界が微分方程式の正則特異点であるとしたときの固有関数の系列 $\{\phi_n(x)\}$ の充たす境界条件

$$\int_a^b |\phi_n(x)|^2\rho(x)dx < \infty \tag{4.1.4}$$

$$p(a)\frac{d\phi_n}{dx}(a)\phi_m(a) = p(b)\frac{d\phi_n}{dx}(b)\phi_m(b) = 0 \quad (4.1.5)$$

がある.

固有関数系の重要な性質としては，規格直交性

$$\int_a^b \phi_n{}^*(x)\phi_m(x)\rho(x)dx = \delta_{nm} \quad (4.1.6)$$

と，完全性すなわち適当に性質のよい関数 $f(x)$ を

$$f(x) = \sum c_n\phi_n(x) \quad (4.1.7)$$

$$c_n = \int_a^b \phi_n{}^*(x)f(x)\rho(x)dx \quad (4.1.8)$$

と展開できる性質を持っている*. 完全性とは本来(4.1.7)のように固有関数系 $\{\phi_n(x)\}$ だけの性質によってきまるものではなく，どのような性質を持つ関数が(4.1.7)のように展開できるかというように，展開される関数の性質にもよる. しかし本書では形式的に和と積分の順序を交換できるものとして(4.1.7)を

$$f(x) = \int_a^b \sum_n \phi_n(x)\phi_n{}^*(x')f(x')\rho(x')dx' \quad (4.1.9)$$

と書き，これが任意の関数 $f(x)$ に対して成立すると仮定して

$$\sum_n \phi_n(x)\phi_n{}^*(x') = \frac{\delta(x-x')}{\rho(x')} \quad (4.1.10)$$

を**完全性の条件**とよぶことにする.

さて方程式

$$\boldsymbol{L}\phi(x) = -v(x) \quad (4.1.11)$$

に対する Green 関数の充たす方程式は

$$\boldsymbol{L}G(x, x') = -\delta(x-x') \quad (4.1.12)$$

である. $G(x, x')$ を x の関数として $\{\phi_n(x)\}$ で展開すると

---

* 文献(9).

$$G(x, x') = \sum_n c_n(x')\phi_n(x) \tag{4.1.13}$$

のように係数が x' の関数となる．(4.1.13)を(4.1.12)に代入して，(4.1.1)の $\boldsymbol{L}$ を固有関数に作用させた式

$$\boldsymbol{L}\phi_n(x) = (\lambda - \lambda_n)\phi_n(x)\rho(x) \equiv E_n\phi_n(x)\rho(x) \tag{4.1.14}$$

を用いると

$$\sum_n c_n(x')(\lambda - \lambda_n)\phi_n(x)\rho(x) = -\delta(x-x') \tag{4.1.15}$$

となる．両辺に $\phi_m{}^*(x)$ をかけて積分すると(4.1.6)から

$$c_m(x') = -\frac{\phi_m{}^*(x')}{\lambda - \lambda_m} \tag{4.1.16}$$

が得られ，

$$G(x, x') = -\sum_n \frac{\phi_n(x)\phi_n{}^*(x')}{\lambda - \lambda_n} \tag{4.1.17}$$

と表わされる．ただし λ として $\{\lambda_n\}$ を含む領域で考えるときには $\lambda = \lambda_n$ の点の避け方を別に定めなければならない．

実数値をとる $p(x), q(x), \rho(x), \lambda$ に対して固有関数の実部も虚部もそれぞれに同じ固有値に属する固有関数になっている．したがって実数値をとる固有関数で完全系を作ることができる．そのような完全系をとると，(4.1.17)から相反性

$$G(x, x') = G(x', x) \tag{4.1.18}$$

が成立していることがわかる．

(4.1.17)の表現を見ると同次の境界条件に対しては $\phi_n(x)$ の境界条件がそのまま $G(x, x')$ の境界条件に反映する．例えば境界条件 $G(a, x')=0$ を充たす Green 関数は $\phi_n(a)=0$ の境界条件を充たす固有関数系 $\{\phi_n(x)\}$ を用いて作れるし，境界条件 $\dfrac{\partial G}{\partial x}(a, x')=0$ を充たす Green 関数は $\dfrac{\partial \phi_n}{\partial x}(a)=0$ の境界条件を充たす固有関数

系を用いて作ればよい．従っていま方程式(4.1.11)の $x=a,b$ でそれぞれ同次境界条件を充たす解は $x=a,b$ で同じ同次境界条件のもとでの固有関数系 $\{\phi_n(x)\}$ を用いて作った $G(x,x')$ で

$$\phi(x)=\int_a^b G(x,x')v(x')dx' \tag{4.1.19}$$

と表わされる．

§4.2　同次方程式の2つの独立解による表現

(4.1.1)の2つの独立解を $y_1(x), y_2(x)$ とすると，a,b を $a<x<b$ の任意の定数として

$$\phi(x)=-y_2(x)\int_a^x \frac{v(x')y_1(x')}{\varDelta(y_1y_2)p(x')}dx'-y_1(x)\int_x^b \frac{v(x')y_2(x')}{\varDelta(y_1y_2)p(x')}dx' \tag{4.2.1}$$

が非同次方程式(4.1.11)の一般解であることを直接確かめることができる．ここで $\varDelta(y_1y_2)$ はロンスキアン

$$\varDelta(y_1y_2)\equiv\begin{vmatrix} y_1(x) & dy_1(x)/dx \\ y_2(x) & dy_2(x)/dx \end{vmatrix} \tag{4.2.2}$$

であり，$\varDelta(y_1y_2)p(x)$ は x によらない．

(4.2.1)において $v(x)$ として $\delta(x-x')$ ととったものは Green 関数であり

$$G(x,x')=\frac{-1}{\varDelta(y_1y_2)p(x)}\{y_1(x)y_2(x')\theta(x'-x)+y_1(x')y_2(x)\theta(x-x')\} \tag{4.2.3}$$

となる．これは相反性(4.1.18)を充たしている．G を用いて(4.2.1)が

$$\phi(x)=\int_a^b G(x,x')v(x')dx' \tag{4.2.4}$$

と書ける．

(4.2.3)の表現を見ると，同次の境界条件に対しては $x=a$ における $y_1(x)$ の性質がそのまま $G(x, x')$ の $x=a$ における性質に反映し，$x=b$ における $y_2(x)$ の性質がそのまま $G(x, x')$ の $x=b$ における性質に反映する．例えば $G(a, x')=0$, $\frac{\partial G}{\partial x}(b, x')=0$ の境界条件を充たす Green 関数は $y_1(a)=0$, $\frac{dy_2}{dx}(b)=0$ を充たす2つの独立解 $y_1(x), y_2(x)$ を用いて(4.2.3)のように表わされ，またそれがそのまま(4.2.4)によって $\phi(a)=0$, $\frac{d\phi}{dx}(b)=0$ という境界条件に反映する．

(4.2.3)に同次方程式の解，$[\Delta(y_1, y_2)p(x)]^{-1}y_1(x)y_2(x')$ を加えた

$$G(x,x') = \frac{\theta(x-x')}{\Delta(y_1, y_2)p(x)}[y_1(x)y_2(x')-y_2(x)y_1(x')] \quad (4.2.5)$$

はまた Green 関数である．(4.2.5)は $x<x'$ で0という条件で(4.1.12)を解いたもので，一意にきまる．実際(4.2.5)が同次方程式の独立な2解としてどの組をとっても変わらないことを，直接示すことができる．このことを利用して，適当な2解の組合せをいろいろにとって $G(x, x')$ の性質を調べることがある．

§4.3　Green 関数による解の表現

これまでの2つの節で同次境界条件を充たす方程式(4.1.1)の解はそれぞれの条件に対応して作られた Green 関数を用いて(4.1.19)(4.2.4)のように表わされた．実際に応用される例の多くはこのような場合である．しかしここでは念のために，より一般の境界条件

$$\left.\begin{aligned} a_1\phi(a)+a_2p(a)\frac{d\phi}{dx}(a) &= a_3 \\ b_1\phi(b)+b_2p(b)\frac{d\phi}{dx}(b) &= b_3 \end{aligned}\right\} \quad (4.3.1)$$

を充たす解はどのように表わされるかを考えよう．ここで $a_1, a_2, a_3, b_1, b_2, b_3$ は定数であり，a_1 と a_2，b_1 と b_2 はそれぞれ同時には 0 ではないものとする．

さて方程式(4.1.1)(4.1.2)と相反性(4.1.18)を用いると

$$
\begin{aligned}
-\int_a^b & G(x,x')v(x')dx'+\phi(x) \\
&= \int_a^b \{-G(x,x')v(x')+\phi(x')\delta(x-x')\}dx' \\
&= \int_a^b \left\{G(x,x')\frac{d}{dx'}\left(p(x')\frac{d\phi(x')}{dx'}\right)\right. \\
&\qquad \left. -\phi(x')\frac{d}{dx'}\left(p(x')\frac{dG(x,x')}{dx'}\right)\right\}dx' \\
&= \left[G(x,x')p(x')\frac{d\phi(x')}{dx'}-\phi(x')p(x')\frac{dG(x,x')}{dx'}\right]_a^b
\end{aligned}
$$

となるので

$$
\begin{aligned}
\phi(x) &= \int_a^b G(x,x')v(x')dx' \\
&\quad +\left[G(x,x')p(x')\frac{d\phi(x')}{dx'}-\phi(x')p(x')\frac{dG(x,x')}{dx'}\right]_a^b
\end{aligned}
\tag{4.3.2}
$$

と書ける．いま $G(x,x')$ として境界条件

$$
\left.
\begin{aligned}
a_1G(x,a)+a_2p(a)\frac{dG}{dx'}(x,a) &= 0 \qquad (x>a) \\
b_1G(x,b)+b_2p(b)\frac{dG}{dx'}(x,b) &= 0 \qquad (b>x)
\end{aligned}
\right\}
\tag{4.3.3}
$$

を充たすものをとれば，$a_2\neq 0$, $b_2\neq 0$ のとき(4.3.1)を用いて

$$
\phi(x) = \int_a^b G(x,x')v(x')dx'+\frac{b_3}{b_2}G(x,b)-\frac{a_3}{a_2}G(x,a)
\tag{4.3.4}
$$

となる．$a_2=0$ のときは(4.3.4)の右辺第 3 項が $\dfrac{a_3}{a_1}\dfrac{dG}{dx'}(x,a)$ となり，$b_2=0$ のときは右辺第 2 項が $-\dfrac{b_3}{b_1}\dfrac{dG}{dx'}(x,b)$ となる．このようにして解が外場 $v(x)$ と境界値を用いて表わされる．

ここで $b_2=b_3=0$，$a_1=0$ の場合を例にとって(4.3.4)の右辺第 2 項を除いたものが実際に境界条件を充たしていることを確かめておこう．$x=b$ における境界条件を充たすことは明らかである．$x=a$ においては一見 $\dfrac{d\phi}{dx}(a)=0$ となるように見えるが，方程式(4.1.12)から $x'\sim x$ で

$$p(x')\frac{dG(x,x')}{dx'}\simeq-\theta(x'-x)+(x\text{ の関数})$$

となることがわかるので，これと(4.3.3)から $\lim\limits_{x\to a+0}p(x)\dfrac{dG(x,a)}{dx}=-1$ が示され，これを用いて

$$a_2p(a)\frac{d\phi}{dx}(a)=a_3$$

を確かめることができる．

§4.4　Green 関数の解析性

§4.1 と §4.2 で Green 関数の 2 つの表現(4.1.17)と(4.2.3)が得られた．(4.1.17)を λ の解析関数と考えると，これは $\lambda=\lambda_n$ に極をもち，そこでの留数が $-\phi_n(x)\phi_n{}^*(x')$ である．したがって $y_1(x)$, $y_2(x)$ を用いて作られた表現(4.2.3)において極の位置とそこでの留数を調べることによって，固有値 λ_n，固有関数 $\phi_n(x)$ についての知識を得ることができる．

以上の手続きを簡単な例で示して見よう．いま方程式

$$\frac{d^2\phi(x)}{dx^2}+\lambda\phi(x)=0 \tag{4.4.1}$$

に対する Green 関数で境界条件

$$G(a, x') = G(b, x') = 0 \qquad (a<x'<b) \tag{4.4.2}$$

を充たすものを考えよう．§4.2の手続きに従えば，境界条件(4.4.2)に対応して $y_1(a)=0$，$y_2(b)=0$ を充たす同次方程式の特解をとればよい．それらは

$$y_1(x) = \sin\sqrt{\lambda}\,(x-a), \qquad y_2(x) = \sin\sqrt{\lambda}\,(x-b) \tag{4.4.3}$$

ととれるので，(4.2.3)から

$$\begin{aligned} G(x, x') = &\frac{-1}{\sqrt{\lambda}\sin\sqrt{\lambda}\,(b-a)} \\ &\times\{\theta(x'-x)\sin\sqrt{\lambda}\,(x-a)\sin\sqrt{\lambda}\,(x'-b) \\ &\quad+\theta(x-x')\sin\sqrt{\lambda}\,(x'-a)\sin\sqrt{\lambda}\,(x-b)\} \end{aligned} \tag{4.4.4}$$

となる．これは

$$\lambda = \left(\frac{n\pi}{b-a}\right)^2 = \lambda_n \tag{4.4.5}$$

に極をもち，そこでの留数は

$$\begin{aligned} &\frac{-2(-1)^n}{b-a}\{\theta(x'-x)\sin\sqrt{\lambda_n}\,(x-a)\sin\sqrt{\lambda_n}\,(x'-b) \\ &\quad+\theta(x-x')\sin\sqrt{\lambda_n}\,(x'-a)\sin\sqrt{\lambda_n}\,(x-b)\} \end{aligned} \tag{4.4.6}$$

である．これと(4.1.17)をくらべると，(4.4.1)の境界条件

$$\phi(a) = \phi(b) = 0$$

に対応する固有値が(4.4.5)であり，それに属する固有関数として

$$\phi_n(x) = \sqrt{\frac{2}{b-a}}\sin\frac{n\pi(b-x)}{b-a} \tag{4.4.7}$$

を選ぶことができる．

第5章　境界のある場合の Green 関数

§5.1　Green 関数の求め方

第3章で述べたように，境界のない場合の Green 関数(以下 G^{∞} と書く)は単に最も求め易いというだけではなく，一般の場合の Green 関数を求めるに際しても有効に用いられる．この意味で基本的な Green 関数と名付けた．一般に境界のある場合の Green 関数は取り扱い易い形で求められてはいない．たかだか以下に述べるような平面境界，円筒面境界，球面境界に対するものぐらいが例外である．しかしいったんある境界面に対する Dirichlet 条件なり Neumann 条件なりまた混合境界条件に適合する Green 関数が具体的に取り扱い易い形で求まれば，第2章で述べたように任意の関数形をもつ境界値初期値に対する解が積分で表わされるのである．したがって，**1つの Green 関数を具体的に求めることは非常に多くの問題を積分に帰着させることになるからかなりの労力をつぎこむのに値する**．

境界面のある場合の Green 関数を求める方法は大別するとつぎの2つの方法になるであろう．方法Iは同次方程式の解(以下 $g(\boldsymbol{r}, \boldsymbol{r}')$ と書く)を適当に定めて

$$G^{\infty}(\boldsymbol{r}-\boldsymbol{r}') + g(\boldsymbol{r}, \boldsymbol{r}')$$

が求める境界条件を充たすように定める方法である．方法IIは**固有関数系による展開または積分変換を用いる方法**である．方法Iはさらに，対称性の考えから $g(\boldsymbol{r}, \boldsymbol{r}')$ を定める**鏡像法** $\mathrm{I_a}$ と，第3章で述べた $G^{\infty}(\boldsymbol{r}-\boldsymbol{r}')$ の**有効な表現を用いる方法** $\mathrm{I_b}$ にわけられるであろう．方法IIもまた境界条件に適合した固有関数系で展開

して直接求める方法 $\mathrm{II_a}$ と，固有関数系展開または積分変換によって，当初の方程式より低次の方程式の Green 関数を求める問題に帰着する方法 $\mathrm{II_b}$ に分けてよい．さらにまた方法 $\mathrm{II_b}$ では，展開または変換を適当にとることによって境界条件を自動的にとり入れる場合と，低次の Green 関数を作るときに境界条件を充たすようにする場合がある．

これらの方法のうち方法 $\mathrm{I_a}$ は主として平面境界に対するもので，適用範囲は限られるが最も簡明である．方法 $\mathrm{I_b}$ は円筒関数などの知識を要するが，円筒面，球面，2平行平面境界にも有効に用いられる．方法 II はもっとも機械的に適用できる方法ではあるが，Green 関数という概念にこだわらずに固有関数系展開または積分変換という立場で一貫する方がむしろ誤りをおかすことが少ないと思われる．

§5.2　鏡 像 法

a)　1平面境界

第3章で求めた基本的な Green 関数 $G^{\infty}(X-X')$ は空間座標についてはいずれも $|\boldsymbol{r}-\boldsymbol{r}'|$ の関数であった．以下の議論は時間座標に無関係に成立するので，時間座標についての依存性はあったとしてもそれを省略して書かないことにする．境界平面を $x=0$ にとり，対象とする領域を $x>0$ とする．点 $\boldsymbol{r}'(x', y', z')$ の平面 $x=0$ に対して対称の点を $\boldsymbol{r}_1'(-x', y', z')$ で書くことにする．静電ポテンシャルを求めるときによく知られているように，点 $\boldsymbol{r}'$ に電荷 e があるとき鏡像の点 $\boldsymbol{r}_1'$ に $-e$ の電荷があると仮想すれば，真電荷と像の電荷の作るポテンシャルは対称性から明らかに $x=0$ で 0 となる．このような考え方を鏡像法という．

さて $G^{\infty}(|\boldsymbol{r}-\boldsymbol{r}'|)$ に対応して $G^{\infty}(|\boldsymbol{r}-\boldsymbol{r}_1'|)$ を考えよう．考える領

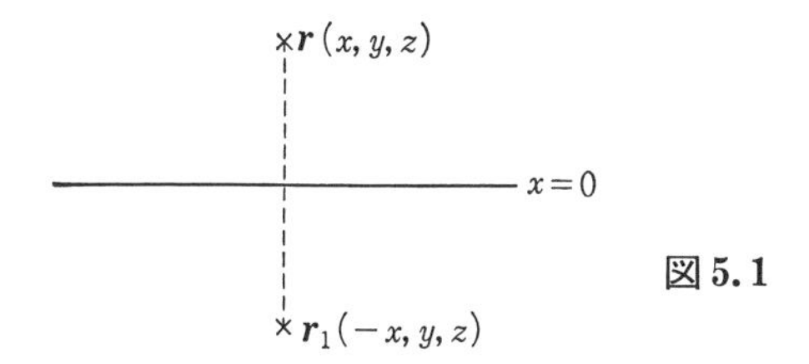

図 5.1

域では $x>0, x'>0$ であるから $x+x'$ は 0 になることはない．すなわち $\boldsymbol{r}-\boldsymbol{r}_1'$ は 0 になることがないので $G^\infty(|\boldsymbol{r}-\boldsymbol{r}_1'|)$ は同次方程式の解であり

$$G^{\mathrm{D}}(\boldsymbol{r}, \boldsymbol{r}') \equiv G^\infty(|\boldsymbol{r}-\boldsymbol{r}'|)-G^\infty(|\boldsymbol{r}-\boldsymbol{r}_1'|) \qquad (5.2.1)$$

は Green 関数の充たすべき方程式を充たす．点 $\boldsymbol{r}(x, y, z)$ の平面 $x=0$ に対して対称な点 $\boldsymbol{r}_1(-x, y, z)$ と点 $\boldsymbol{r}'$ との距離 $|\boldsymbol{r}_1-\boldsymbol{r}'|$ は $|\boldsymbol{r}-\boldsymbol{r}_1'|$ に等しい．したがって $G^{\mathrm{D}}(\boldsymbol{r}, \boldsymbol{r}')$ は相反性を充たしている．また

$$G^{\mathrm{D}}(\boldsymbol{r}, \boldsymbol{r}')|_{x=0} = 0 \qquad (5.2.2)$$

であるので G^{D} は $x=0$ で Dirichlet 境界条件を与えた場合に適合した Green 関数となっている．

同様に

$$G^{\mathrm{N}}(\boldsymbol{r}, \boldsymbol{r}') \equiv G^\infty(|\boldsymbol{r}-\boldsymbol{r}'|)+G^\infty(|\boldsymbol{r}-\boldsymbol{r}_1'|) \qquad (5.2.3)$$

を考えると

$$\left.\frac{\partial G^{\mathrm{N}}(\boldsymbol{r}, \boldsymbol{r}')}{\partial x}\right|_{x=0} = 0 \qquad (5.2.4)$$

が成立するから，$x=0$ で Neumann 境界条件を与えた場合に適合した Green 関数となっている．

つぎに

$$\int_{-\infty}^{0} G^\infty(|\boldsymbol{r}-\boldsymbol{r}_1'-\xi \boldsymbol{e}^{(x)}|)F(\xi)d\xi \qquad (5.2.5)$$

を考えると，$x+x'-\xi \neq 0$ であるから同次方程式を充たすし，$\boldsymbol{r}$

と $\boldsymbol{r}'$ について対称であるから相反性も充たしている．さて

$$G^{\mathrm{R}}(\boldsymbol{r},\boldsymbol{r}') = G^{\infty}(|\boldsymbol{r}-\boldsymbol{r}'|)+cG^{\infty}(|\boldsymbol{r}-\boldsymbol{r}_1{}'|) + \int_{-\infty}^{0} G^{\infty}(|\boldsymbol{r}-\boldsymbol{r}_1{}'-\xi\boldsymbol{e}^{(x)}|)F(\xi)d\xi \tag{5.2.6}$$

は Green 関数の条件を充たしているので，この c と $F(\xi)$ を適当にとって，境界条件

$$-\left.\frac{\partial G^{\mathrm{R}}(\boldsymbol{r},\boldsymbol{r}')}{\partial x}\right|_{x=0} + \left.hG^{\mathrm{R}}(\boldsymbol{r},\boldsymbol{r}')\right|_{x=0} = 0 \tag{5.2.7}$$

を充たすようにしてみよう．

$$\begin{aligned}
&\frac{\partial}{\partial x}\int_{-\infty}^{0} G(|\boldsymbol{r}-\boldsymbol{r}_1{}'-\xi\boldsymbol{e}^{(x)}|)F(\xi)d\xi \\
&\quad = \int_{-\infty}^{0} \frac{-\partial G(|\boldsymbol{r}-\boldsymbol{r}_1{}'-\xi\boldsymbol{e}^{(x)}|)}{\partial\xi}F(\xi)d\xi \\
&\quad = -G(|\boldsymbol{r}-\boldsymbol{r}_1{}'|)F(0) + \int_{-\infty}^{0} G(|\boldsymbol{r}-\boldsymbol{r}_1{}'-\xi\boldsymbol{e}^{(x)}|)\frac{dF(\xi)}{d\xi}d\xi
\end{aligned}$$

を用いると，(5.2.7) が充たされるためには

$$c=1, \qquad F(0) = -h(1+c), \qquad \frac{dF(\xi)}{d\xi} = hF(\xi)$$

であればよいことがわかる．かくして

$$\begin{aligned}
G^{\mathrm{R}}(\boldsymbol{r},\boldsymbol{r}') &= G^{\infty}(|\boldsymbol{r}-\boldsymbol{r}'|)+G^{\infty}(|\boldsymbol{r}-\boldsymbol{r}_1{}'|) \\
&\qquad -2h\int_{-\infty}^{0} G^{\infty}(|\boldsymbol{r}-\boldsymbol{r}_1{}'-\xi\boldsymbol{e}^{(x)}|)e^{h\xi}d\xi \\
&= G^{\infty}(|\boldsymbol{r}-\boldsymbol{r}'|)+G^{\infty}(|\boldsymbol{r}-\boldsymbol{r}_1{}'|)-2he^{hx'}\int_{-\infty}^{-x'} G^{\infty}(|\boldsymbol{r}-\boldsymbol{\xi}|)e^{h\xi}d\xi
\end{aligned} \tag{5.2.8}$$

が得られる．ここで $\boldsymbol{\xi}(\xi, y', z')$ である．境界条件 (5.2.7) は熱伝導で表面で放射によって基準温度（例えば 0°C）の物体と熱のやりとりがある場合の境界条件である．

b) 2平面境界

前項では実電荷のある点 $\boldsymbol{r}$ の鏡像 $\boldsymbol{r}_1$ にも仮想的な電荷があると考えた．$\boldsymbol{r}$ と $\boldsymbol{r}_1$ に電荷があるとする以上対称性を保つためにはこれら双方の鏡像をも考えねばならない．境界面が1つであれば $(\boldsymbol{r}, \boldsymbol{r}_1)$ の鏡像は $(\boldsymbol{r}_1, \boldsymbol{r})$ となり新しい点は出てこない．境界平面が2つであればまず実電荷 $\boldsymbol{r}$ の平面1と2に対する鏡像 $\boldsymbol{r}_1$ と $\boldsymbol{r}_2$ にも電荷があると考える．つぎには $(\boldsymbol{r}, \boldsymbol{r}_1, \boldsymbol{r}_2)$ の平面1に対する鏡像 $(\boldsymbol{r}_1, \boldsymbol{r}, \boldsymbol{r}_{21})$ と平面2に対する鏡像 $(\boldsymbol{r}_2, \boldsymbol{r}_{12}, \boldsymbol{r})$ をとるので，一般には $(\boldsymbol{r}, \boldsymbol{r}_1, \boldsymbol{r}_2, \boldsymbol{r}_{12}, \boldsymbol{r}_{21})$ に電荷があるとしなければならない．このようにして対称性を保つためにはつぎつぎと鏡像を考えていかねばならない．この操作が有効に働くためには，(1)操作が有限回で閉じて有限個の鏡像しか現われない*，(2)もとの領域に実電荷以外の鏡像が現われない，ことが必要である．(2)は仮想的な電荷の生みだす非正則性が，対象とするもとの領域に現われないためである．このような2条件を充たす場合の一般論はやめて，以下では2つの例について述べておこう．

第1の例は平面 $x=0, y=0$ で区切られた領域 $x>0, y>0$ を考

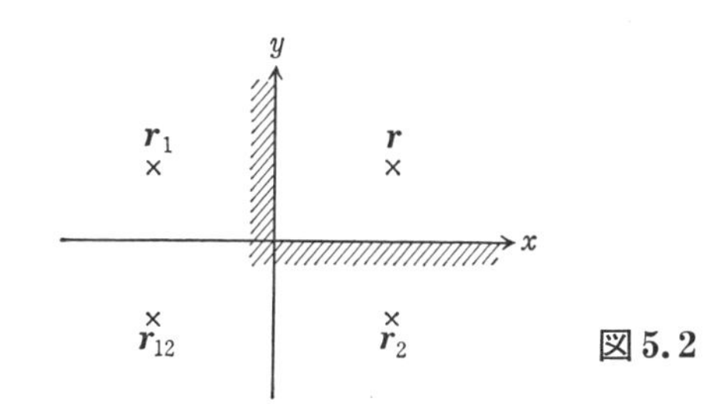

図5.2

---

* 2つの平行な平面境界があるような無限個の鏡像が現われる場合にも用いられることがある．一般にはそのような場合には Fourier 級数展開を用いるとか，後に述べるように Green 関数の有効な表現を用いる方が有効であると思われるのでここではふれないことにする．文献(1)参照．

える場合である．上述の操作で得られる実電荷 $\boldsymbol{r}(x,y,z)$ の鏡像は $\boldsymbol{r}_1(-x,y,z)$，$\boldsymbol{r}_2(x,-y,z)$，$\boldsymbol{r}_{12}(-x,-y,z)$ である．したがって Dirichlet 境界条件に対応する Green 関数は

$$G^{\mathrm{D}}(\boldsymbol{r},\boldsymbol{r}') = G^{\infty}(|\boldsymbol{r}-\boldsymbol{r}'|)-G^{\infty}(|\boldsymbol{r}-\boldsymbol{r}_1{}'|)-G^{\infty}(|\boldsymbol{r}-\boldsymbol{r}_2{}'|)+G^{\infty}(|\boldsymbol{r}-\boldsymbol{r}_{12}{}'|) \tag{5.2.9}$$

であり，Neumann 境界条件に対応する Green 関数は

$$G^{\mathrm{N}}(\boldsymbol{r},\boldsymbol{r}') = G^{\infty}(|\boldsymbol{r}-\boldsymbol{r}'|)+G^{\infty}(|\boldsymbol{r}-\boldsymbol{r}_1{}'|)+G^{\infty}(|\boldsymbol{r}-\boldsymbol{r}_2{}'|)+G^{\infty}(|\boldsymbol{r}-\boldsymbol{r}_{12}{}'|) \tag{5.2.10}$$

である．また $x=0$ で Dirichlet，$y=0$ で Neumann 条件が与えられたときは

$$G(\boldsymbol{r},\boldsymbol{r}') = G^{\infty}(|\boldsymbol{r}-\boldsymbol{r}'|)-G^{\infty}(|\boldsymbol{r}-\boldsymbol{r}_1{}'|)+G^{\infty}(|\boldsymbol{r}-\boldsymbol{r}_2{}'|)-G^{\infty}(|\boldsymbol{r}-\boldsymbol{r}_{12}{}'|) \tag{5.2.11}$$

とすれば，境界条件

$$G(\boldsymbol{r},\boldsymbol{r}')\Big|_{x=0} = 0, \qquad \frac{\partial G(\boldsymbol{r},\boldsymbol{r}')}{\partial y}\Big|_{y=0} = 0$$

が充たされている．

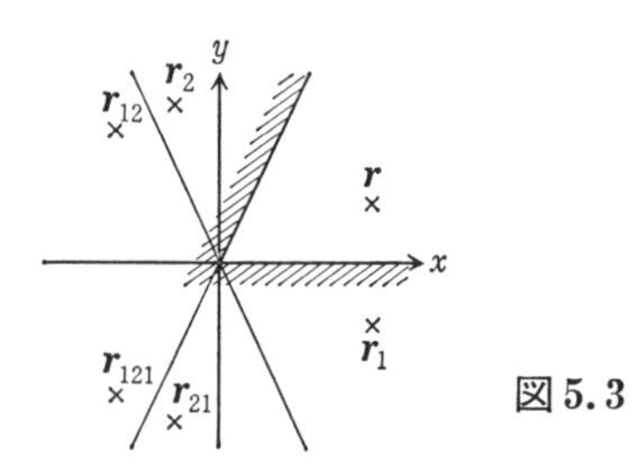

図 5.3

第2の例は平面 $y=0$ と平面 $y=2x$ で囲まれた図 5.3 のような領域を考える場合である．実電荷 $\boldsymbol{r}(x,y,z)$ の鏡像は

$$\boldsymbol{r}_1(x,-y,z), \qquad \boldsymbol{r}_2\left(-\frac{x}{2}+\frac{\sqrt{3}}{2}y,\ \frac{\sqrt{3}}{2}x+\frac{y}{2},\ z\right),$$

$$\boldsymbol{r}_{21}\left(-\frac{x}{2}+\frac{\sqrt{3}}{2}y,\ -\frac{\sqrt{3}}{2}x-\frac{y}{2},\ z\right),$$

$$\boldsymbol{r}_{12}\left(-\frac{x}{2}-\frac{\sqrt{3}}{2}y,\ \frac{\sqrt{3}}{2}x-\frac{y}{2},\ z\right),$$

$$\boldsymbol{r}_{121}\left(-\frac{x}{2}-\frac{\sqrt{3}}{2}y,\ -\frac{\sqrt{3}}{2}x+\frac{y}{2},\ z\right)$$

である．したがって Dirichlet 境界条件に対応する Green 関数は

$$G^{\mathrm{D}}(\boldsymbol{r},\boldsymbol{r}') = G^{\infty}(|\boldsymbol{r}-\boldsymbol{r}'|)-G^{\infty}(|\boldsymbol{r}-\boldsymbol{r}_1'|)-G^{\infty}(|\boldsymbol{r}-\boldsymbol{r}_2'|)+G^{\infty}(|\boldsymbol{r}-\boldsymbol{r}_{12}'|)$$
$$+G^{\infty}(|\boldsymbol{r}-\boldsymbol{r}_{21}'|)-G^{\infty}(|\boldsymbol{r}-\boldsymbol{r}_{121}'|) \qquad (5.2.12)$$

であり，Neumann 境界条件に対応する Green 関数は(5.2.12)の右辺の符号をすべて正にとったものである．

c) 円周(球面)上での Laplace 方程式に対する Dirichlet 問題

図 5.4 のように，$\mathrm{P}_1, \mathrm{P}_1'$ をそれぞれ P, P' 点のこの円周に対する鏡像，すなわち

$$\overline{\mathrm{OP}}\cdot\overline{\mathrm{OP}_1} = \overline{\mathrm{OP}'}\cdot\overline{\mathrm{OP}_1'} = a^2 \qquad (5.2.13)$$

が充たされている点とする．$\triangle\mathrm{OP'Q}$ と $\triangle\mathrm{OQP}_1'$ は相似だから

$$\frac{a}{\overline{\mathrm{P'Q}}} = \frac{\overline{\mathrm{OP}_1'}}{\overline{\mathrm{P}_1'\mathrm{Q}}} \qquad (5.2.14)$$

が成立する．以下においては $\overrightarrow{\mathrm{OP}}=\boldsymbol{r}$，$\overrightarrow{\mathrm{OP}_1}=\boldsymbol{r}_1$，$\overrightarrow{\mathrm{OP}'}=\boldsymbol{r}'$，$\overrightarrow{\mathrm{OP}_1'}=\boldsymbol{r}_1'$，$\overrightarrow{\mathrm{OQ}}=\boldsymbol{q}$ と書くことにする．

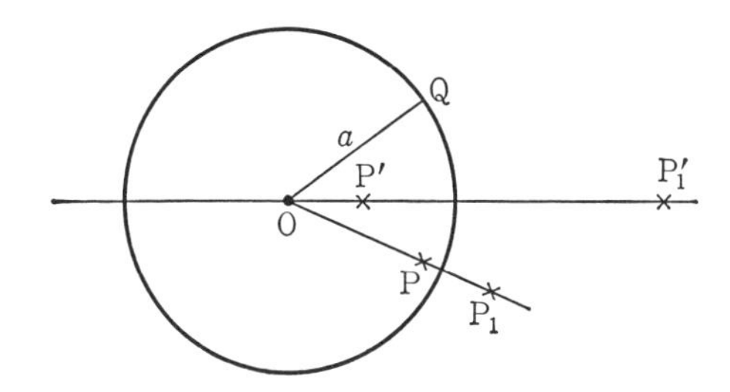

図 5.4

まずこの円周上でDirichlet境界条件が与えられていて，円の内部で2次元Laplace方程式を解く場合を考えよう．2次元Laplace方程式に対する基本的なGreen関数(3.2.18)を参考にし

$$G(\boldsymbol{r},\boldsymbol{r}')=-\frac{1}{2\pi}\ln|\boldsymbol{r}-\boldsymbol{r}'|+\frac{1}{2\pi}\ln\frac{a|\boldsymbol{r}-\boldsymbol{r}_1'|}{r_1'} \tag{5.2.15}$$

を考えてみよう．$\boldsymbol{r}$についての2次元ラプラシアンを作用させると $-\delta(\boldsymbol{r}-\boldsymbol{r}')+\delta(\boldsymbol{r}-\boldsymbol{r}_1')$が得られることは(3.2.18)の知識から明らかであろう．$\boldsymbol{r}$は円内の，$\boldsymbol{r}_1'$は円外の点であるから，第2項の$\delta(\boldsymbol{r}-\boldsymbol{r}_1')$は0としてよい．したがって(5.2.15)はGreen関数の方程式を充たす．$\boldsymbol{r}$が円周上の点例えば$\boldsymbol{q}$に一致すれば

$$G(\boldsymbol{q},\boldsymbol{r}')=-\frac{1}{2\pi}\ln\frac{|\boldsymbol{q}-\boldsymbol{r}'|r_1'}{a|\boldsymbol{q}-\boldsymbol{r}_1'|}=0 \tag{5.2.16}$$

となる．ここで(5.2.14)を用いた．かくして(5.2.15)は円周上で境界条件(5.2.16)を充たすGreen関数であるので，求めるものである．また相反性

$$G(\boldsymbol{r}',\boldsymbol{r})=-\frac{1}{2\pi}\ln|\boldsymbol{r}'-\boldsymbol{r}|+\frac{1}{2\pi}\ln\frac{a|\boldsymbol{r}'-\boldsymbol{r}_1|}{r_1}=G(\boldsymbol{r},\boldsymbol{r}') \tag{5.2.17}$$

が充たされていることは$\triangle \mathrm{OPP_1'}$と$\triangle \mathrm{OP'P_1}$の相似から示すことができる．

円の外部でLaplace方程式を解く場合には，上と同様にして

$$G(\boldsymbol{r}_1,\boldsymbol{r}_1')=-\frac{1}{2\pi}\ln|\boldsymbol{r}_1-\boldsymbol{r}_1'|+\frac{1}{2\pi}\ln\frac{a|\boldsymbol{r}_1-\boldsymbol{r}'|}{r'} \tag{5.2.18}$$

をとれば$\boldsymbol{r}_1$について2次元Laplace方程式に対するGreen関数の方程式を充たし，円周上で

$$G(\boldsymbol{q},\boldsymbol{r}_1')=0 \tag{5.2.19}$$

を充たしていることを示せる．

つぎに図 5.3 が球面に対するものであると考え，球面上で Dirichlet 境界条件が与えられていて，球の内部で 3 次元 Laplace 方程式を解く場合を考えよう．3 次元 Laplace 方程式に対する基本的な Green 関数(3.2.19)を参考にして

$$G(\boldsymbol{r}, \boldsymbol{r}') = \frac{1}{4\pi|\boldsymbol{r}-\boldsymbol{r}'|} - \frac{r_1'}{4\pi a|\boldsymbol{r}-\boldsymbol{r}_1'|} \qquad (5.2.20)$$

を調べてみよう．$\boldsymbol{r}$ についてのラプラシアンを作用させてみると $-\delta(\boldsymbol{r}-\boldsymbol{r}')-r_1'\delta(\boldsymbol{r}-\boldsymbol{r}_1')/a$ が得られるが，第 2 項は $\boldsymbol{r}$ は球内，$\boldsymbol{r}_1'$ は球外の点であるから，0 としてよい．すなわち Green 関数の充たすべき方程式を充たす．$\boldsymbol{r}$ が球面上にくれば(5.2.14)によって

$$G(\boldsymbol{r}, \boldsymbol{r}') = 0 \qquad (\boldsymbol{r}\text{: 球面上}) \qquad (5.2.21)$$

が示せる．かくして(5.2.20)は求める Green 関数となっている．また相反性

$$G(\boldsymbol{r}', \boldsymbol{r}) = \frac{1}{4\pi|\boldsymbol{r}'-\boldsymbol{r}|} - \frac{r_1}{4\pi a|\boldsymbol{r}'-\boldsymbol{r}_1|} = G(\boldsymbol{r}, \boldsymbol{r}') \qquad (5.2.22)$$

も(5.2.17)と同様に示される．

球の外部で Laplace 方程式を解く場合には

$$G(\boldsymbol{r}_1, \boldsymbol{r}_1') = \frac{1}{4\pi|\boldsymbol{r}_1-\boldsymbol{r}_1'|} - \frac{r'}{4\pi a|\boldsymbol{r}_1-\boldsymbol{r}'|} \qquad (5.2.23)$$

を用いればよい．

§5.3　基本的な Green 関数の表現を利用する方法

a)　非正則性の除去

この節の議論はすべて Helmholtz 方程式と Laplace 方程式に限ることにする．Green 関数 $G(\boldsymbol{r}, \boldsymbol{r}')$ は本来 $\boldsymbol{r}=\boldsymbol{r}'$ で非正則になる．このような非正則性が Green 関数の具体的な表現のなかに

現われる現われ方としては，(3.2.15)

$$\frac{e^{ik|\boldsymbol{r}-\boldsymbol{r}'|}}{4\pi|\boldsymbol{r}-\boldsymbol{r}'|}$$

のように関数全体として明らかな$\boldsymbol{r}=\boldsymbol{r}'$における非正則性の他に，例えば(3.2.24)

$$\frac{e^{ik|\boldsymbol{r}-\boldsymbol{r}'|}}{4\pi|\boldsymbol{r}-\boldsymbol{r}'|}=\frac{ik}{4\pi}\sum_{n=0}^{\infty}(2n+1)P_n(\cos\gamma)j_n(kr')h_n{}^{(1)}(kr)$$

$$(r>r';\ r\leftrightarrow r') \qquad (5.3.1)$$

のような$r=r'$における関数形のとびであるとか，例えば(3.2.32)

$$\frac{e^{ik|\boldsymbol{r}-\boldsymbol{r}'|}}{4\pi|\boldsymbol{r}-\boldsymbol{r}'|}=\frac{1}{4\pi}\int_{W^{(1)}}J_0(\lambda|\boldsymbol{\rho}-\boldsymbol{\rho}'|)e^{-\sqrt{\lambda^2-k^2}|z-z'|}\frac{\lambda d\lambda}{\sqrt{\lambda^2-k^2}}$$

$$(5.3.2)$$

のような$\boldsymbol{\rho}=\boldsymbol{\rho}'$，$z=z'$における積分の収束性の悪化であるとか，また例えば(3.2.27)

$$\frac{e^{ik|\boldsymbol{r}-\boldsymbol{r}'|}}{4\pi|\boldsymbol{r}-\boldsymbol{r}'|}=\frac{i}{4\pi}\int_0^{\infty}H_0{}^{(1)}(\sqrt{k^2-\lambda^2}|\boldsymbol{\rho}-\boldsymbol{\rho}'|)\cos\lambda(z-z')d\lambda$$

$$(5.3.3)$$

のような$\boldsymbol{\rho}=\boldsymbol{\rho}'$における被積分関数の非正則性とかがあげられる．またGreen関数の方程式の非同次項はどれか1つの変数について非正則性を除けば0となるので，Green関数の表現においてどれか1つの変数について非正則性を除けば同次方程式の解が得られるであろう．Green関数は相反性を充たさなければならないから，相反性を充たす範囲で非正則性を除いた関数$g(\boldsymbol{r},\boldsymbol{r}')$をもとの$G^{\infty}(\boldsymbol{r}-\boldsymbol{r}')$に加えることによって，求める境界条件に対するGreen関数を探すことができる．前節で述べた鏡像法は$\boldsymbol{r}'$の鏡像$\boldsymbol{r}_1'$などが対象とする領域の外にくることから，$G(\boldsymbol{r}-\boldsymbol{r}_1')$などが領域内で非正則にならないことを利用したものである．

b）平面境界

平面境界が1つの場合は§5.2で述べた鏡像法が有効に用いられるので，この節で述べる Green 関数の種々の表現を用いる必要は少ない．しかし境界面を $z=0$ として，境界値が円筒座標(ρ, φ, z)を用いれば簡単に表わされるような場合，例えば Dirichlet 問題で $\phi(z=0)=f(\rho)$ であるとか，Neumann 問題で $\boldsymbol{n}\cdot\nabla\phi(z=0)=-\dfrac{\partial\phi}{\partial z}(z=0)=g(\rho)$ のように ρ だけの関数である場合には，鏡像を用いた Green 関数(5.2.1)(5.2.3)と Green 関数の有効な表現(3.2.35)とを併用して

$$
\begin{aligned}
G^{\mathrm{D(N)}}(\boldsymbol{r}, \boldsymbol{r}') &= \frac{1}{4\pi}\frac{e^{ik|\boldsymbol{r}-\boldsymbol{r}'|}}{|\boldsymbol{r}-\boldsymbol{r}'|} \mp \frac{1}{4\pi}\frac{e^{ik|\boldsymbol{r}-\boldsymbol{r}_1'|}}{|\boldsymbol{r}-\boldsymbol{r}_1'|} \\
&= \frac{1}{4\pi}\sum_{m=0}^{\infty}\epsilon_m \cos m(\varphi-\varphi')\int_{W^{(1)}} J_m(\lambda\rho)J_m(\lambda\rho') \\
&\quad \times\{e^{-\sqrt{\lambda^2-k^2}|z-z'|} \mp e^{-\sqrt{\lambda^2-k^2}|z+z'|}\}\frac{\lambda d\lambda}{\sqrt{\lambda^2-k^2}}
\end{aligned} \tag{5.3.4}
$$

を用いると便利である．このとき解の表現(2.1.8)から，前に述べた Dirichlet 問題に対しては

$$
\begin{aligned}
\phi(\boldsymbol{r}) &= \int d\boldsymbol{\rho}' f(\rho')\frac{\partial G(\boldsymbol{r}, \boldsymbol{r}')}{\partial z'}\bigg|_{z'=0} \\
&= \int_{W^{(1)}} \lambda J_0(\lambda\rho)e^{-\sqrt{\lambda^2-k^2}z}\int_0^{\infty}\rho' f(\rho')J_0(\lambda\rho')d\rho' d\lambda
\end{aligned}
$$

が，Neumann 問題に対しては

$$
\begin{aligned}
\phi(\boldsymbol{r}) &= \int d\boldsymbol{\rho}' g(\rho')G(\boldsymbol{r}, \boldsymbol{r}')\bigg|_{z'=0} \\
&= \int_{W^{(1)}} \frac{\lambda}{\sqrt{\lambda^2-k^2}}J_0(\lambda\rho)e^{-\sqrt{\lambda^2-k^2}z}\int_0^{\infty}\rho' g(\rho')J_0(\lambda\rho')d\rho' d\lambda
\end{aligned}
$$

が領域 $z>0$ に対して成立する．

この小節においては1平面境界の場合の話は以上のような注意にとどめて，主として2平行平面の場合について述べることにする．(5.3.2)における $z=z'$ のときの積分の収束性の悪化に着目しよう．$J_0(\lambda|\boldsymbol{\rho}-\boldsymbol{\rho}'|)e^{\pm\sqrt{\lambda^2-k^2}(z+z')}$ などは同次 Helmholtz 方程式の解であるから，$F_i(\lambda)$ を λ についての積分が収束する範囲で任意にとれる関数として

$$\int_{W^{(1)}} J_0(\lambda|\boldsymbol{\rho}-\boldsymbol{\rho}'|)\{F_1(\lambda)e^{-\sqrt{\lambda^2-k^2}(z+z')}+F_2(\lambda)e^{\sqrt{\lambda^2-k^2}(z+z')} +F_3(\lambda)(e^{\sqrt{\lambda^2-k^2}(z-z')}+e^{\sqrt{\lambda^2-k^2}(z'-z)})\}\,d\lambda \tag{5.3.5}$$

は同次方程式の解になっている．これはまた相反性をも充たしているので上記の $g(\boldsymbol{r},\boldsymbol{r}')$ の候補となる．これを用いて得られる Green 関数を例示してみよう．

まず境界平面 $z=0, z=l$ で Dirichlet 条件が与えられ，$\rho\to\infty$ で外向波を表わす Helmholtz 方程式に対する Green 関数を求めてみよう．(5.3.2)と(5.3.5)を用いて

$$G(\boldsymbol{r},\boldsymbol{r}') = \frac{1}{4\pi}\int_{W^{(1)}} J_0(\lambda|\boldsymbol{\rho}-\boldsymbol{\rho}'|)\frac{\lambda}{\sqrt{\lambda^2-k^2}}\{e^{-\sqrt{\lambda^2-k^2}|z-z'|} +f_1(\lambda)e^{-\sqrt{\lambda^2-k^2}(z+z')}+f_2(\lambda)e^{\sqrt{\lambda^2-k^2}(z+z')}+f_3(\lambda)e^{\sqrt{\lambda^2-k^2}(z-z')} +f_3(\lambda)e^{\sqrt{\lambda^2-k^2}(z'-z)}\}\,d\lambda \tag{5.3.6}$$

とおき，$f_i(\lambda)$ を条件

$$G(\boldsymbol{r},\boldsymbol{r}') = 0 \qquad (z'=0, l) \tag{5.3.7}$$

を充たすように定めればよい．被積分関数で $e^{-\sqrt{\lambda^2-k^2}z}$ の項と $e^{\sqrt{\lambda^2-k^2}z}$ の項とを共に0とおくと

$$\begin{gathered}1+f_1(\lambda)+f_3(\lambda) = f_2(\lambda)+f_3(\lambda) = 0\\ f_1(\lambda)e^{-\sqrt{\lambda^2-k^2}l}+f_3(\lambda)e^{\sqrt{\lambda^2-k^2}l} = 0\\ e^{-\sqrt{\lambda^2-k^2}l}+f_2(\lambda)e^{\sqrt{\lambda^2-k^2}l}+f_3(\lambda)e^{-\sqrt{\lambda^2-k^2}l} = 0\end{gathered}$$

が得られる．これらのうち3式だけが1次独立であり，それらを

解くと

$$\left.\begin{aligned} f_1(\lambda) &= \frac{-e^{\sqrt{\lambda^2-k^2}\,l}}{2\sinh\sqrt{\lambda^2-k^2}\,l} \\ f_2(\lambda) &= -f_3(\lambda) = \frac{-e^{-\sqrt{\lambda^2-k^2}\,l}}{2\sinh\sqrt{\lambda^2-k^2}\,l} \end{aligned}\right\} \tag{5.3.8}$$

が得られる．かくして求める Green 関数は

$$\begin{aligned} G^{\mathrm{D}}(\boldsymbol{r},\boldsymbol{r}') = \frac{1}{4\pi}\int_{W^{(1)}} \frac{\lambda J_0(\lambda|\boldsymbol{\rho}-\boldsymbol{\rho}'|)}{\sqrt{\lambda^2-k^2}} \Big\{ & e^{-\sqrt{\lambda^2-k^2}|z-z'|} \\ & + \frac{1}{\sinh\sqrt{\lambda^2-k^2}\,l}\big(-\cosh\sqrt{\lambda^2-k^2}(l-z-z') \\ & + e^{-\sqrt{\lambda^2-k^2}\,l}\cosh\sqrt{\lambda^2-k^2}(z-z')\big)\Big\}\,d\lambda \end{aligned} \tag{5.3.9}$$

である．これを書きなおすと

$$\begin{aligned} G^{\mathrm{D}}(\boldsymbol{r},\boldsymbol{r}') = \frac{1}{2\pi}\int_{W^{(1)}} & \frac{\lambda J_0(\lambda|\boldsymbol{\rho}-\boldsymbol{\rho}'|)}{\sqrt{\lambda^2-k^2}} \\ & \times \frac{\sinh\sqrt{\lambda^2-k^2}(l-z)\sinh\sqrt{\lambda^2-h^2}\,z'}{\sinh\sqrt{\lambda^2-k^2}\,l}\,d\lambda \\ & (z>z';\ \ z\leftrightarrow z') \end{aligned} \tag{5.3.10}$$

とも表わされる．

まったく同様にして $z=0, z=l$ で Neumann 条件

$$\frac{\partial G(\boldsymbol{r},\boldsymbol{r}')}{\partial z'} = 0 \qquad (z'=0, l) \tag{5.3.11}$$

を充たす Green 関数は

$$\begin{aligned} G^{\mathrm{N}}(\boldsymbol{r},\boldsymbol{r}') = \frac{1}{4\pi}\int_{W^{(1)}} \frac{\lambda J_0(\lambda|\boldsymbol{\rho}-\boldsymbol{\rho}'|)}{\sqrt{\lambda^2-k^2}} \Big\{ & e^{-\sqrt{\lambda^2-k^2}|z-z'|} \\ & + \frac{1}{\sinh\sqrt{\lambda^2-k^2}\,l}\big(\cosh\sqrt{\lambda^2-k^2}(z-z') \\ & + e^{-\sqrt{\lambda^2-k^2}\,l}\cosh\sqrt{\lambda^2-k^2}(z-z')\big)\Big\}\,d\lambda \end{aligned} \tag{5.3.12}$$

であり，同様に書きなおすと

$$G^{\mathrm{N}}(\boldsymbol{r},\boldsymbol{r}')=\frac{1}{2\pi}\int_{W^{(1)}}\frac{\lambda J_0(\lambda|\boldsymbol{\rho}-\boldsymbol{\rho}'|)}{\sqrt{\lambda^2-k^2}}\times\frac{\cosh\sqrt{\lambda^2-k^2}(l-z)\cosh\sqrt{\lambda^2-k^2}z'}{\sinh\sqrt{\lambda^2-k^2}l}d\lambda$$

$$(z>z';\ z\leftrightarrow z') \qquad (5.3.13)$$

とも表わされる．

また $z=0$ で Neumann 条件，$z=l$ で Dirichlet 条件

$$\frac{\partial G(\boldsymbol{r},\boldsymbol{r}')}{\partial z'}=0\quad(z'=0),\qquad G(\boldsymbol{r},\boldsymbol{r}')=0\quad(z'=l) \qquad (5.3.14)$$

を与えるような混合境界条件に対する Green 関数も，同じ手続きで

$$G^{\mathrm{ND}}(\boldsymbol{r},\boldsymbol{r}')=\frac{1}{4\pi}\int_{W^{(1)}}\frac{\lambda J_0(\lambda|\boldsymbol{\rho}-\boldsymbol{\rho}'|)}{\sqrt{\lambda^2-k^2}}\Big\{e^{-\sqrt{\lambda^2-k^2}|z-z'|}+\frac{1}{\cosh\sqrt{\lambda^2-k^2}l}(\sinh\sqrt{\lambda^2-k^2}(l-z-z')-e^{-\sqrt{\lambda^2-k^2}l}\cosh\sqrt{\lambda^2-k^2}(z-z'))\Big\}d\lambda \qquad (5.3.15)$$

と得られるし，

$$G^{\mathrm{ND}}(\boldsymbol{r},\boldsymbol{r}')=\frac{1}{2\pi}\int_{W^{(1)}}\frac{\lambda J_0(\lambda|\boldsymbol{\rho}-\boldsymbol{\rho}'|)}{\sqrt{\lambda^2-k^2}}\times\frac{\sinh\sqrt{\lambda^2-k^2}(l-z)\cosh\sqrt{\lambda^2-k^2}z'}{\cosh\sqrt{\lambda^2-k^2}l}d\lambda$$

$$(z>z';\ z\leftrightarrow z') \qquad (5.3.16)$$

とも表わされる．

Laplace の方程式に対しては $g(\boldsymbol{r},\boldsymbol{r}')$ として (5.3.5) の $\sqrt{\lambda^2-k^2}$ をすべて λ でおきかえたものを考えればよい．したがって，Dirichlet, Neumann，混合境界値問題に対する Green 関数はそれぞ

れ(5.3.9)または(5.3.10), (5.3.12)または(5.3.13), (5.3.15)または(5.3.16)で$\sqrt{\lambda^2-k^2}$をλでおきかえたものである. このとき積分路$W^{(1)}$は実軸上の積分$\int_0^\infty$としてよい.

c) 円筒面境界

Helmholtz方程式に対するGreen関数の表現(3.2.31)

$$\frac{e^{\pm ik|\boldsymbol{r}-\boldsymbol{r}'|}}{4\pi|\boldsymbol{r}-\boldsymbol{r}'|}=\frac{\pm i}{4\pi}\sum_{m=0}^{\infty}\epsilon_m\cos m(\varphi-\varphi')$$
$$\times\int_0^\infty H_m^{(\tau)}(\sqrt{k^2-\lambda^2}\rho)J_m(\sqrt{k^2-\lambda^2}\rho')\cos\lambda(z-z')d\lambda$$
$$(\rho>\rho';\ \rho\leftrightarrow\rho') \quad (5.3.17)$$

を考えると, 非正則性は$\rho=\rho'$での関数形のとびに起因している. したがって相反性も充たしている関数

$$\sum_{m=0}^{\infty}\cos m(\varphi-\varphi')\int_0^\infty F_m(\lambda)H_m^{(\tau)}(\sqrt{k^2-\lambda^2}\rho)$$
$$\times H_m^{(\tau)}(\sqrt{k^2-\lambda^2}\rho')\cos\lambda(z-z')d\lambda \quad (5.3.18)$$

$$\sum_{m=0}^{\infty}\cos m(\varphi-\varphi')\int_0^\infty F_m(\lambda)J_m(\sqrt{k^2-\lambda^2}\rho)$$
$$\times J_m(\sqrt{k^2-\lambda^2}\rho')\cos\lambda(z-z')d\lambda \quad (5.3.19)$$

は積分と和の収束性を保証する範囲で任意にとれる関数列$\{F_m(\lambda)\}$に対して同次方程式の解になっていることが予想されるし, また実際に示すことができる.

いま半径aの円筒面上で境界条件

$$A\frac{\partial G(\boldsymbol{r},\boldsymbol{r}')}{\partial\rho}+BG(\boldsymbol{r},\boldsymbol{r}')=0 \qquad (\rho=a) \quad (5.3.20)$$

を充たす場合を考えよう. まず円筒の外部を対象とし, $\rho\to\infty$で外向波を表わすGreen関数は(5.3.17)と(5.3.18)から

$$G(\boldsymbol{r},\boldsymbol{r}')=\frac{i}{4\pi}\sum_{m=0}^{\infty}\epsilon_m\cos m(\varphi-\varphi')\int_0^\infty\Big\{J_m(\sqrt{k^2-\lambda^2}\rho')$$

$$-\frac{A\sqrt{k^2-\lambda^2}J_m{}'(\sqrt{k^2-\lambda^2}a)+BJ_m(\sqrt{k^2-\lambda^2}a)}{A\sqrt{k^2-\lambda^2}H_m{}^{(1)\prime}(\sqrt{k^2-\lambda^2}a)+BH_m{}^{(1)}(\sqrt{k^2-\lambda^2}a)}$$

$$\left.\times H_m{}^{(1)}(\sqrt{k^2-\lambda^2}\rho')\right\} H_m{}^{(1)}(\sqrt{k^2-\lambda^2}\rho)\cos\lambda(z-z')d\lambda$$

$$(\rho>\rho';\ \rho\leftrightarrow\rho') \qquad (5.3.21)$$

として得られる．ここで $J_m{}'(\sqrt{k^2-\lambda^2}a)$ などは引数についての微分を表わしている．(5.3.21) は $G^{\infty}(\boldsymbol{r}-\boldsymbol{r}')+g(\boldsymbol{r},\boldsymbol{r}')$ の形をしているので Green 関数の方程式を充たすし，境界条件 (5.3.20) を充たしていることは直接確かめられる．つぎに円筒の内部を対象とした Green 関数は原点で有界になるために (5.3.18) の代りに (5.3.19) を用いて

$$G(\boldsymbol{r},\boldsymbol{r}')=\frac{i}{4\pi}\sum_{m=0}^{\infty}\epsilon_m\cos m(\varphi-\varphi')\int_0^{\infty}\left\{H_m{}^{(1)}(\sqrt{k^2-\lambda^2}\rho')\right.$$

$$-\frac{A\sqrt{k^2-\lambda^2}H_m{}^{(1)\prime}(\sqrt{k^2-\lambda^2}a)+BH_m{}^{(1)}(\sqrt{k^2-\lambda^2}a)}{A\sqrt{k^2-\lambda^2}J_m{}'(\sqrt{k^2-\lambda^2}a)+BJ_m(\sqrt{k^2-\lambda^2}a)}$$

$$\left.\times J_m(\sqrt{k^2-\lambda^2}\rho')\right\} J_m(\sqrt{k^2-\lambda^2}\rho)\cos\lambda(z-z')d\lambda$$

$$(\rho'>\rho;\ \rho'\leftrightarrow\rho) \qquad (5.3.22)$$

として得られる．(5.3.21) でも (5.3.22) でも，特に $\rho=a$ で Dirichlet 条件のときは $A=0$ にとればよいし，Neumann 条件のときは $B=0$ とすればよい．

Green 関数の表現 (5.3.3) において，被積分関数の非正則性を避けて $H_0{}^{(1)}(\sqrt{k^2-\lambda^2}|\boldsymbol{\rho}-\boldsymbol{\rho}'|)$ を同じ方程式の解で $\boldsymbol{\rho}=\boldsymbol{\rho}'$ で正則である $J_0(\sqrt{k^2-\lambda^2}|\boldsymbol{\rho}-\boldsymbol{\rho}'|)$ に置き換えてみる．積分の収束性を保証する範囲で任意にとれる関数 $F(\lambda)$ に対して

$$\int_0^{\infty}F(\lambda)J_0(\sqrt{k^2-\lambda^2}|\boldsymbol{\rho}-\boldsymbol{\rho}'|)\cos\lambda(z-z')d\lambda \qquad (5.3.23)$$

を作ると，これもまた1つの $g(\boldsymbol{r},\boldsymbol{r}')$ の候補になっていることが

確かめられる．しかしこれは和公式(D. 22)を用いると(5. 3. 19)で $F_m(\lambda)=\epsilon_m F(\lambda)$ とした特別の場合となっていて，新しいものではない．

Laplace 方程式に対しては，Green 関数の表現(3. 2. 39)から出発して(5. 3. 18)(5. 3. 19)(5. 3. 23)に対応する相反性を充たしている同次方程式の解がそれぞれ

$$\sum_{m=0}^{\infty}\cos m(\varphi-\varphi')\int_0^{\infty}F_m(\lambda)K_m(\lambda\rho)K_m(\lambda\rho')\cos\lambda(z-z')d\lambda \tag{5. 3. 24}$$

$$\sum_{m=0}^{\infty}\cos m(\varphi-\varphi')\int_0^{\infty}F_m(\lambda)I_m(\lambda\rho)I_m(\lambda\rho')\cos\lambda(z-z')d\lambda \tag{5. 3. 25}$$

$$\int_0^{\infty}F(\lambda)I_0(\lambda|\boldsymbol{\rho}-\boldsymbol{\rho}'|)\cos\lambda(z-z')d\lambda \tag{5. 3. 26}$$

となる．(5. 3. 26)が(5. 3. 25)の $F_m(\lambda)=(-1)^m\epsilon_m F(\lambda)$ とおいた特別の場合であることも同様である．これらを利用して円筒境界面における境界条件(5. 3. 20)を充たす Green 関数が円筒の外部を対象とするときは

$$G(\boldsymbol{r},\boldsymbol{r}')=\sum_{m=0}^{\infty}\frac{\epsilon_m}{2\pi^2}\cos m(\varphi-\varphi')\int_0^{\infty}\left\{I_m(\lambda\rho')\right.$$
$$\left.-\frac{A\lambda I_m'(\lambda a)+BI_m(\lambda a)}{A\lambda K_m'(\lambda a)+BK_m(\lambda a)}K_m(\lambda\rho')\right\}K_m(\lambda\rho)\cos\lambda(z-z')d\lambda$$
$$(\rho>\rho';\ \rho\leftrightarrow\rho') \tag{5. 3. 27}$$

として得られ，円筒の内部を対象とするときは

$$G(\boldsymbol{r},\boldsymbol{r}')=\sum_{m=0}^{\infty}\frac{\epsilon_m}{2\pi^2}\cos m(\varphi-\varphi')\int_0^{\infty}\left\{K_m(\lambda\rho')\right.$$

$$-\frac{A\lambda K_m'(\lambda a)+BK_m(\lambda a)}{A\lambda I_m'(\lambda a)+BI_m(\lambda a)}I_m(\lambda\rho')\Bigg\}I_m(\lambda\rho)\cos\lambda(z-z')d\lambda$$

$$(\rho'>\rho;\ \rho'\leftrightarrow\rho) \qquad (5.3.28)$$

として得られる．Helmholtz 方程式の場合との違いは(5.3.27)で $\rho\to\infty$ としたときに外向波とか内向波とかの性質をもつものではない点である．

d)　球面境界

Green 関数の表現(5.3.1)において，$r=r'$ における関数形のとびを避けて

$$\sum_{n=0}^{\infty}c_nP_n(\cos\gamma)j_n(kr)j_n(kr') \qquad (5.3.29)$$

$$\sum_{n=0}^{\infty}c_nP_n(\cos\gamma)h_n^{(\tau)}(kr)h_n^{(\tau)}(kr') \qquad (5.3.30)$$

を作ると同次方程式の解となることが予想される．実際，級数が収束するような任意の係数列 $\{c_n\}$ に対してこれらが解になっていることは(D.13)から明らかである．これらはまた相反性を充たしているので上述の $g(\boldsymbol{r},\boldsymbol{r}')$ の候補となり得る．

半径 a の球面で境界条件

$$A\frac{\partial G(\boldsymbol{r},\boldsymbol{r}')}{\partial r}+BG(\boldsymbol{r},\boldsymbol{r}')=0 \qquad (r=a) \quad (5.3.31)$$

を充たす Green 関数を考えよう．まず球の外部を対象として，$r\to\infty$ で外向波の条件に適合する Green 関数は，(5.3.1)と(5.3.30)から

$$G(\boldsymbol{r},\boldsymbol{r}')=\frac{ik}{4\pi}\sum_{n=0}^{\infty}(2n+1)P_n(\cos\gamma)h_n^{(1)}(kr)$$

$$\times\left\{j_n(kr')-\frac{Akj_n'(ka)+Bj_n(ka)}{Akh_n^{(1)\prime}(ka)+Bh_n^{(1)}(ka)}h_n^{(1)}(kr')\right\}$$

$$(r>r';\ r\leftrightarrow r') \qquad (5.3.32)$$

として得られる．また球の内部を対象とするGreen関数は原点で有界になるために，(5.3.30)の代りに(5.3.29)を用いて

$$G(\boldsymbol{r},\boldsymbol{r}')=\frac{ik}{4\pi}\sum_{n=0}^{\infty}(2n+1)P_n(\cos\gamma)j_n(kr)$$
$$\times\left\{h_n{}^{(1)}(kr')-\frac{Akh_n{}^{(1)\prime}(ka)+Bh_n{}^{(1)}(ka)}{Akj_n{}'(ka)+Bj_n(ka)}j_n(kr')\right\}$$
$$(r'>r;\ r'\leftrightarrow r) \qquad (5.3.33)$$

として得られる．Dirichlet条件のときは(5.3.32)(5.3.33)で $A=0$，Neumann条件のときは $B=0$ とすればよい．

Laplace方程式の場合は(5.3.1)の代りにGreen関数の表現(3.2.36)から出発する．(5.3.29)(5.3.30)に対応する相反性を充たした同次方程式の解は

$$\sum_{n=0}^{\infty}c_nP_n(\cos\gamma)r^nr'^n \qquad (5.3.34)$$

$$\sum_{n=0}^{\infty}c_nP_n(\cos\gamma)\frac{1}{r^{n+1}r'^{n+1}} \qquad (5.3.35)$$

である．これらを $g(\boldsymbol{r},\boldsymbol{r}')$ として，半径 a の球面で境界条件(5.3.31)を充たすGreen関数が，球の外部を対象とした場合は

$$G(\boldsymbol{r},\boldsymbol{r}')=\frac{1}{4\pi}\sum_{n=0}^{\infty}P_n(\cos\gamma)\frac{1}{r'^{n+1}}$$
$$\times\left\{r^n-\frac{Ana^{n-1}+Ba^n}{-A(n+1)a^{-n-2}+Ba^{-n-1}}\frac{1}{r^{n+1}}\right\}$$
$$(r'>r;\ r'\leftrightarrow r) \qquad (5.3.36)$$

として得られ，球の内部を対象とした場合は，$B\neq0$ のときは

$$G(\boldsymbol{r},\boldsymbol{r}')=\frac{1}{4\pi}\sum_{n=0}^{\infty}P_n(\cos\gamma)r'^n$$
$$\times\left\{\frac{1}{r^{n+1}}-\frac{-A(n+1)a^{-n-2}+Ba^{-n-1}}{Ana^{n-1}+Ba^n}r^n\right\}$$
$$(r>r';\ r\leftrightarrow r') \qquad (5.3.37)$$

として得られる．$B=0$のときは，{　}内のr^0の係数を0としたもの(このとき(5.3.31)は充していない)を用いると，解が定数の不定性を除いて表わされる．特にDirichlet条件のときは$A=0$にとればよい．このとき$\boldsymbol{r}'$の鏡像を$\boldsymbol{r}_1'$と書くと(5.3.36)は

$$G(\boldsymbol{r},\boldsymbol{r}')=\frac{1}{4\pi|\boldsymbol{r}-\boldsymbol{r}'|}-\frac{1}{4\pi}\sum_{n=0}^{\infty}P_n(\cos\gamma)\frac{r_1'^n}{r^{n+1}}\frac{r_1'}{a}$$
$$=\frac{1}{4\pi|\boldsymbol{r}-\boldsymbol{r}'|}-\frac{r_1'}{4\pi a}\frac{1}{|\boldsymbol{r}-\boldsymbol{r}_1'|}$$

となり(5.2.23)と一致する．また(5.3.37)は同様にして(5.2.20)と一致することが示せる．Laplace方程式についてのこの小節の方法と鏡像法とを比較すると，Dirichlet問題を取り扱う限り，(3.2.21)の型に書かれている利点(§6.4c参照)を除いて鏡像法の方が直接まとまった形のGreen関数を得られるので便利である．しかし混合境界条件では，鏡像法ではGreen関数は得られないがこの小節の方法では得ることができる．

e)　空間が2次元のとき

2次元Helmholtz方程式に対するGreen関数の表現(3.2.42)において，非正則性は$\rho=\rho'$における関数形のとびに起因している．したがって相反性を充たす

$$\sum_{m=0}^{\infty}c_m\cos m(\varphi-\varphi')J_m(k\rho)J_m(k\rho') \qquad (5.3.38)$$

$$\sum_{m=0}^{\infty}c_m\cos m(\varphi-\varphi')H_m{}^{(\tau)}(k\rho)H_m{}^{(\tau)}(k\rho') \qquad (5.3.39)$$

は同次方程式の解になっていることが予想されるし，実際に確かめられる．

半径aの円周上で境界条件

$$A\frac{\partial G(\boldsymbol{\rho},\boldsymbol{\rho}')}{\partial\rho}+BG(\boldsymbol{\rho},\boldsymbol{\rho}')=0 \qquad (\rho=a) \quad (5.3.40)$$

を充たす Green 関数を考えよう．円の外部を対象として，$\rho\to\infty$ で外向波を表わす Green 関数は(3.2.42)と(5.3.39)から

$$G(\boldsymbol{\rho},\boldsymbol{\rho}')=\frac{i}{4}\sum_{m=0}^{\infty}\epsilon_m\cos m(\varphi-\varphi')H_m{}^{(1)}(k\rho)$$
$$\times\left\{J_m(k\rho')-\frac{AkJ_m{}'(ka)+BJ_m(ka)}{AkH_m{}^{(1)\prime}(ka)+BH_m{}^{(1)}(ka)}H_m{}^{(1)}(k\rho')\right\}$$
$$(\rho>\rho';\ \rho\leftrightarrow\rho')\qquad(5.3.41)$$

として得られる．また円の内部を対象とするときには原点で有界となるために(5.3.39)の代りに(5.3.38)を用いて

$$G(\boldsymbol{\rho},\boldsymbol{\rho}')=\frac{i}{4}\sum_{m=0}^{\infty}\epsilon_m\cos m(\varphi-\varphi')J_m(k\rho)$$
$$\times\left\{H_m{}^{(1)}(k\rho')-\frac{AkH_m{}^{(1)\prime}(ka)+BH_m{}^{(1)}(ka)}{AkJ_m{}'(ka)+BJ_m(ka)}J_m(k\rho')\right\}$$
$$(\rho'>\rho;\ \rho'\leftrightarrow\rho)\qquad(5.3.42)$$

として得られる．

Laplace 方程式に対しては Green 関数の表現(3.2.43)に対応する相反性を充たしている同次方程式の解として

$$\sum_{m=0}^{\infty}c_m\cos m(\varphi-\varphi')\rho^m\rho'^m\qquad(5.3.43)$$

$$c\ln\rho\rho'\qquad\sum_{m=0}^{\infty}c_m\cos m(\varphi-\varphi')\frac{1}{\rho^m\rho'^m}\qquad(\rho,\rho'\neq0)\qquad(5.3.44)$$

がある．これらを用いて，Green 関数を作ると，円の外部を対象とする場合は，$B\neq0$ のときは

$$G(\boldsymbol{\rho},\boldsymbol{\rho}')=\frac{1}{2\pi}\ln\frac{\rho'}{a}-\frac{A}{2\pi aB}$$
$$+\frac{1}{2\pi}\sum_{m=1}^{\infty}\frac{\cos m(\varphi-\varphi')}{m}\frac{1}{\rho^m}\left\{\rho'^m-\frac{aB+mA}{aB-mA}\frac{a^{2m}}{\rho'^m}\right\}$$
$$(\rho>\rho'\ ;\ \rho\leftrightarrow\rho')\qquad(5.3.45)$$

として得られ，$B=0$ のときは

$$G(\boldsymbol{\rho}, \boldsymbol{\rho}') = -\frac{1}{2\pi}\ln\rho + \frac{1}{2\pi}\sum_{m=1}^{\infty}\frac{\cos m(\varphi-\varphi')}{m}\frac{1}{\rho^m}\left\{\rho'^m + \frac{a^{2m}}{\rho'^m}\right\}$$

$$(\rho > \rho'\ ;\ \rho \leftrightarrow \rho') \qquad (5.3.46)$$

として得られる．円の内部を対象とする場合は $B \neq 0$ のときは

$$G(\boldsymbol{\rho}, \boldsymbol{\rho}') = -\frac{1}{2\pi}\ln\frac{\rho}{a} + \frac{A}{2\pi aB} + \frac{1}{2\pi}\sum_{m=1}^{\infty}\frac{\cos m(\varphi-\varphi')}{m}\rho'^m\left\{\frac{1}{\rho^m} - \frac{aB-mA}{aB+mA}\frac{\rho^m}{a^{2m}}\right\}$$

$$(\rho > \rho'\ ;\ \rho \leftrightarrow \rho') \qquad (5.3.47)$$

として得られる．$B=0$ のときは3次元の場合と同様に(5.3.47)の定数項を除いたもの((5.3.40)は充さない)を用いて，解が定数の不定性を除いて表わされる．特にDirichlet条件($A=0$)のときは(5.3.45)と(5.3.47)はそれぞれ鏡像法で得られた(5.2.18)と(5.2.15)に一致することを示すことができる．

§5.4　固有関数系による展開で直接求める方法

§4.1でSturm–Liouville方程式に対するGreen関数について述べた性質を多変数の場合に拡張して書いておこう．偏微分演算子を含む演算子を $\boldsymbol{L}$ として，方程式

$$\boldsymbol{L}\phi(\boldsymbol{r}) = E\phi(\boldsymbol{r}) \qquad (5.4.1)$$

がある境界条件のもとに，固有値 E_s に属する固有関数 $\phi_s(\boldsymbol{r})$ をもつとする．固有関数系 $\{\phi_s(\boldsymbol{r})\}$ は完全規格直交系を作っているとする．すなわち関数 $f(\boldsymbol{r})$ と $g(\boldsymbol{r})$ の内積をある領域 Ω での積分

$$\int_{\Omega} f^*(\boldsymbol{r})g(\boldsymbol{r})d\boldsymbol{r} \equiv (f, g) \qquad (5.4.2)$$

で定義して，規格直交性

$$(\phi_s(\boldsymbol{r}), \phi_t(\boldsymbol{r})) = \delta_{st} \qquad (5.4.3)$$

と完全性

$$\sum_s \phi_s(\boldsymbol{r})\phi_s{}^*(\boldsymbol{r}') = \delta(\boldsymbol{r}-\boldsymbol{r}') \tag{5.4.4}$$

が成り立つ.

方程式

$$\boldsymbol{L}\phi(\boldsymbol{r}) = -\rho(\boldsymbol{r}) \tag{5.4.5}$$

に対する Green 関数は(4.1.16)を得たのと全く同様に

$$G(\boldsymbol{r}, \boldsymbol{r}') = -\sum_s \frac{\phi_s(\boldsymbol{r})\phi_s{}^*(\boldsymbol{r}')}{E_s} \tag{5.4.6}$$

で表わせる. したがってある同次の境界条件を充たす Green 関数を求めるには, それと同じ境界条件を充たす固有関数系を求めて, (5.4.6)を作ればよい.

§5.1で述べたように, このようにして Green 関数を求めて問題を取り扱うより, Green 関数の概念にこだわらずに一般の固有関数系による展開または積分変換として取り扱う方が, むしろ誤りをおかすことが少ないと思われる. そこでここでは2, 3の例について述べ, 一般の展開や変換の立場と比較するにとどめよう.

第1の例として, 方程式

$$(\Delta_2+k^2)\phi(\boldsymbol{r}) = -v(\boldsymbol{r}) \tag{5.4.7}$$

を境界条件

$$\left.\begin{aligned} \phi(0, y) = f_0(y), \qquad \phi(a, y) = f_a(y) \\ \phi(x, 0) = g_0(x), \qquad \phi(x, b) = g_b(x) \end{aligned}\right\} \tag{5.4.8}$$

を与えて解く問題を考えよう. Dirichlet 問題であるから求める Green 関数の充たすべき境界条件は

$$G(\boldsymbol{r}, \boldsymbol{r}') = 0 \qquad (x=0, x=a, y=0, y=b) \tag{5.4.9}$$

である. (5.4.9)と同じ境界条件を充たす固有関数系は n, m を自然数として

$$\sqrt{\frac{4}{ab}}\sin\frac{n\pi x}{a}\sin\frac{m\pi y}{b} \equiv \phi_{nm}(\boldsymbol{r}) \tag{5.4.10}$$

であり，その固有値は

$$E_{nm} = k^2 - \omega_{nm}{}^2 = k^2 - \left\{\left(\frac{n\pi}{a}\right)^2 + \left(\frac{m\pi}{b}\right)^2\right\} \tag{5.4.11}$$

である．したがって求める Green 関数は(5.4.6)から

$$G(\boldsymbol{r}, \boldsymbol{r}') = \sum_{n,m} \frac{4}{ab} \frac{\sin\dfrac{n\pi x}{a}\sin\dfrac{m\pi y}{b}\sin\dfrac{n\pi x'}{a}\sin\dfrac{m\pi y'}{b}}{\omega_{nm}{}^2 - k^2} \tag{5.4.12}$$

として得られる．解の表現(2.1.8)に(5.4.12)を用いて

$$\begin{aligned}\phi(\boldsymbol{r}) = &\int_0^b dy' \sum_{n,m} \frac{4}{ab} \frac{\dfrac{n\pi}{a}\sin\dfrac{n\pi x}{a}\sin\dfrac{m\pi y}{b}\sin\dfrac{m\pi y'}{b}}{\omega_{nm}{}^2 - k^2} \\ &\times \{f_0(y') - (-1)^n f_a(y')\} \\ &+ \int_0^a dx' \sum_{n,m} \frac{4}{ab} \frac{\dfrac{m\pi}{b}\sin\dfrac{n\pi x}{a}\sin\dfrac{m\pi y}{b}\sin\dfrac{n\pi x'}{a}}{\omega_{nm}{}^2 - k^2} \\ &\times \{g_0(x') - (-1)^m g_b(x')\} \\ &+ \int_0^a dx' \int_0^b dy' \sum_{n,m} \frac{4}{ab} \frac{\sin\dfrac{n\pi x}{a}\sin\dfrac{m\pi y}{b}\sin\dfrac{n\pi x'}{a}\sin\dfrac{m\pi y'}{b}}{\omega_{nm}{}^2 - k^2} \\ &\times v(x', y')\end{aligned} \tag{5.4.13}$$

となる．これは確かに積分で書き表わされているが，なお2重無限級数になっている．

級数展開の立場からこの例を見ると，まず $\phi(\boldsymbol{r})$ の Fourier sine 2重級数

$$\phi(\boldsymbol{r}) = \frac{4}{ab} \sum_{n,m} c_{nm} \sin\frac{n\pi x}{a}\sin\frac{m\pi y}{b} \tag{5.4.14}$$

$$c_{nm} = \int_0^a dx' \int_0^b dy' \sin\frac{n\pi x'}{a} \sin\frac{m\pi y'}{b} \phi(\boldsymbol{r}') \qquad (5.4.15)$$

の係数 c_{nm} の充たす方程式

$$\begin{aligned}(-\omega_{nm}{}^2+k^2)c_{nm} \\ &= \frac{n\pi}{a}\left\{(-1)^n \int_0^b dy' f_a(y') \sin\frac{m\pi y'}{b} - \int_0^b dy' f_0(y') \sin\frac{m\pi y'}{b}\right\} \\ &\quad + \frac{m\pi}{b}\left\{(-1)^m \int_0^a dx' g_b(x') \sin\frac{n\pi x'}{a} - \int_0^a dx' g_0(x') \sin\frac{n\pi x'}{a}\right\} \\ &\quad - \int_0^a dx' \int_0^b dy' \sin\frac{n\pi x'}{a} \sin\frac{m\pi y'}{b} v(x', y')\end{aligned} \qquad (5.4.16)$$

を，(5.4.7)を Fourier sine 変換をすることによって作る．つぎにこれを解いて得られた c_{nm} を展開(5.4.14)に代入して $\phi(\boldsymbol{r})$ を得る．これは(5.4.13)に他ならない*.

第2の例として方程式(5.4.7)を円周上で境界条件

$$\phi(\rho, \varphi) = f(\varphi) \qquad (\rho = a) \qquad (5.4.17)$$

を与えて円内の $\phi(\boldsymbol{\rho})$ を求めよう．この場合求める Green 関数の充たすべき境界条件は

$$G(\boldsymbol{\rho}, \boldsymbol{\rho}') = 0 \qquad (\rho = a) \qquad (5.4.18)$$

である．これと同じ境界条件をもつ正規完全直交系は(D.28)の基礎ベクトルと φ についての完全系 $e^{in\varphi}$ との積を正規化した

$$\frac{1}{\sqrt{\pi a^2}} \frac{1}{J_n'(\xi_{nj} a)} e^{in\varphi} J_n(\xi_{nj}\rho) \qquad (5.4.19)^{**}$$

であり，固有値は

$$E_{nj} = k^2 - \xi_{nj}{}^2 \qquad (5.4.20)$$

---

* このような Dirichlet 境界条件に対しては展開(5.4.14)が有効であり，Neumann 条件に対しては Fourier cosine 変換が有効である．このような事情については文献(9)を参照されたい．

** 文献(9).

である．ここでξ_{nj}は

$$J_n(\xi_{nj}a)=0 \tag{5.4.21}$$

を充たすすべての正根をとる．したがって，求めるGreen関数は(5.4.6)から

$$\begin{aligned} G(\boldsymbol{\rho},\boldsymbol{\rho}')&=\sum_j\sum_{n=-\infty}^{\infty}\frac{e^{in\varphi}J_n(\xi_{nj}\rho)e^{-in\varphi'}J_n(\xi_{nj}\rho')}{\pi a^2(\xi_{nj}{}^2-k^2)(J_n'(\xi_{nj}a))^2}\\ &=\sum_j\sum_{n=0}^{\infty}\frac{\epsilon_n\cos n(\varphi-\varphi')J_n(\xi_{nj}\rho)J_n(\xi_{nj}\rho')}{\pi a^2(\xi_{nj}{}^2-k^2)(J_n'(\xi_{nj}a))^2} \end{aligned} \tag{5.4.22}$$

として得られる．(2.1.8)(5.4.22)を用いて，解は

$$\begin{aligned} \phi(\boldsymbol{\rho})=&-\sum_j\sum_{n=-\infty}^{\infty}\int_0^{2\pi}\frac{\xi_{nj}e^{in(\varphi-\varphi')}J_n(\xi_{nj}\rho)}{\pi a(\xi_{nj}{}^2-k^2)J_n'(\xi_{nj}a)}f(\varphi')d\varphi'\\ &+\int_0^{2\pi}d\varphi'\int_0^a\rho'd\rho'\sum_{j,n}\sum_{n=-\infty}^{\infty}\frac{e^{in(\varphi-\varphi')}J_n(\xi_{nj}\rho)J_n(\xi_{nj}\rho')}{\pi a^2(\xi_{nj}{}^2-k^2)(J_n'(\xi_{nj}a))^2}v(\rho',\varphi') \end{aligned} \tag{5.4.23}$$

と表わされる．

この例を固有関数系による級数展開の立場から見てみよう．(5.4.19)による展開

$$\phi(\rho,\varphi)=\frac{1}{\pi a^2}\sum_{j,n}c_{nj}e^{in\varphi}J_n(\xi_{nj}\rho)(J_n'(\xi_{nj}a))^{-2} \tag{5.4.24}$$

の係数c_{nj}は

$$c_{nj}=\int_0^{2\pi}d\varphi\int_0^a\rho d\rho\, e^{-in\varphi}J_n(\xi_{nj}\rho)\phi(\rho,\varphi)$$

である．方程式(5.4.7)に$e^{-in\varphi}J_n(\xi_{nj}\rho)$を掛けて円周内部で積分することにより，$c_{nj}$に対する方程式

$$(k^2-\xi_{nj}{}^2)c_{nj}=\int_0^{2\pi}d\varphi\, e^{-in\varphi}J_n'(\xi_{nj}a)\xi_{nj}af(\varphi)$$

$$-\int_0^{2\pi} d\varphi \int_0^a \rho d\rho\, e^{-in\varphi} J_n(\xi_{nj}\rho) v(\rho, \varphi)$$

が得られる．これを解いて(5.4.24)に代入したものは(5.4.23)と一致する．この種の問題に対してGreen関数を用いて解くか固有関数系による展開で直接解くかは好みの問題であろうが，後者のほうが単純で誤りをおかす可能性も少ないと思われる．

ここで得られたGreen関数(5.4.22)はさきに同じ方程式と境界条件に対して得られたGreen関数(5.3.42)とはみかけは異なるが同じであるはずである．念のためにそれを示しておこう．両者を比較すれば

$$\sum_j \frac{4J_n(\xi_{nj}\rho)J_n(\xi_{nj}\rho')}{\pi a^2(\xi_{nj}{}^2-k^2)(J_n'(\xi_{nj}a))^2} = J_n(k\rho)\left\{H_n{}^{(1)}(k\rho') - \frac{H_n{}^{(1)}(ka)}{J_n(ka)} J_n(k\rho')\right\}$$

$$(\rho' > \rho;\ \rho' \leftrightarrow \rho) \qquad (5.4.25)$$

が示されればよい．(5.4.25)を証明するには右辺を $\{J_n(\xi_{nj}\rho)\}$ による(D.30)の級数展開を行ない，それと左辺の展開係数が等しいことを示せばよい．左辺の係数は(D.30)により $c_l = \pi J_n(\xi_{nl}\rho')/2(\xi_{nl}{}^2-k^2)$ である．右辺の係数は(D.27)(D.28)(D.24)を用いて

$$\int_0^{\rho'} \rho J_n(\xi_{nl}\rho) J_n(k\rho) d\rho \left\{H_n{}^{(1)}(k\rho') - \frac{H_n{}^{(1)}(ka)}{J_n(ka)} J_n(k\rho')\right\}$$

$$+\int_{\rho'}^a \rho J_n(\xi_{nl}\rho)\left\{H_n{}^{(1)}(k\rho) - \frac{H_n{}^{(1)}(ka)}{J_n(ka)} J_n(k\rho)\right\} d\rho J_n(k\rho')$$

$$= \int_0^{\rho'} \rho J_n(\xi_{nl}\rho) J_n(k\rho) d\rho H_n{}^{(1)}(k\rho')$$

$$+\int_0^a \rho J_n(\xi_{nl}\rho) H_n{}^{(1)}(k\rho) d\rho J_n(k\rho')$$

$$-\int_0^{\rho'} \rho J_n(\xi_{nl}\rho) H_n{}^{(1)}(k\rho) d\rho J_n(k\rho')$$

$$-\int_0^a \rho J_n(\xi_{nl}\rho) J_n(k\rho) d\rho \frac{H_n{}^{(1)}(ka)}{J_n(ka)} J_n(k\rho')$$

$$
\begin{aligned}
&= \frac{\rho'}{\xi_{nl}{}^2-k^2}\{kJ_n(\xi_{nl}\rho')J_n{}'(k\rho')-\xi_{nl}J_n(k\rho')J_n{}'(\xi_{nl}\rho')\}H_n{}^{(1)}(k\rho') \\
&\quad +\frac{a}{\xi_{nl}{}^2-k^2}\{-\xi_{nl}H_n{}^{(1)}(ka)J_n{}'(\xi_{nl}a)\}J_n(k\rho') \\
&\quad -\frac{\rho'}{\xi_{nl}{}^2-k^2}\{kJ_n(\xi_{nl}\rho')H_n{}'(k\rho')-\xi_{nl}H_n{}^{(1)}(k\rho')J_n{}'(\xi_{nl}\rho')\}J_n(k\rho') \\
&\quad -\frac{a}{\xi_{nl}{}^2-k^2}\{-\xi_{nl}J_n(ka)J_n{}'(\xi_{nl}a)\}\frac{H_n{}^{(1)}(ka)}{J_n(ka)}J_n(k\rho') \\
&= \frac{k\rho'}{\xi_{nl}{}^2-k^2}\{J_n{}'(k\rho')H_n{}^{(1)}(k\rho')-H_n{}^{(1)\prime}(k\rho')J_n(k\rho')\}J_n(\xi_{nl}\rho') \\
&= \frac{\pi J_n(\xi_{nl}\rho')}{2(\xi_{nl}{}^2-k^2)}
\end{aligned}
$$

となり，(5. 3. 42) と (5. 4. 22) が一致することが示される．

§5.5 展開，変換により低次元 Green 関数に帰着させる方法

一般には次元数の低い Green 関数の方が求め易い．固有関数系による展開または積分変換によって次元数の低い Green 関数を求める問題に帰着させて解くことを考えてみよう．このときその展開または変換で自動的に境界条件をとり入れる場合と，境界条件は次元数の低い Green 関数を解くときに考慮する場合とがある．これらの方法を例示してみよう．

まず前者の例として，方程式

$$(\Delta+k^2)G(\boldsymbol{r},\boldsymbol{r}') = -\delta(\boldsymbol{r}-\boldsymbol{r}') \tag{5. 5. 1}$$

を境界条件

$$\frac{\partial G(\boldsymbol{r},\boldsymbol{r}')}{\partial z} = 0 \qquad (z=0, l) \tag{5. 5. 2}$$

のもとに解くことを試みる．この境界条件に適合した展開は z についての Fourier cosine 級数展開

$$G(\boldsymbol{r}, \boldsymbol{r}') = \frac{1}{l}\sum_{n=0}^{\infty}\epsilon_n \cos\frac{n\pi z}{l} g_n(\boldsymbol{\rho}, \boldsymbol{\rho}', z') \tag{5.5.3}$$

$$g_n(\boldsymbol{\rho}, \boldsymbol{\rho}', z') = \int_0^l \cos\frac{n\pi z}{l} G(\boldsymbol{r}, \boldsymbol{r}')dz \tag{5.5.4}$$

である．ここで $\boldsymbol{r}(\boldsymbol{\rho}, z)$，$\boldsymbol{r}'(\boldsymbol{\rho}', z')$ として2次元ベクトル $\boldsymbol{\rho}, \boldsymbol{\rho}'$ を用いた．$g_n(\boldsymbol{\rho}, \boldsymbol{\rho}', z')$ の充たす方程式

$$\left\{\Delta_2 - \left(\frac{n\pi}{l}\right)^2 + k^2\right\} g_n(\boldsymbol{\rho}, \boldsymbol{\rho}', z') = -\cos\frac{n\pi z'}{l}\delta(\boldsymbol{\rho} - \boldsymbol{\rho}') \tag{5.5.5}$$

は(5.5.1)を Fourier cosine 変換することによって得られる．これは2次元 Helmholtz 型の Green 関数の方程式と規格化因子 $\cos\frac{n\pi z'}{l}$ を除いて一致した方程式であるから，$\rho\to\infty$ で外向波を表わすものをとると，(3.2.16) と (3.2.60) から

$$g_n(\boldsymbol{\rho}, \boldsymbol{\rho}', z') = \cos\frac{n\pi z'}{l}\frac{i}{4}H_0^{(1)}\left(\sqrt{k^2 - \frac{n^2\pi^2}{l^2}}|\boldsymbol{\rho} - \boldsymbol{\rho}'|\right) \tag{5.5.6*}$$

となることがわかる．ここで $k^2 < n^2\pi^2/l^2$ に対しては

$$\sqrt{k^2 - n^2\pi^2/l^2} = i\sqrt{n^2\pi^2/l^2 - k^2}$$

をとるものとしている．かくして求める Green 関数は(5.5.3)から

$$G(\boldsymbol{r}, \boldsymbol{r}') = \frac{i}{4l}\sum_{n=0}^{\infty}\epsilon_n \cos\frac{n\pi z}{l}\cos\frac{n\pi z'}{l}H_0^{(1)}\left(\sqrt{k^2 - \frac{n^2\pi^2}{l^2}}|\boldsymbol{\rho} - \boldsymbol{\rho}'|\right) \tag{5.5.7}$$

となる．

(5.5.7)は(5.3.13)と同じ境界条件同じ方程式に対する Green

---

* $k = n\pi/l$ を充たす整数 n はないとしておく．

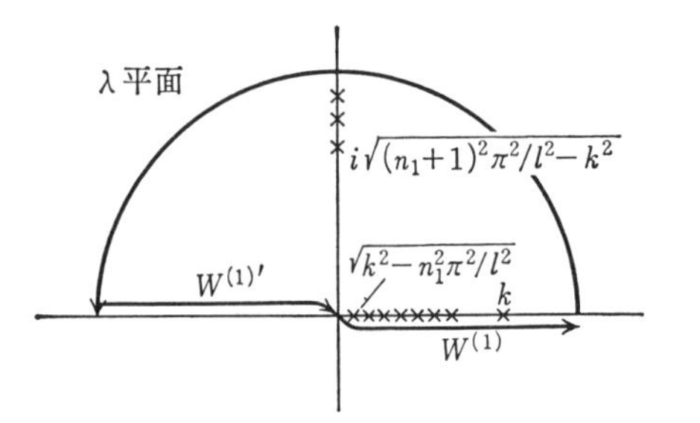

図 5.5

関数であるから，形は異なっていても一致しているはずである．念のために両者が一致していることを示しておく．まず(5.3.13)を閉じた積分路での積分に直そう．(5.3.13)の被積分関数は1価であるから λ 平面で cut は考えなくてよい．(D.26)を用いると

$$J_0(\lambda\rho)=\frac{1}{2}(H_0{}^{(1)}(\lambda\rho)-H_0{}^{(1)}(e^{i\pi}\lambda\rho))$$

が成立する．したがって $F(\lambda^2)$ を λ^2 の関数として

$$\int_{W^{(1)}}\lambda J_0(\lambda\rho)F(\lambda^2)d\lambda=\frac{1}{2}\int_{W^{(1)}}\lambda(H_0{}^{(1)}(\lambda\rho)-H_0{}^{(1)}(e^{i\pi}\lambda\rho))F(\lambda^2)d\lambda$$
$$=\frac{1}{2}\int_{W^{(1)}+W^{(1)\prime}}\lambda H_0{}^{(1)}(\lambda\rho)F(\lambda^2)d\lambda \quad (5.5.8)$$

が得られる．ここで $W^{(1)\prime}$ は図5.5にあるように $W^{(1)}$ を原点で折り返して向きを反対にした積分路である．これを用いて(5.3.13)の $W^{(1)}$ での積分を $W^{(1)}+W^{(1)\prime}$ での積分

$$G(\boldsymbol{r},\boldsymbol{r}')=\frac{1}{4\pi}\int_{W^{(1)}+W^{(1)\prime}}\frac{\lambda H_0{}^{(1)}(\lambda|\boldsymbol{\rho}-\boldsymbol{\rho}'|)}{\sqrt{\lambda^2-k^2}}$$
$$\times\frac{\cosh\sqrt{\lambda^2-k^2}(l-z)\cosh\sqrt{\lambda^2-k^2}z'}{\sinh\sqrt{\lambda^2-k^2}l}d\lambda$$
$$(z>z';\ z\leftrightarrow z') \qquad (5.5.9)$$

に書き直すことができる．この積分は積分路を上半面で閉じることができて，その内側に図5.5のように

$$\lambda = \lambda_n = \begin{cases} \sqrt{k^2 - n^2\pi^2/l^2} & \left(n=0, 1, \cdots, n_1\left(< \dfrac{l}{\pi}k\right)\right) \\ i\sqrt{n^2\pi^2/l^2 - k^2} & \left(\left(\dfrac{l}{\pi}k<\right) n = n_1+1, n_1+2, \cdots\right) \end{cases}$$

に極をもつ．これらの極における留数は $\lambda=k$ に対しては

$$\frac{1}{8\pi l}H_0^{(1)}(k|\boldsymbol{\rho}-\boldsymbol{\rho}'|)$$

であり，それ以外では

$$\left.\frac{d \sinh\sqrt{\lambda^2-k^2}\,l}{d\lambda}\right|_{\lambda=\lambda_n} = \left.\frac{l\lambda \cosh\sqrt{\lambda^2-k^2}\,l}{\sqrt{\lambda^2-k^2}}\right|_{\lambda=\lambda_n}$$

を用いて

$$\frac{1}{4\pi l}H_0^{(1)}(\sqrt{k^2-n^2\pi^2/l^2}\,|\boldsymbol{\rho}-\boldsymbol{\rho}'|)\cos\frac{n\pi z}{l}\cos\frac{n\pi z'}{l}$$

である．かくして(5.5.7)と(5.3.13)とが一致することが示せる．

つぎに後者の例として両端での変位を与える有限の長さの弦の振動を考えよう．Green 関数の充たす方程式は

$$\left(\frac{\partial^2}{\partial x^2} - \frac{1}{c^2}\frac{\partial^2}{\partial t^2}\right)G(x, t, x', t') = -\delta(x-x')\delta(t-t') \tag{5.5.10}$$

であり，境界条件は Dirichlet 条件

$$G(x, t, x', t') = 0 \qquad (x=0, a) \tag{5.5.11}$$

である．いま $t-t'$ の関数として Fourier 積分変換

$$G(x, t, x', t') = \int_{-\infty}^{\infty} \hat{G}(x, x', \omega)e^{-i\omega(t-t')}d\omega \tag{5.5.12}$$

$$\hat{G}(x, x', \omega) = \frac{1}{2\pi}\int_{-\infty}^{\infty} G(x, t, x', t')e^{i\omega(t-t')}d(t-t') \tag{5.5.13}$$

を行なうと，$\hat{G}(x, x', \omega)$ の方程式は

$$\left(\frac{\partial^2}{\partial x^2}+\frac{\omega^2}{c^2}\right)\hat{G}(x,x',\omega)=-\frac{1}{2\pi}\delta(x-x') \qquad (5.5.14)$$

となる．$2\pi\hat{G}$ は Sturm–Liouville 方程式の Green 関数であり，境界条件(5.5.11)に対応して(4.2.3)における2つの独立解として

$$y_1(x)=\sin kx, \qquad y_2(x)=\sin k(x-a) \qquad \left(k=\frac{\omega}{c}\right)$$

をとると

$$\hat{G}(x,x',\omega)=\frac{-1}{2\pi k\sin ka}\sin kx\sin k(x'-a)$$

$$(x'>x;\ x'\leftrightarrow x) \qquad (5.5.15)$$

が得られる．これを(5.5.12)に代入すればよい．ここで因果律すなわち $c(t-t')>|x-x'|$ でのみ G が0でないようにするには，(5.5.12)の積分を図5.6の積分路 R をとらせればよい．なぜなら上半面で積分路 C を加えて閉じると，C 上での積分が近似的に

$$\int\frac{-c}{4\pi i\omega}\frac{e^{-ikx}e^{-ik(a-x')}}{e^{-ika}}e^{-i\omega(t-t')}d\omega=\int\frac{-c}{4\pi i\omega}e^{-i\omega(t-t')-i\omega(x-x')/c}d\omega$$

$$(x'>x;\ x'\leftrightarrow x)$$

となるので，$|x-x'|>c(t-t')$ では0となるからである．かくして例えば $t=0$ で平衡の位置に静止していた両端を固定した弦に源泉 $\rho(x,t)$ を働かした場合の変位分布は

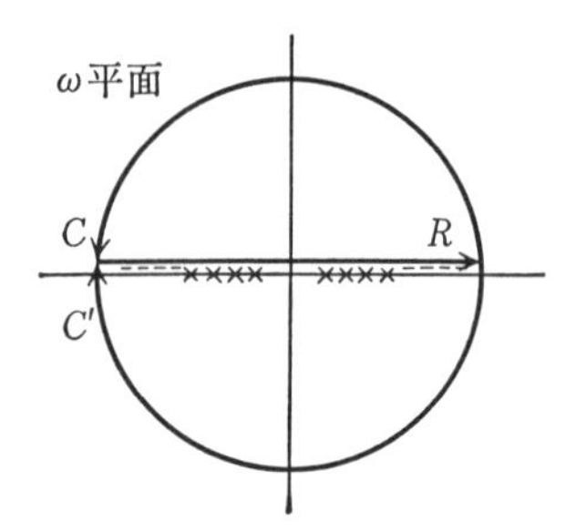

図5.6

$$D(x,t)=\int_0^t dt'\int_R dk\frac{-c}{2\pi k\sin ka}e^{-ikc(t-t')}$$
$$\times\left\{\int_0^x \sin k(x-a)\sin kx'\rho(x',t')dx'\right.$$
$$\left.+\int_x^a \sin kx\sin k(x'-a)\rho(x',t')dx'\right\} \quad (5.5.16)$$

で表わされる．

いまこの解を Green 関数にこだわらずに始めから Fourier 級数展開で求めてみよう．両端の変位(ここでは 0)を与えているから適当な展開は $\left\{\sin\frac{n\pi x}{a}\right\}$ によるものである*.

$$D_n(t)=\int_0^a \sin\frac{n\pi x}{a}D(x,t)dx \qquad (5.5.17)$$

に対する方程式は

$$\left\{\frac{1}{c^2}\frac{d^2}{dt^2}+\left(\frac{n\pi}{a}\right)^2\right\}D_n(t)=\rho_n(t)\equiv\int_0^a \sin\frac{n\pi x}{a}\rho(x,t)dx \qquad (5.5.18)$$

である．前述の初期条件に対する解は

$$D_n(t)=\frac{ca}{n\pi}\int_0^t \sin\frac{n\pi c(t-t')}{a}\rho_n(t')dt' \qquad (5.5.19)$$

であり，これを用いて

$$D(x,t)=\frac{2}{a}\sum_{n=1}^{\infty}D_n(t)\sin\frac{n\pi x}{a}$$
$$=\frac{2c}{n\pi}\sum_{n=1}^{\infty}\int_0^t \sin\frac{n\pi c(t-t')}{a}\int_0^a \sin\frac{n\pi x'}{a}\rho(x',t')dx'dt'\sin\frac{n\pi x}{a} \qquad (5.5.20)$$

と表わされる．

---

*　文献(9).

(5.5.20)と(5.5.16)とが一致することを示しておこう．(5.5.16)のk積分を図5.6の下半面の積分路C'をつけ加えることによって計算すると，極$k=n\pi/a\,(n=\pm 1, \pm 2, \cdots)$での留数

$$\frac{-ac}{2\pi^2 n} e^{-ic(t-t')n\pi/a} \frac{(-1)^n}{a} \int_0^a (-1)^n \sin\frac{n\pi x}{a} \sin\frac{n\pi x'}{a} \rho(x', t') dx'$$

を用いることによって(5.5.20)が得られる．さて(5.5.16)と(5.5.20)とをくらべると，(5.5.16)はあまり簡単ではないkについての積分が残り，(5.5.20)は無限級数が残る．どちらがより適当な表現であるかは与えられた$\rho(x,t)$によるであろう．しかし一般的にいってGreen関数にこだわらずに始めからFourier級数展開で求める方が初等的であって，誤りをおかす危険性が少ないであろう．

第6章　Laplace 方程式

§6.1　境界のないとき

a)　多重極ポテンシャル

誘電率 ε の一様な誘電体中に電荷分布 $\rho(\boldsymbol{r})$ が与えられているとき，これによって生ずる静電ポテンシャル $\phi(\boldsymbol{r})$ の充たす方程式は (A. 4. 41)

$$\Delta\phi(\boldsymbol{r}) = -\frac{1}{\varepsilon}\rho(\boldsymbol{r}) \tag{6. 1. 1}$$

である．いま $r\to\infty$ で 0 となる境界条件で解く場合には Green 関数(3. 2. 19)

$$G(\boldsymbol{r}-\boldsymbol{r}') = \frac{1}{4\pi|\boldsymbol{r}-\boldsymbol{r}'|} \tag{6. 1. 2}$$

を用いればよい．解の表現(2. 1. 8)から

$$\phi(\boldsymbol{r}) = \frac{1}{4\pi\varepsilon}\int\frac{1}{|\boldsymbol{r}-\boldsymbol{r}'|}\rho(\boldsymbol{r}')d\boldsymbol{r}' \tag{6. 1. 3}$$

と書ける．

電荷分布がある有界な領域に限られていると仮定して，その領域に較べて充分遠方にある点 $\boldsymbol{r}$ での静電ポテンシャルを求めるには(6. 1. 3)の積分で $r>r'$ としてよい．Green 関数の表現として(3. 2. 37)を用いると

$$\phi(\boldsymbol{r}) = \frac{1}{4\pi\varepsilon}\sum_{n=0}^{\infty}\frac{1}{r^{n+1}}\sum_{m=-n}^{n}\frac{(n-m)!}{(n+m)!}P_n{}^m(\cos\theta)e^{im\varphi}$$
$$\times\int r'^n P_n{}^m(\cos\theta')e^{-im\varphi'}\rho(\boldsymbol{r}')d\boldsymbol{r}' \tag{6. 1. 4}$$

と書ける．この $n=0, 1, 2, \cdots$ に対する $\boldsymbol{r}'$ の積分が，それぞれ，

全電荷

$$Q = \int \rho(\boldsymbol{r}')d\boldsymbol{r}' \tag{6.1.5}$$

双極子能率(dipole moment)

$$\boldsymbol{d} = \int \boldsymbol{r}\rho(\boldsymbol{r})d\boldsymbol{r} \tag{6.1.6}$$

4重極子能率(quadrupole moment)

$$Q_{\alpha\beta} = \int \left\{r_\alpha r_\beta - \frac{1}{3}r^2\delta_{\alpha\beta}\right\}\rho(\boldsymbol{r})d\boldsymbol{r} \tag{6.1.7}$$

などに対応することが

$$\left.\begin{aligned} rP_1{}^1(\cos\theta)e^{i\varphi} &= x+iy \\ rP_1{}^0(\cos\theta) &= z \\ rP_1{}^{-1}(\cos\theta)e^{-i\varphi} &= \frac{-1}{2}(x-iy) \end{aligned}\right\} \tag{6.1.8}$$

の1次結合で d_α が作られ,

$$\left.\begin{aligned} r^2P_2{}^2(\cos\theta)e^{2i\varphi} &= 3(x^2-y^2+2ixy), \\ r^2P_2{}^1(\cos\theta)e^{i\varphi} &= 3(x+iy)z \\ r^2P_2{}^0(\cos\theta) &= \frac{1}{2}(3z^2-r^2), \\ r^2P_2{}^{-1}(\cos\theta)e^{-i\varphi} &= \frac{-1}{2}(x-iy)z \\ r^2P_2{}^{-2}(\cos\theta)e^{-2i\varphi} &= (x^2-y^2-2ixy) \end{aligned}\right\} \tag{6.1.9}$$

の1次結合で $Q_{\alpha\beta}$ が作られることなどからわかる．これらの多重極子能率は座標原点のとり方に依存するが，それより低次の能率が0であれば原点のとり方にはよらない．たとえば，$Q=0$ であれば $\boldsymbol{d}$ は原点のとり方にはよらない．

これら n 重極によって作られるポテンシャルは r^{-n-1} で減少し，その角度依存性は $P_n{}^m(\cos\theta)e^{im\varphi}$ で表わされる．

b) 平面電荷分布

電荷分布が1平面($z=0$)上に集中しているとき，カルテシアン座標(x, y, z)，円筒座標(ρ, φ, z)，球座標(r, θ, φ)を用いて，それぞれ

$$\rho(\boldsymbol{r}) = \sigma_1(x, y)\delta(z) \tag{6.1.10}$$

$$= \sigma_2(\rho, \varphi)\delta(z) \tag{6.1.11*}$$

$$= \sigma_3(r, \varphi)\delta\left(\theta - \frac{\pi}{2}\right) = \sigma_3(r, \varphi)\delta(\cos\theta) \tag{6.1.12}$$

のように書き表わすことができる．この項では電荷分布のいくつかの形に対応してGreen関数のどのような表現を用いれば便利であるかを2,3の例で示そう．

第1の例として電荷が2線分$z=0, y=\pm b, -a<x<a$上に一様に分布している場合を考えよう．このときはカルテシアン座標を用いると便利である．(6.1.10)は

$$\rho(\boldsymbol{r}) = \sigma_0\theta(a-|x|)\{\delta(y-b)+\delta(y+b)\}\delta(z) \tag{6.1.13}$$

となるから，(6.1.3)に代入してy', z'の積分を実行したのち

$$\begin{aligned}\phi(\boldsymbol{r}) &= \frac{\sigma_0}{4\pi\varepsilon}\int_{-a}^{a}\left\{\frac{1}{\sqrt{(x-x')^2+(y-b)^2+z^2}}\right.\\ &\qquad\left.+\frac{1}{\sqrt{(x-x')^2+(y+b)^2+z^2}}\right\}dx'\\ &= \frac{\sigma_0}{4\pi\varepsilon}\ln\left|\frac{a-x+\sqrt{(a-x)^2+(y-b)^2+z^2}}{-a-x+\sqrt{(a+x)^2+(y-b)^2+z^2}}\right.\\ &\qquad\left.\times\frac{a-x+\sqrt{(a-x)^2+(y+b)^2+z^2}}{-a-x+\sqrt{(a+x)^2+(y+b)^2+z^2}}\right|\end{aligned} \tag{6.1.14}$$

* 円筒座標を用いる場合に座標ρと源泉$\rho(\boldsymbol{r})$を同じ文字で表わしている．誤解のおそれは少ないと思うが，座標を表わすρのあとには$\rho(\cdots)$のような括弧は避けた．すなわち$\rho(\cdots)$という場合はすべて関数を表わす．逆に源泉は常に引数を略さずに書いた．

が得られる．特に $a\to\infty$ とすると

$$\phi(\boldsymbol{r}) = \frac{\sigma_0}{4\pi\varepsilon}\ln\left|\frac{\{a+\sqrt{(x-a)^2+(y-b)^2+z^2}\}^2-x^2}{(y-b)^2+z^2}\right.$$

$$\left.\times\frac{\{a+\sqrt{(x-a)^2+(y+b)^2+z^2}\}^2-x^2}{(y+b)^2+z^2}\right|$$

$$\to\frac{\sigma_0}{2\pi\varepsilon}\ln(2a)^2-\frac{\sigma_0}{2\pi\varepsilon}\{\ln\sqrt{(y-b)^2+z^2}+\ln\sqrt{(y+b)^2+z^2}\} \tag{6.1.15}$$

となり，定数項を除いて2次元の Green 関数(3.2.18)を用いて得られる結果と一致する．

第2の例として円板上に電荷が分布している場合を考えよう．この場合は球座標と円筒座標のどちらを用いてもそれぞれに便利である．(6.1.11)(6.1.12)の代りに

$$\rho(\boldsymbol{r}) = \sigma_2(\rho,\varphi)\theta(a-\rho)\delta(z) = \sigma_3(r,\varphi)\theta(a-r)\delta(\cos\theta) \tag{6.1.16}$$

*

と書く．Green 関数の表現(3.2.37)を用いると，(6.1.3)は

$$\phi(\boldsymbol{r}) = \frac{1}{4\pi\varepsilon}\sum_{n=0}^{\infty}\sum_{m=0}^{n}\epsilon_m\frac{(n-m)!}{(n+m)!}P_n{}^m(\cos\theta)\int P_n{}^m(\cos\theta')\cos m(\varphi-\varphi')$$

$$\times\left\{\frac{r'^n}{r^{n+1}}\theta(r-r')+\frac{r^n}{r'^{n+1}}\theta(r'-r)\right\}$$

$$\times\sigma_3(r',\varphi')\theta(a-r')\delta(\cos\theta')r'^2\sin\theta' dr'd\theta'd\varphi'$$

$$=\frac{1}{4\pi\varepsilon}\sum_{n=0}^{\infty}\sum_{m=0}^{n}\epsilon_m\frac{(n-m)!}{(n+m)!}P_n{}^m(\cos\theta)P_n{}^m(0)$$

$$\times\int_0^a dr'\int_0^{2\pi}d\varphi'\cos m(\varphi-\varphi')\sigma_3(r',\varphi')$$

＊　球座標を用いる場合に座標 θ と階段関数 θ を同じ文字で表わしている．慣用的に用いられているので理解を助けると考えたからであるが，誤解を避けるために座標を表わす θ のあとには $\theta(\cdots)$ のような括弧は避けた．すなわち $\theta(\cdots)$ という場合はすべて θ 関数を表わす．

$$\times\left\{\frac{r'^{n+2}}{r^{n+1}}\theta(r-r')+\frac{r^n}{r'^{n-1}}\theta(r'-r)\right\} \tag{6.1.17}$$

となる．特に軸対称のとき，すなわち σ_3 が φ' によらなければ

$$\phi(\boldsymbol{r})=\frac{1}{2\varepsilon}\sum_{n=0}^{\infty}P_n(0)P_n(\cos\theta)\left\{\int_0^r\sigma_3(r')\frac{r'^{n+2}}{r^{n+1}}dr'+\int_r^a\sigma_3(r')\frac{r^n}{r'^{n-1}}dr'\right\} \tag{6.1.18}$$

となる．さらに分布が半径 b の円輪に集中して $\sigma_3(r')=\sigma_0\delta(r'-b)$ であれば

$$\phi(\boldsymbol{r})=\frac{\sigma_0}{2\varepsilon}\sum_{n=0}^{\infty}P_n(0)P_n(\cos\theta)\left\{\frac{b^{n+2}}{r^{n+1}}\theta(r-b)+\frac{r^n}{b^{n-1}}\theta(b-r)\right\} \tag{6.1.19}$$

が得られる．

一方，この例を Green 関数の表現(3.2.40)(3.2.41)を用いて書くと

$$\begin{aligned}\phi(\boldsymbol{r})&=\frac{1}{4\pi\varepsilon}\int d\boldsymbol{r}'\int_0^\infty d\lambda\, e^{-\lambda|z-z'|}J_0(\lambda|\boldsymbol{\rho}-\boldsymbol{\rho}'|)\sigma_2(\rho',\varphi')\theta(a-\rho')\delta(z')\\&=\frac{1}{4\pi\varepsilon}\int_0^\infty d\lambda\int_0^a d\rho'\int_0^{2\pi}d\varphi'\rho'\sum_{m=0}^{\infty}\epsilon_m J_m(\lambda\rho)J_m(\lambda\rho')\\&\quad\times\cos m(\varphi-\varphi')e^{-\lambda|z|}\sigma_2(\rho',\varphi')\end{aligned} \tag{6.1.20}$$

となる．特に上述のように軸対称すなわち σ_2 が φ' によらなければ

$$\phi(\boldsymbol{r})=\frac{1}{2\varepsilon}\int_0^\infty d\lambda\int_0^a d\rho' J_0(\lambda\rho)e^{-\lambda|z|}\rho'\sigma_2(\rho')J_0(\lambda\rho') \tag{6.1.21}$$

となる．さらに特別な場合として一様な電荷 $\sigma_2(\rho')=\sigma_0$ と半径 b の円輪に集中した電荷 $\sigma_2(\rho)=\sigma_0\delta(\rho-b)$ を考えよう．一様電荷のときは(D.19)を用いて

$$\phi(\boldsymbol{r})=\frac{\sigma_0}{2\varepsilon}\int_0^\infty J_0(\lambda\rho)e^{-\lambda|z|}\frac{a}{\lambda}J_1(\lambda a)d\lambda \qquad (6.1.22)$$

と表わせ，円輪電荷のときは

$$\phi(\boldsymbol{r})=\frac{\sigma_0 b}{2\varepsilon}\int_0^\infty J_0(\lambda\rho)e^{-\lambda|z|}J_0(\lambda b)d\lambda \qquad (6.1.23)$$

と表わせる．

この第2の例に対する球座標と円筒座標の優劣は，$\boldsymbol{r}'$ についての積分の難易さや，解 $\phi(\boldsymbol{r})$ に対して着目したい性質，例えば r,θ 依存性とか ρ,z 依存性とかいうことから判断されるべきであり，一概には言えない．

c) 円筒面電荷分布

電荷が半径 a の円筒面上に分布しているとき

$$\rho(\boldsymbol{r})=\sigma(\varphi,z)\delta(\rho-a) \qquad (6.1.24)$$

と書ける．Green 関数の表現(3.2.41)を用いると

$$\phi(\boldsymbol{r})=\frac{1}{4\pi\varepsilon}\int_0^\infty d\lambda\sum_{m=0}^{\infty}\epsilon_m J_m(\lambda\rho)J_m(\lambda a)a \times\int e^{-\lambda|z-z'|}\cos m(\varphi-\varphi')\sigma(\varphi',z')d\varphi'dz' \qquad (6.1.25)$$

が得られる．特に軸対称のときは

$$\phi(\boldsymbol{r})=\frac{1}{2\varepsilon}\int_0^\infty d\lambda\int dz' J_0(\lambda\rho)J_0(\lambda a)ae^{-\lambda|z-z'|}\sigma(z') \qquad (6.1.26)$$

となる．

あるいは Green 関数の表現(3.2.39)を用いて

$$\phi(\boldsymbol{r})=\frac{1}{2\pi^2\varepsilon}\int_0^\infty d\lambda\int d\varphi'dz'\sum_{m=0}^{\infty}\epsilon_m\{I_m(\lambda\rho)K_m(\lambda a)\theta(a-\rho) +K_m(\lambda\rho)I_m(\lambda a)\theta(\rho-a)\}\cos m(\varphi-\varphi')\cos\lambda(z-z')\sigma(\varphi',z')a \qquad (6.1.27)$$

が得られる．特に軸対称のときは

$$\phi(\boldsymbol{r})=\frac{1}{\pi\varepsilon}\int_0^\infty d\lambda\int dz'\{I_0(\lambda\rho)K_0(\lambda a)\theta(a-\rho)+K_0(\lambda\rho)I_0(\lambda a)\theta(\rho-a)\}$$
$$\times\cos\lambda(z-z')\sigma(z')a \tag{6.1.28}$$

となる．(6.1.26)と(6.1.28)が一致することは

$$e^{-\lambda|z-z'|}=\frac{\lambda}{\pi}\int_{-\infty}^\infty e^{i(z-z')k}\frac{1}{k^2+\lambda^2}dk \tag{6.1.29}$$

と(D.37)を用いて示せる．さらに$\sigma(z)$が定数σ_0であるときは，(6.1.28)で(B.4)を用いて

$$\phi(\boldsymbol{r})=\frac{\sigma_0 a}{4\pi\varepsilon}\int_{-\infty}^\infty d\lambda\int dz'\{I_0(|\lambda|\rho)K_0(|\lambda|a)\theta(a-\rho)$$
$$+K_0(|\lambda|\rho)I_0(|\lambda|a)\theta(\rho-a)\}\{e^{i\lambda(z-z')}+e^{-i\lambda(z-z')}\}$$
$$=\frac{\sigma_0 a}{\varepsilon}\int_{-\infty}^\infty d\lambda\{I_0(\lambda\rho)K_0(|\lambda|a)\theta(a-\rho)+K_0(|\lambda|\rho)I_0(\lambda a)\theta(\rho-a)\}\delta(\lambda)$$
$$=-\frac{\sigma_0 a}{\varepsilon}\{\theta(\rho-a)\ln\rho+\theta(a-\rho)\ln a\}+\text{定数項}) \tag{6.1.30}$$

が得られる．これは2次元の問題として，Green関数の表現(3.2.43)を用いても得られる．

d) 球面電荷分布

いま半径aの球殻の一部または全部に電荷分布

$$\rho(\boldsymbol{r})=\sigma(\theta,\varphi)\delta(r-a) \tag{6.1.31}$$

がある場合を考えよう．このときは疑いもなく球座標を用いるのが有効である．Green関数の表現(3.2.37)を用いると

$$\phi(\boldsymbol{r})=\frac{1}{4\pi\varepsilon}\sum_{n=0}^\infty\sum_{m=-n}^n\frac{(n-m)!}{(n+m)!}P_n{}^m(\cos\theta)e^{im\varphi}$$
$$\times\int\left\{\frac{r'^n}{r^{n+1}}\theta(r-r')+\frac{r^n}{r'^{n+1}}\theta(r'-r)\right\}$$
$$\times P_n{}^m(\cos\theta')e^{-im\varphi'}\sigma(\theta',\varphi')\delta(r'-a)d\boldsymbol{r}'$$

$$
\begin{aligned}
&= \frac{1}{4\pi\varepsilon}\sum_{n=0}^{\infty}\sum_{m=-n}^{n}\frac{(n-m)!}{(n+m)!}P_n{}^m(\cos\theta)e^{im\varphi} \\
&\quad \times\left\{\frac{a^{n+2}}{r^{n+1}}\theta(r-a)+\frac{r^n}{a^{n-1}}\theta(a-r)\right\} \\
&\quad \times\int_0^{\pi}\sin\theta' d\theta'\int_0^{2\pi}d\varphi' P_n{}^m(\cos\theta')e^{-im\varphi'}\sigma(\theta',\varphi')
\end{aligned}
\tag{6.1.32}
$$

となる．特に分布が軸対称すなわち φ' によらなければ

$$
\begin{aligned}
\phi(\boldsymbol{r}) &= \sum_{n=0}^{\infty}\frac{P_n(\cos\theta)}{2\varepsilon}\left\{\frac{a^{n+2}}{r^{n+1}}\theta(r-a)+\frac{r^n}{a^{n-1}}\theta(a-r)\right\} \\
&\quad \times\int_0^{\pi}\sigma(\theta')P_n(\cos\theta')\sin\theta' d\theta'
\end{aligned}
\tag{6.1.33}
$$

である．さらに一様電荷 $\sigma(\theta')=\sigma_0$ の場合には

$$
\phi(\boldsymbol{r}) = \frac{a^2\sigma_0}{\varepsilon}\left\{\frac{1}{r}\theta(r-a)+\frac{1}{a}\theta(a-r)\right\}
$$

となり，球外では原点に全電荷 $4\pi a^2\sigma_0$ が集中したときのポテンシャルというよく知られた結果となる．

§6.2　平面境界

a)　ポテンシャルの境界値問題

誘電率 ε の一様な領域 $z>0$ を考え，電荷分布と境界上でのポテンシャルが与えられたときの静電ポテンシャル $\phi(\boldsymbol{r})$ を求めよう．これは方程式

$$
\Delta\phi(\boldsymbol{r}) = -\frac{1}{\varepsilon}\rho(\boldsymbol{r}) \tag{6.2.1}
$$

を，境界条件

$$
\phi(x,y,0) = f(x,y) \tag{6.2.2}
$$

を与えて解く問題である．

$z=0$ で Dirichlet 境界条件を充たす(6.2.1)に対する Green 関数は，$\boldsymbol{r}'(x', y', z')$ の鏡像を $\boldsymbol{r}_1'(x', y', -z')$ と書いて(5.2.1)に従って

$$G(\boldsymbol{r}, \boldsymbol{r}') = \frac{1}{4\pi}\frac{1}{|\boldsymbol{r}-\boldsymbol{r}'|} - \frac{1}{4\pi}\frac{1}{|\boldsymbol{r}-\boldsymbol{r}_1'|} \tag{6.2.3}$$

である．

$$\left.\frac{\partial G(\boldsymbol{r}, \boldsymbol{r}')}{\partial z'}\right|_{z'=0} = \frac{z}{2\pi\{(x-x')^2+(y-y')^2+z^2\}^{3/2}}$$

であるから，解の表現(2.1.8)から

$$\begin{aligned}\phi(\boldsymbol{r}) = &\frac{1}{2\pi}\int\frac{zf(x', y')dx'dy'}{\{(x-x')^2+(y-y')^2+z^2\}^{3/2}}\\ &+\frac{1}{4\pi\varepsilon}\int\left\{\frac{1}{|\boldsymbol{r}-\boldsymbol{r}'|}-\frac{1}{|\boldsymbol{r}-\boldsymbol{r}_1'|}\right\}\rho(\boldsymbol{r}')d\boldsymbol{r}'\end{aligned} \tag{6.2.4}$$

が得られる．

特に $z=0$ が完全導体面であれば，そこで $\phi(\boldsymbol{r})=0$ にとると(6.2.4)の第2項のみとなる．

境界値 $f(x, y)$ が円筒座標で $f(\rho)$ のように ρ だけの関数であれば，Green 関数の表現(5.3.4)で Dirichlet 条件に対応するもので $k=0$ とおいた

$$\begin{aligned}G(\boldsymbol{r}, \boldsymbol{r}') = &\frac{1}{4\pi}\sum_{m=0}^{\infty}\epsilon_m\cos m(\varphi-\varphi')\\ &\times\int_0^\infty J_m(\lambda\rho)J_m(\lambda\rho')\{e^{-\lambda|z-z'|}-e^{-\lambda|z+z'|}\}d\lambda\end{aligned} \tag{6.2.5}$$

を用いて，源泉が0の場合の解が

$$\begin{aligned}\phi(\boldsymbol{r}) &= -\int d\boldsymbol{\rho}'\phi(\boldsymbol{r}')\boldsymbol{n}\cdot\nabla' G(\boldsymbol{r}, \boldsymbol{r}')\Big|_{z'=0}\\ &= \int_0^\infty \rho' d\rho' \int_0^{2\pi} d\varphi' f(\rho')\end{aligned}$$

$$\times \frac{1}{2\pi}\sum_{m=0}^{\infty}\epsilon_m \cos m(\varphi-\varphi')\int_0^{\infty} d\lambda\, \lambda J_m(\lambda\rho)J_m(\lambda\rho')e^{-\lambda z}$$

$$=\int_0^{\infty}\lambda J_0(\lambda\rho)e^{-\lambda z}\int_0^{\infty}\rho' f(\rho')J_0(\lambda\rho')d\rho' d\lambda$$

と書ける．$z=+0$ とすると左辺は $f(\rho)$ となるので，これは Fourier–Bessel の積分定理に他ならない．

b)　流体の流入

平面壁($z=0$)にあけられたすき間Sを通して，垂直方向に完全流体が $z>0$ の領域に流入する場合を考える．渦なし流と考えてよいから，速度ポテンシャル $\phi(\boldsymbol{r})$ の充たす方程式(A. 2. 4)

$$\Delta\phi(\boldsymbol{r}) = 0 \tag{6.2.6}$$

を境界条件

$$-\left.\frac{\partial\phi(\boldsymbol{r})}{\partial z}\right|_{z=0} = v(x, y) = \boldsymbol{n}\cdot\nabla\phi(\boldsymbol{r})\Big|_{z=0} \tag{6.2.7}$$

を与えて解く問題である．

$z=0$ で Neumann 境界条件を充たす(6. 2. 6)に対する Green 関数は，(5. 2. 3)に従って

$$G(\boldsymbol{r}, \boldsymbol{r}') = \frac{1}{4\pi}\frac{1}{|\boldsymbol{r}-\boldsymbol{r}'|}+\frac{1}{4\pi}\frac{1}{|\boldsymbol{r}-\boldsymbol{r}_1'|} \tag{6.2.8}$$

である．これを用いて，解の表現(2. 1. 8)から

$$\phi(\boldsymbol{r}) = \frac{1}{2\pi}\int\frac{v(x', y')dx'dy'}{\sqrt{(x-x')^2+(y-y')^2+z^2}} \tag{6.2.9}$$

が得られる．

特に充分細いスリットに一定速度 v_0 で流入するとき，すなわち

$$v(x, y) \simeq v_0\theta(a-|x|)\delta(y) \tag{6.2.10}$$

のときには，(6. 2. 9)は

$$\phi(\boldsymbol{r})=\frac{v_0}{2\pi}\int_{-a}^{a}\frac{dx'}{\sqrt{(x-x')^2+y^2+z^2}}$$
$$=\frac{v_0}{2\pi}\ln\left|\frac{a-x+\sqrt{(a-x)^2+y^2+z^2}}{-a-x+\sqrt{(a+x)^2+y^2+z^2}}\right| \qquad (6.2.11)$$

となる．これは線分上に一様な電荷がある場合の静電ポテンシャルと同型であることが(6.1.14)と比較することによってわかる．

スリットの長さが充分長ければ，(6.2.11)で $a\to\infty$ として

$$\phi(\boldsymbol{r})=-\frac{v_0}{\pi}\ln\sqrt{y^2+z^2}+(\text{定数項}) \qquad (6.2.12)$$

となる．このとき x 方向については一様となるので，2次元の問題として取り扱える．そうすれば(3.2.18)(5.2.3)(2.1.8)を用いて(6.2.12)の右辺第1項が得られる．

有限の幅($b>y>-b$)の充分長いスリットを通して x 方向については一様であるように流入した場合でも2次元の問題として扱える．(y,z)平面に極座標(ρ,φ)をとると，$\boldsymbol{\rho}(\rho,\varphi)$点の直線 $z=0$ に対する鏡像は $\boldsymbol{\rho}_1(\rho,-\varphi)$ であるから，ふたたび(3.2.18)(5.2.3)(2.1.8)を用いて

$$\phi(\boldsymbol{\rho})=\frac{-1}{\pi}\int_0^b d\rho'\{v(\rho',0)\ln|\boldsymbol{\rho}-\boldsymbol{\rho}'|_{\varphi'=0}+v(\rho',\pi)\ln|\boldsymbol{\rho}-\boldsymbol{\rho}'|_{\varphi'=\pi}\} \qquad (6.2.13)$$

と書ける．$\rho>b$ の領域では(3.2.43)を用いて

$$\phi(\boldsymbol{\rho})=\frac{-1}{\pi}\int_0^b d\rho'\Big[\{v(\rho',0)+v(\rho',\pi)\}\ln\rho$$
$$-\sum_{n=1}^{\infty}\{v(\rho',0)+(-1)^n v(\rho',\pi)\}\frac{1}{n}\left(\frac{\rho'}{\rho}\right)^n\cos n\varphi\Big] \qquad (6.2.14)$$

となる．

円孔の開口部に一様な速度で流入するとき，すなわち円筒座標

(ρ, φ, z) を用いて

$$v(x, y) = v_0\theta(a-\rho)$$

の場合を考えよう．このとき用いるべき Green 関数は，(5.3.4) で Neumann 条件に対応するようにパラメターをとり，$k=0$ とおいた

$$G(\boldsymbol{r}, \boldsymbol{r}') = \frac{1}{4\pi}\sum_{m=0}^{\infty}\epsilon_m \cos m(\varphi-\varphi')\int_0^{\infty} J_m(\lambda\rho)J_m(\lambda\rho') \times \{e^{-\lambda|z-z'|}+e^{-\lambda|z+z'|}\}d\lambda \qquad (6.2.15)$$

である．(2.1.8) にこの Green 関数を用いて計算すると，

$$\begin{aligned}\phi(\boldsymbol{r}) &= \int d\boldsymbol{\rho}' v(\boldsymbol{\rho}')G(\boldsymbol{r}, \boldsymbol{r}')\Big|_{z'=0} \\ &= v_0\int_0^{\infty} J_0(\lambda\rho)e^{-\lambda z}\int_0^a \rho' J_0(\lambda\rho')d\rho' d\lambda \\ &= av_0\int_0^{\infty} J_0(\lambda\rho)J_1(\lambda a)e^{-\lambda z}\frac{d\lambda}{\lambda} \qquad (6.2.16)\end{aligned}$$

が得られる．これはまた (6.2.9) において (3.2.41) を用いたと考えてもよい．

風呂の釜のように，中心が b だけ離れた 2 つの円孔開口部があり，1 つから一様な速度で流入させ他方から流出させると，図 6.1 のように 2 円孔の中心の中点をあらためてカルテシアン座標の原

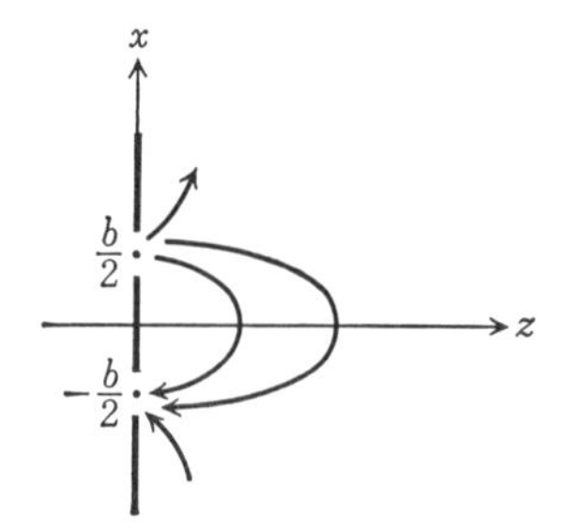

図 6.1

点にとりなおして，(6.2.16)から

$$\phi(\boldsymbol{r}) = av_0\int_0^\infty \frac{d\lambda}{\lambda}J_1(\lambda a)e^{-\lambda z}$$
$$\times\left\{J_0\left(\lambda\sqrt{\left(x-\frac{b}{2}\right)^2+y^2}\right)-J_0\left(\lambda\sqrt{\left(x+\frac{b}{2}\right)^2+y^2}\right)\right\} \tag{6.2.17}$$

となる.

c) 2誘電体

平面 $z=0$ で2つのそれぞれ一様な誘電体が接していて，領域I ($z>0$) に電荷分布がある場合の静電ポテンシャルを求めよう．これは方程式

$$\left.\begin{aligned} \Delta\phi_{\rm I}(\boldsymbol{r}) &= -\frac{1}{\varepsilon_1}\rho(\boldsymbol{r}) \qquad (z>0) \\ \Delta\phi_{\rm II}(\boldsymbol{r}) &= 0 \qquad (z<0) \end{aligned}\right\} \tag{6.2.18}$$

を，境界条件(A.4.9)(A.4.10)

$$\left.\begin{aligned} \phi_{\rm I}(\boldsymbol{r}) &= \phi_{\rm II}(\boldsymbol{r}) \qquad (z=0) \\ \varepsilon_1\frac{\partial\phi_{\rm I}(\boldsymbol{r})}{\partial z} &= \varepsilon_2\frac{\partial\phi_{\rm II}(\boldsymbol{r})}{\partial z} \qquad (z=0) \end{aligned}\right\} \tag{6.2.19}$$

を与えて解く問題である.

この種の問題を解くのによく用いられる考え方は，領域Iにおける解を任意係数あるいは任意関数を含んだGreen関数を用いて書き表わし，領域IIの解をGreen関数の知識から得られる任意係数または任意関数を含んだ同次方程式の解で表わす，そして両者の任意係数や任意関数を境界条件を充たすように定める，という手続きである．まずIにおけるGreen関数を c_1 を未定係数として

$$G(\boldsymbol{r},\boldsymbol{r}') = \frac{1}{4\pi|\boldsymbol{r}-\boldsymbol{r}'|}+\frac{c_1}{4\pi|\boldsymbol{r}-\boldsymbol{r}_1'|} \tag{6.2.20}$$

としよう．これを用いると領域Iでの解は

$$\phi_{\mathrm{I}}(\boldsymbol{r}) = \frac{1}{4\pi\varepsilon_1}\int_{\mathrm{I}}\left\{\frac{1}{\sqrt{(x-x')^2+(y-y')^2+(z-z')^2}}\right.$$
$$\left.+\frac{c_1}{\sqrt{(x-x')^2+(y-y')^2+(z+z')^2}}\right\}\rho(\boldsymbol{r}')d\boldsymbol{r}' \tag{6.2.21}$$

となる．領域IIにおいては

$$\phi_{\mathrm{II}}(\boldsymbol{r}) = \frac{1}{4\pi\varepsilon_2}\int_{\mathrm{I}}\frac{c_2}{\sqrt{(x-x')^2+(y-y')^2+(z-z')^2}}\rho(\boldsymbol{r}')d\boldsymbol{r}' \tag{6.2.22}$$

が解となることが $z-z'\neq 0$ であることからわかる．境界 $z=0$ で条件(6.2.19)が充たされるためには

$$\frac{1+c_1}{\varepsilon_1} = \frac{c_2}{\varepsilon_2}, \qquad 1-c_1 = c_2 \tag{6.2.23}$$

であればよいから

$$c_1 = \frac{\varepsilon_1-\varepsilon_2}{\varepsilon_1+\varepsilon_2}, \qquad c_2 = \frac{2\varepsilon_2}{\varepsilon_1+\varepsilon_2} \tag{6.2.24}$$

が求める値である．

特に $(0, 0, a)$ 点に点電荷 e があったときには，これは領域Iでは点電荷 e と鏡像の点 $(0, 0, -a)$ に $(\varepsilon_1-\varepsilon_2)e/(\varepsilon_1+\varepsilon_2)$ という点電荷があると考えたときの静電場であり，領域IIでは $(0, 0, a)$ 点に $2\varepsilon_2 e/(\varepsilon_1+\varepsilon_2)$ の点電荷があると考えたときの静電場である．

d)　導体内の静電場

充分厚い導体の境界面の l だけ離れた2点に正と負の電極をつけて，一定の電流 I が流れるようにしたときの導体内の静電場を考えよう．

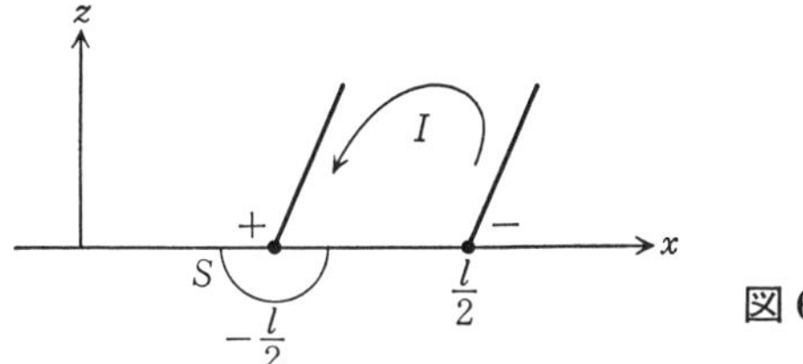

図 **6.2**

まず電極の影響を境界条件として取り扱う．図 6.2 のように導体($z<0$)の表面の点$(-l/2, 0, 0)$に正極が，点$(l/2, 0, 0)$に負極がつくと，定常電流保存則と(A. 4. 7)から

$$\frac{\partial\phi(\boldsymbol{r})}{\partial z} = -E_z(\boldsymbol{r}) = -\frac{j_z(\boldsymbol{r})}{\sigma}$$

$$= \frac{I}{\sigma}\delta(y)\left\{\delta\left(x+\frac{l}{2}\right)-\delta\left(x-\frac{l}{2}\right)\right\} \quad (z=0) \quad (6.2.25)$$

が成立する．導体内($z<0$)には外部起電力はないとしてよいから，(A. 4. 44)は

$$\Delta\phi(\boldsymbol{r}) = 0 \quad (6.2.26)$$

となる．境界条件(6. 2. 25)に対する，方程式(6. 2. 26)の Green 関数は，点 $\boldsymbol{r}(x, y, z)$ の鏡像を $\boldsymbol{r}_1(x, y, -z)$ として

$$G(\boldsymbol{r}, \boldsymbol{r}') = \frac{1}{4\pi|\boldsymbol{r}-\boldsymbol{r}'|} + \frac{1}{4\pi|\boldsymbol{r}-\boldsymbol{r}_1'|} \quad (6.2.27)$$

である．これを用いて(2. 1. 8)から

$$\phi(\boldsymbol{r}) = \frac{I}{2\pi\sigma\sqrt{(x+l/2)^2+y^2+z^2}} - \frac{I}{2\pi\sigma\sqrt{(x-l/2)^2+y^2+z^2}} \quad (6.2.28)$$

が得られる．

つぎに少し人為的ではあるが，電極を表面からわずかに内側にある外部起電力として取り扱ってみよう．表面では定常電流保存則から

$$\frac{\partial\phi(\boldsymbol{r})}{\partial z}=0 \qquad (z=0) \tag{6.2.29}$$

が成立する．正の電極のまわりに，図6.2のように半球Sをとると，(A.4.44)から

$$\begin{aligned}I&=\int_S \boldsymbol{j}\cdot\boldsymbol{n}dS=-\sigma\int_S \boldsymbol{n}\cdot\nabla\phi(\boldsymbol{r})dS\\&=-\sigma\int_V \Delta\phi(\boldsymbol{r})d\boldsymbol{r}=-\sigma\int_V \nabla\cdot E_{\mathrm{ex}}(\boldsymbol{r})d\boldsymbol{r}\end{aligned} \tag{6.2.30}$$

となる．したがって

$$\nabla\cdot E_{\mathrm{ex}}(\boldsymbol{r})=-\frac{I}{\sigma}\left\{\delta\left(x+\frac{l}{2}\right)-\delta\left(x-\frac{l}{2}\right)\right\}\delta(y)\delta(z+0) \tag{6.2.31}$$

と考えればよい．かくして方程式

$$\Delta\phi(\boldsymbol{r})=-\frac{I}{\sigma}\left\{\delta\left(x+\frac{l}{2}\right)-\delta\left(x-\frac{l}{2}\right)\right\}\delta(y)\delta(z+0) \tag{6.2.32}$$

を境界条件(6.2.29)のもとに解く問題となり，Green 関数(6.2.27)を用いて同じ結果(6.2.28)が得られる．

§6.3　円筒面境界

a)　誘電体円柱と点電荷

誘電率ε_1，半径aの充分長い円柱誘電体が誘電率ε_2の空間におかれているとする(図6.3)．軸上に点電荷eがあったときの静電場を求めてみよう．これは方程式(A.4.41)

$$\left.\begin{aligned}&\Delta\phi_{\mathrm{I}}(\boldsymbol{r})=-\frac{e}{\varepsilon_1}\delta(\boldsymbol{\rho})\delta(z) &&(\rho=\sqrt{x^2+y^2}<a)\\&\Delta\phi_{\mathrm{II}}(\boldsymbol{r})=0 &&(\rho>a)\end{aligned}\right\} \tag{6.3.1}$$

を，境界条件(A. 4. 9)(A. 4. 10)

$$\left.\begin{aligned}\phi_{\mathrm{I}}(\boldsymbol{r}) &= \phi_{\mathrm{II}}(\boldsymbol{r}) && (\rho=a)\\ \varepsilon_1\frac{\partial\phi_{\mathrm{I}}(\boldsymbol{r})}{\partial\rho} &= \varepsilon_2\frac{\partial\phi_{\mathrm{II}}(\boldsymbol{r})}{\partial\rho} && (\rho=a)\end{aligned}\right\} \tag{6. 3. 2}$$

を与えて解く問題である.

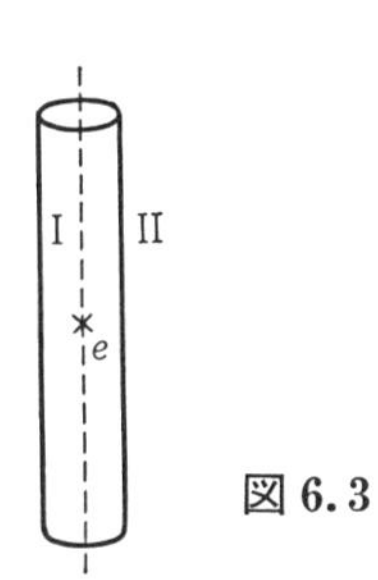

図 6.3

この問題を解くのに§6.2 c)で用いた方法をとろう．まず領域Iにおいては Green 関数の表現(3. 2. 38)と同次方程式の解(5. 3. 26)を用いて，Green 関数として

$$\frac{2}{\pi}\int_0^\infty \cos\lambda(z-z')\{K_0(\lambda|\boldsymbol{\rho}-\boldsymbol{\rho}'|)+F_1(\lambda)I_0(\lambda|\boldsymbol{\rho}-\boldsymbol{\rho}'|)\}\,d\lambda \qquad (\rho<a) \tag{6. 3. 3}$$

を考えよう．これを用いると，解は

$$\phi_{\mathrm{I}}(\boldsymbol{r}) = \frac{2e}{\pi\varepsilon_1}\int_0^\infty \cos\lambda z\{K_0(\lambda\rho)+F_1(\lambda)I_0(\lambda\rho)\}\,d\lambda \qquad (\rho<a) \tag{6. 3. 4}$$

である．円柱外部では $\rho\neq 0$ であるから

$$\phi_{\mathrm{II}}(\boldsymbol{r}) = \frac{2e}{\pi\varepsilon_2}\int_0^\infty \cos\lambda z\, F_2(\lambda)K_0(\lambda\rho)\,d\lambda \qquad (\rho>a) \tag{6. 3. 5}$$

が同次方程式の解であることがわかる．(6. 3. 4)(6. 3. 5)が境界条

件(6.3.2)を充たすためには，(D.10)(D.11)(D.20)を用いて

$$\left.\begin{aligned}\frac{1}{\varepsilon_1}\{K_0(\lambda a)+F_1(\lambda)I_0(\lambda a)\} &= \frac{1}{\varepsilon_2}F_2(\lambda)K_0(\lambda a)\\ K_1(\lambda a)-F_1(\lambda)I_1(\lambda a) &= F_2(\lambda)K_1(\lambda a)\end{aligned}\right\} \tag{6.3.6}$$

であればよい．これを解くと

$$\left.\begin{aligned}F_1(\lambda) &= \frac{(\varepsilon_1-\varepsilon_2)K_1(\lambda a)K_0(\lambda a)}{\varepsilon_1 K_0(\lambda a)I_1(\lambda a)+\varepsilon_2 K_1(\lambda a)I_0(\lambda a)}\\ F_2(\lambda) &= \frac{\varepsilon_2(K_0(\lambda a)I_1(\lambda a)+K_1(\lambda a)I_0(\lambda a))}{\varepsilon_1 K_0(\lambda a)I_1(\lambda a)+\varepsilon_2 I_0(\lambda a)K_1(\lambda a)}\\ &= \frac{\varepsilon_2/\lambda a}{\varepsilon_1 K_0(\lambda a)I_1(\lambda a)+\varepsilon_2 I_0(\lambda a)K_1(\lambda a)}\end{aligned}\right\} \tag{6.3.7}$$

となる．かくして

$$\left.\begin{aligned}\phi_{\mathrm{I}}(\boldsymbol{r}) &= \frac{2e}{\pi\varepsilon_1}\int_0^\infty \cos\lambda(z-z')\\ &\quad\times\left\{K_0(\lambda\rho)+\frac{(\varepsilon_1-\varepsilon_2)K_1(\lambda a)K_0(\lambda a)I_0(\lambda\rho)}{\varepsilon_1 K_0(\lambda a)I_1(\lambda a)+\varepsilon_2 K_1(\lambda a)I_0(\lambda a)}\right\}d\lambda\\ \phi_{\mathrm{II}}(\boldsymbol{r}) &= \frac{2e}{\pi}\int_0^\infty \cos\lambda(z-z')\frac{K_0(\lambda\rho)}{\lambda a(\varepsilon_1 K_0(\lambda a)I_1(\lambda a)+\varepsilon_2 I_0(\lambda a)K_1(\lambda a))}d\lambda\end{aligned}\right\} \tag{6.3.8}$$

が求めるポテンシャルである．

b)　円柱内の定常温度分布

充分長いウランの円柱($\rho<a$)の内部で核分裂により単位断面積，単位時間あたり $q(\boldsymbol{\rho})$ の熱が発生しているとする．円柱の表面を冷却して 0°C に保つとき，定常的な温度分布を求めよう．円柱の軸方向には一様と考えてよいから 2 次元の問題として扱ってよい．したがって定常的な熱伝導方程式

$$\Delta_2 T(\boldsymbol{\rho}) = -\frac{1}{\lambda}q(\boldsymbol{\rho}) \tag{6.3.9}$$

を境界条件

$$T(a, \varphi) = 0 \tag{6.3.10}$$

のもとでの解を求めればよい．これは円の内部を対象とする Dirichlet 問題であるから，(5.3.47) で $A=0$ とおいた Green 関数

$$G(\boldsymbol{\rho}, \boldsymbol{\rho}') = \frac{1}{2\pi}\left\{\ln\frac{a}{\rho} - \sum_{n=1}^{\infty}\frac{1}{n}\left(\frac{\rho^n\rho'^n}{a^{2n}} - \frac{\rho'^n}{\rho^n}\right)\cos n(\varphi-\varphi')\right\}$$

$$(\rho>\rho';\ \rho\leftrightarrow\rho') \tag{6.3.11}$$

を用いると

$$\begin{aligned}T(\boldsymbol{\rho}) = \frac{1}{2\pi\lambda}\int_0^{2\pi}d\varphi'\Bigg[\int_0^{\rho}d\rho'\rho'\left\{\ln\frac{a}{\rho} - \sum_{n=1}^{\infty}\frac{1}{n}\left(\frac{\rho^n\rho'^n}{a^{2n}} - \frac{\rho'^n}{\rho^n}\right)\right.\\ \left.\times\cos n(\varphi-\varphi')\right\}q(\boldsymbol{\rho}') + \int_{\rho}^{a}d\rho'\rho'\left\{\ln\frac{a}{\rho'} - \sum_{n=1}^{\infty}\frac{1}{n}\left(\frac{\rho^n\rho'^n}{a^{2n}} - \frac{\rho^n}{\rho'^n}\right)\right.\\ \left.\times\cos n(\varphi-\varphi')\right\}q(\boldsymbol{\rho}')\Bigg]\end{aligned} \tag{6.3.12}$$

と書ける．$q(\boldsymbol{\rho}')$ が等方的で φ' によらなければ

$$T(\boldsymbol{\rho}) = \frac{1}{\lambda}\ln\frac{a}{\rho}\int_0^{\rho}q(\rho')\rho'd\rho' + \frac{1}{\lambda}\int_{\rho}^{a}\ln\frac{a}{\rho'}q(\rho')\rho'd\rho' \tag{6.3.13}$$

である．ここで $q(\rho)=q(\boldsymbol{\rho})$ と書いた．

§6.4 球面境界

a) 誘電体球と点電荷

誘電率 ε_1，半径 a の誘電体球が誘電率 ε_2 の媒質内にあるとき，球外の1点に点電荷 e が置かれたときの静電ポテンシャルを求めよう．これは方程式

$$\left.\begin{aligned}\Delta\phi_{\mathrm{I}}(\boldsymbol{r}) &= 0 & (r<a)\\ \Delta_{\mathrm{II}}\phi(\boldsymbol{r}) &= -\frac{e}{\varepsilon_1}\delta(\boldsymbol{r}-\boldsymbol{r}_0) & (r>a)\end{aligned}\right\} \tag{6.4.1}$$

を，境界条件

$$\left.\begin{aligned} &\phi_{\mathrm{I}}(\boldsymbol{r}) = \phi_{\mathrm{II}}(\boldsymbol{r}) && (r=a) \\ &\varepsilon_1\frac{\partial \phi_{\mathrm{I}}(\boldsymbol{r})}{\partial r} = \varepsilon_2\frac{\partial \phi_{\mathrm{II}}(\boldsymbol{r})}{\partial r} && (r=a) \end{aligned}\right\} \tag{6.4.2}$$

のもとに解く問題である.

この問題を解く基本的な考え方として，ふたたび§6.2 c)項の方法をとろう．すなわち領域Iで未定係数を含む同次方程式の解を作り，領域IIで未定係数を含む Green 関数を用いて非同次方程式の解を作る．つぎに境界条件(6.4.2)を充たすように未定係数を定めるのである.

$\boldsymbol{r}_0$ 点の座標を $\theta_0=0$ にとり，まず(5.3.34)を参考にして領域Iの解

$$\phi_{\mathrm{I}}(\boldsymbol{r}) = \frac{e}{4\pi\varepsilon_1}\sum_{n=0}^{\infty} c_n r^n P_n(\cos\theta) \tag{6.4.3}$$

をとろう．つぎに(3.2.36)と(5.3.35)を参考にして Green 関数

$$G(\boldsymbol{r},\boldsymbol{r}') = \frac{1}{4\pi}\sum_{n=0}^{\infty} P_n(\cos\gamma)\left\{\frac{r^n}{r'^{n+1}} + \frac{d_n}{r^{n+1}r'^{n+1}}\right\} \qquad (r'>r;\ r'\leftrightarrow r) \tag{6.4.4}$$

を用い，領域IIの解が

$$\begin{aligned} \phi_{\mathrm{II}}(\boldsymbol{r}) = \frac{e}{4\pi\varepsilon_2}\sum_{n=0}^{\infty} P_n(\cos\theta)\bigg\{&\left(\frac{r^n}{{r_0}^{n+1}} + \frac{d_n}{r^{n+1}{r_0}^{n+1}}\right)\theta(r_0-r) \\ &+\left(\frac{{r_0}^n}{r^{n+1}} + \frac{d_n}{r^{n+1}{r_0}^{n+1}}\right)\theta(r-r_0)\bigg\} \end{aligned} \tag{6.4.5}$$

と書ける．(6.4.3)(6.4.5)が境界条件(6.4.2)を充たすためには

$$\left.\begin{aligned} \frac{c_n a^n}{\varepsilon_1} &= \frac{a^n}{\varepsilon_2 {r_0}^{n+1}} + \frac{d_n}{\varepsilon_2 a^{n+1}{r_0}^{n+1}} \\ n c_n a^{n-1} &= \frac{n a^{n-1}}{{r_0}^{n+1}} - \frac{(n+1)d_n}{a^{n+2}{r_0}^{n+1}} \end{aligned}\right\} \tag{6.4.6}$$

であればよい．これらを解くと

$$c_n = \frac{(2n+1)\varepsilon_1}{\{\varepsilon_1 n + \varepsilon_2(n+1)\}{r_0}^{n+1}}, \qquad d_n = \frac{a^{2n+1}n(\varepsilon_2-\varepsilon_1)}{n\varepsilon_1+(n+1)\varepsilon_2} \tag{6.4.7}$$

が得られるので，解は

$$\left.\begin{aligned}\phi_{\mathrm{I}}(\boldsymbol{r}) &= \frac{e}{4\pi}\sum_{n=0}^{\infty}\frac{2n+1}{\{n\varepsilon_1+(n+1)\varepsilon_2\}}\frac{r^n}{{r_0}^{n+1}}P_n(\cos\theta)\\ \phi_{\mathrm{II}}(\boldsymbol{r}) &= \frac{e}{4\pi\varepsilon_2}\sum_{n=0}^{\infty}\left[\frac{r^n}{{r_0}^{n+1}}\theta(r_0-r)+\frac{{r_0}^n}{r^{n+1}}\theta(r-r_0)\right.\\ &\qquad \left.+\frac{a^{2n+1}n(\varepsilon_2-\varepsilon_1)}{\{n\varepsilon_1+(n+1)\varepsilon_2\}r^{n+1}{r_0}^{n+1}}\right]P_n(\cos\theta)\end{aligned}\right\} \tag{6.4.8}$$

となる．

特に $e{r_0}^{-2}$ を有限に保って $r_0\to\infty$ とすると，

$$\frac{-e}{4\pi\varepsilon_2{r_0}^2} = E_0 \tag{6.4.9}$$

とおいて

$$\left.\begin{aligned}\phi_{\mathrm{I}}(\boldsymbol{r}) &= -r_0E_0-\frac{3\varepsilon_2}{\varepsilon_1+2\varepsilon_2}E_0z\\ \phi_{\mathrm{II}}(\boldsymbol{r}) &= -r_0E_0-E_0z+\frac{\varepsilon_1-\varepsilon_2}{\varepsilon_1+2\varepsilon_2}\frac{E_0a^3z}{r^3}\end{aligned}\right\} \tag{6.4.10}$$

となる．これは定数項$(-r_0E_0)$を除きよく知られた一様な電場 E_0 のなかに誘電体球がおかれた場合の静電ポテンシャルである．

b) 一様流の中にある球

前項の議論によると，一様流 U を生みだすには，$\boldsymbol{r}_0$ 点に強さ q のわきだし点をとり，(6.4.9)に対応して

$$\frac{-q}{4\pi{r_0}^2} = U \tag{6.4.11}$$

を一定に保ちながら $r_0\to\infty$ とすればよい．このように考えると，問題は方程式

$$\Delta\phi(\boldsymbol{r}) = -q\delta(\boldsymbol{r}-\boldsymbol{r}_0) \tag{6.4.12}$$

を，球内に流体が入りこまないための境界条件

$$\frac{\partial \phi(\boldsymbol{r})}{\partial r} = 0 \qquad (r=a) \tag{6.4.13}$$

のもとで解けばよい．

方程式(6.4.12)の Neumann 境界条件が球面上で与えられたときの Green 関数は(5.3.36)で $B=0$ としたもの，すなわち

$$G(\boldsymbol{r}, \boldsymbol{r}') = \frac{1}{4\pi}\sum_{n=0}^{\infty} P_n(\cos\gamma)\left(\frac{r^n}{r'^{n+1}} + \frac{na^{2n+1}}{(n+1)r^{n+1}r'^{n+1}}\right)$$

$$(r'>r;\ r'\leftrightarrow r) \tag{6.4.14}$$

である．$\boldsymbol{r}_0$ 点の θ 座標を $\theta_0=0$ とすると，(6.4.14)(6.4.12)から

$$\phi(\boldsymbol{r}) = \lim_{r_0\to\infty}\sum_{n=0}^{\infty} P_n(\cos\theta)\left\{\frac{qr^n}{{r_0}^{n+1}} + \frac{qna^{2n+1}}{(n+1)r^{n+1}{r_0}^{n+1}}\right\}$$

$$= (\text{定数項}) - \left(1+\frac{a^3}{2r^3}\right)Uz \tag{6.4.15}$$

が得られる．これは(6.4.10)の ϕ_{II} で $\varepsilon_1=0$ とおいたものと同形であるが，境界条件(6.4.2)と(6.4.13)を比較すれば理解されるであろう．

c) 球内の定常温度分布

球内に発熱輪

$$q(\boldsymbol{r}) = q_0\delta(r-b)\delta\left(\theta-\frac{\pi}{2}\right) \tag{6.4.16}$$

がある半径 a の球の表面を 0°C に保った場合の定常温度分布を考えよう．これは方程式

$$\Delta T(\boldsymbol{r}) = -\frac{1}{\lambda}q(\boldsymbol{r}) \tag{6.4.17}$$

を，境界条件

$$T(\boldsymbol{r}) = 0 \qquad (r=a) \tag{6.4.18}$$

のもとに解く問題である．

方程式(6.4.17)の球面上で Dirichlet 条件を充たす Green 関数は，(5.3.37)で $A=0$ とした

$$G(\boldsymbol{r},\boldsymbol{r}')=\frac{1}{4\pi}\sum_{n=0}^{\infty}\sum_{m=0}^{n}\epsilon_m\frac{(n-m)!}{(n+m)!}P_n{}^m(\cos\theta)P_n{}^m(\cos\theta')\cos m(\varphi-\varphi')$$
$$\times\left\{\frac{r^n}{r'^{n+1}}-\frac{r^nr'^n}{a^{2n+1}}\right\}\qquad(r'>r;\ r'\leftrightarrow r)\tag{6.4.19}$$

である．これを用いると

$$T(\boldsymbol{r})=\frac{q_0}{2\lambda}\sum_{n=0}^{\infty}P_{2n}(\cos\theta)P_{2n}(0)\left\{\frac{b^{2n+2}}{r^{2n+1}}\theta(r-b)\right.$$
$$\left.+\frac{r^{2n}}{b^{2n-1}}\theta(b-r)-\frac{r^{2n}b^{2n+2}}{a^{4n+1}}\right\}\tag{6.4.20}$$

が得られる．ここで $P_{2n+1}(0)=0$ を用いている．

§6.5　2平面境界

a)　静電ポテンシャル

2平行平面 $z=0$ と $z=l$ でポテンシャルを与えて，その内部のポテンシャルを求めよう．それは方程式

$$\Delta\phi(\boldsymbol{r})=0\tag{6.5.1}$$

を，境界条件

$$\left.\begin{aligned}\phi(x,y,0)&=f_0(x,y)=f_0(\boldsymbol{\rho})\\ \phi(x,y,l)&=f_l(x,y)=f_l(\boldsymbol{\rho})\end{aligned}\right\}\tag{6.5.2}$$

のもとで解く問題である．

2平行平面 $z=0$ と $z=l$ で Dirichlet 条件を充たす(6.5.1)式の Green 関数は，(5.3.10)で $\sqrt{\lambda^2-k^2}$ を λ とした式

$$G(\boldsymbol{r},\boldsymbol{r}')=2\int_0^{\infty}\frac{\sinh\lambda(l-z)\sinh\lambda z'}{\sinh\lambda l}J_0(\lambda|\boldsymbol{\rho}-\boldsymbol{\rho}'|)d\lambda$$
$$(z>z';\ z\leftrightarrow z')\tag{6.5.3}$$

である．したがって解の表現(2.1.8)から

$$\phi(\boldsymbol{r}) = 2\int d\boldsymbol{\rho}' \int_0^\infty \left\{ \frac{\lambda \sinh \lambda(l-z)}{\sinh \lambda l} g_0(\boldsymbol{\rho}') + \frac{\lambda \sinh \lambda z}{\sinh \lambda l} g_l(\boldsymbol{\rho}') \right\} J_0(\lambda|\boldsymbol{\rho}-\boldsymbol{\rho}'|) d\lambda \qquad (6.5.4)$$

が得られる.

第7章　Helmholtz 型方程式

§7.1　境界のないとき

a)　散　　乱

波動の散乱を記述するのには大別して２つの方法がある．１つは散乱体に向って入射してくる波束が散乱体に衝突し，やがてどこかに飛び去る様子を時間的に追跡する方法である．もう１つは入射波束が次から次へとやってきて散乱の様相が定常的になっているとして調べる方法である．この章では後者の方法で取り扱うことにする．

入射波束を表わすのに，それが生みだされる源泉が散乱体から有限の距離の場所にあるとして取り扱うか，無限の遠方にあるとして取り扱うかの両方の場合がある．また散乱体も入射波と相互作用をする源泉として扱うか，散乱体の境界条件を与えて扱うかの２通りの取扱い方がある．

散乱体の取扱いについてはしばらくおくことにして，無限遠での条件について考えてみよう．有限の位置にある源泉から出た波が散乱体で散乱される様子を見るには，入射波を生みだす源泉を非同次項としてもつ Helmholtz 方程式を無限遠で外向波になる条件で解けばよい．多くの場合入射波を生みだす源泉は充分遠方にある．また入射波を平面波の重ね合せで表わしたときに波数ベクトルがほぼ一定の平面波の重ね合せで表わされることが多い．したがってこのような散乱の様子を知るには，有限の位置にある源泉からの入射波に対する解を作ってから位置を無限遠方にもっていく極限をとってもよいし，始めから入射波を平面波にとった場合の散乱を考えてもよい．入射波を平面波にとったときには，無限遠での条件は入射平面波を表わす項と散乱外向波を表わす項との和となる．この節においてはしばらく散乱の一般的な様子を見るために，スカラー波を例にとって入射平面波の散乱を考えることにする．

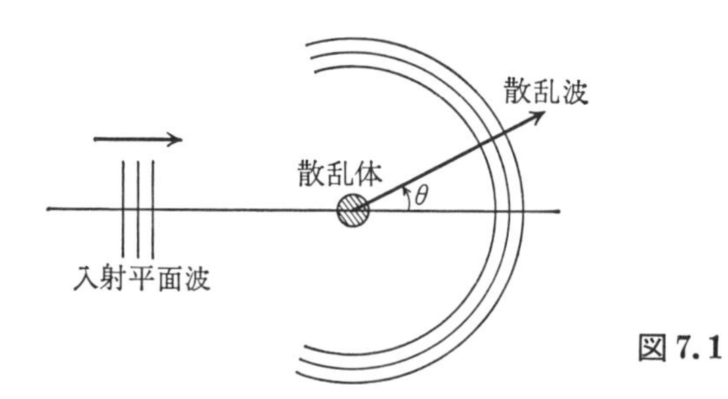

図 7.1

図 7.1 で示されるように原点附近にある散乱体に z 方向に進む平面波が入射した場合を考えよう．定常的なスカラー波 $u(\boldsymbol{r})$ の充たす方程式は散乱体のない領域では

$$(\Delta+k^2)u(\boldsymbol{r})=0 \tag{7.1.1}$$

である．この方程式は入射平面波を表わす e^{ikz} という解と，r が充分大きなところで原点を中心とした外向きの球面波を表わす $f(\theta,\varphi)e^{ikr}/r$ という近似解をもつ．したがって漸近形が

$$u(\boldsymbol{r}) \xrightarrow[r\to\infty]{} e^{ikz}+\frac{f(\theta,\varphi)}{r}e^{ikr}=u_{\mathrm{in}}+u_{\mathrm{sc}} \tag{7.1.2}$$

となる解を見つけることができれば，さきに述べた定常的な散乱に対応する解であると考えられる．$f(\theta,\varphi)$ を散乱振幅(scattering amplitude) という．

さて図 7.1 のような実験においては，通常 (θ,φ) 方向に立体角 $d\Omega$ のなかに単位時間に散乱される波のエネルギーと単位面積あたり単位時間に入射してくる波のエネルギーの比 $\sigma(\theta,\varphi)d\Omega$ で散乱の性質が表わされる．この $\sigma(\theta,\varphi)$ を散乱微分断面積(differential scattering cross-section)という．入射波のエネルギーを測るには，定常解において $z\ll -1$ の領域で z の正の方向に流れるエネルギーを測定する．このとき(7.1.2)の第2項の散乱振幅は r^{-1} の程度で小さくなるから実質的には第1項の入射平面波のみのエネルギーを測ることになる．散乱波のエネルギーは散乱体から充分離れた場所で測られる．通常入射波は波数ベクトルの方向を指定するためにスリットを通して入射され z 軸の周辺のみに存在するような実験になっている．したがって θ が $0,\pi$ 以外の散乱角に対しては散乱波を測る装置の置かれた所では実質的に第2項の散乱波だけがあるとしてよい近似となっている．すなわち入射波のエネルギー流は(7.1.2)の第1項のみを，散乱波のエネルギー流は(7.1.2)の第2項のみを用いて計算することが実際の実験に対応している．粒子の散乱に対してはエネルギー流の代りに確率流を用いて，単位時間に単位面積あたり1個の粒子が入射したとき単位時間に立体角 $d\Omega$ に散乱される粒子の個数を $\sigma(\theta,\varphi)d\Omega$ として散乱微分断面積を考えるのが普通である．

スカラー波の散乱に対しては波の強度(A.4.49)

$$I=\langle|u(\boldsymbol{r},t)|^2\rangle \tag{7.1.3}$$

を用いて

$$\sigma(\theta,\varphi)=\frac{|u_{\mathrm{sc}}|^2r^2}{|u_{\mathrm{in}}|^2}=|f(\theta,\varphi)|^2 \tag{7.1.4}$$

としてよい．したがって $f(\theta,\varphi)$ が直接実験と結びつく量なのである．電磁波の散乱の場合には Poynting ベクトル(A.4.15)

$$\boldsymbol{S}=\boldsymbol{E}\times\boldsymbol{H} \tag{7.1.5}$$

を用いて

$$\sigma(\theta, \varphi) = \frac{|\boldsymbol{S}_{\mathrm{sc}}| r^2}{|\boldsymbol{S}_{\mathrm{in}}|} \tag{7.1.6}$$

で，量子力学における粒子の散乱の場合は確率流密度(A. 5. 6)

$$\boldsymbol{J} = \frac{\hbar}{2mi}(\psi^* \nabla \psi - \nabla \psi^* \psi) \tag{7.1.7}$$

を用いて

$$\sigma(\theta, \varphi) = \frac{|\boldsymbol{J}_{\mathrm{sc}}| r^2}{|\boldsymbol{J}_{\mathrm{in}}|} \tag{7.1.8}$$

で表わされる.

実験と直接くらべられる量$\sigma(\theta, \varphi)$または$f(\theta, \varphi)$を理論的に計算する方法としてGreen関数を用いてみよう．さきに述べたように散乱体を扱うのに2つの扱い方がある．1つは散乱体を波と相互作用をする源泉と考えて(7. 1. 1)を

$$(\Delta + k^2) u(\boldsymbol{r}) = -\rho(\boldsymbol{r}) \tag{7.1.9}$$

のように散乱体のあるところまで拡張して解く方法であり，他の1つは散乱体の表面S上で境界条件を与えて(7. 1. 1)を解く方法である．前者の方法では解の表現(2. 1. 8)から

$$u(\boldsymbol{r}) = u_0(\boldsymbol{r}) + \int G(\boldsymbol{r}, \boldsymbol{r}') \rho(\boldsymbol{r}') d\boldsymbol{r}' \tag{7.1.10}$$

と書ける．ここで$u_0(\boldsymbol{r})$は同次方程式の解である．いま$u_0(\boldsymbol{r}) = e^{ikz}$にとり，$G(\boldsymbol{r}, \boldsymbol{r}')$として外向波を表わす(3. 2. 15)

$$G^{\infty}(\boldsymbol{r} - \boldsymbol{r}') = \frac{1}{4\pi |\boldsymbol{r} - \boldsymbol{r}'|} e^{ik|\boldsymbol{r} - \boldsymbol{r}'|} \tag{7.1.11}$$

をとったとすると，(7. 1. 10)はさきに望まれた条件(7. 1. 2)を充たす解になっている．後者の方法ではやはり(2. 1. 8)から

$$\begin{aligned} u(\boldsymbol{r}) - u_0(\boldsymbol{r}) = \int_S dS' \boldsymbol{n} \cdot \{ & G(\boldsymbol{r}, \boldsymbol{r}') \nabla' (u(\boldsymbol{r}') - u_0(\boldsymbol{r}')) \\ & - (u(\boldsymbol{r}') - u_0(\boldsymbol{r}')) \nabla' G(\boldsymbol{r}, \boldsymbol{r}') \} \end{aligned} \tag{7.1.12}$$

と書ける．このとき境界面と境界条件の種類に対応して第5章で調べられたような適合した Green 関数が得られるならば，そのうち $r\to\infty$ で外向波を表わすものをとり，また $u_0(\boldsymbol{r})$ としてふたたび e^{ikz} をとると，(7.1.12)はさきに望まれた条件(7.1.2)を充たす解になっている．このような Green 関数を求めることについては次節以下で行なう．一般の境界面に対しては適合した Green 関数を具体的に求めることは難しい．しかし近似的にもし S 上で u も ∇u も与えることができれば Green 関数として(7.1.11)をとって近似できる．このようにして(7.1.10)も(7.1.12)もともに漸近形

$$u(\boldsymbol{r}) \xrightarrow[r\to\infty]{} e^{ikz}+\frac{f(\theta,\varphi)}{r}e^{ikr} \tag{7.1.13}$$

をもつ．このとき(7.1.10)では

$$f(\theta,\varphi)=\frac{1}{4\pi}\int e^{-ik\boldsymbol{r}\cdot\boldsymbol{r}'/r}\rho(\boldsymbol{r}')d\boldsymbol{r}' \tag{7.1.14}$$

となり，(7.1.12)では

$$\begin{aligned} f(\theta,\varphi)=\lim_{r\to\infty} re^{-ikr}\int_S dS'\boldsymbol{n}\cdot\{&G(\boldsymbol{r},\boldsymbol{r}')\nabla'(u(\boldsymbol{r}')-u_0(\boldsymbol{r}'))\\ &-(u(\boldsymbol{r}')-u_0(\boldsymbol{r}'))\nabla'G(\boldsymbol{r},\boldsymbol{r}')\} \end{aligned} \tag{7.1.15}$$

として計算することができる．

量子力学を用いて，ポテンシャル $V(\boldsymbol{r})$ による粒子の散乱を扱う場合には，(7.1.9)の代りに

$$(\Delta+k^2)\psi(\boldsymbol{r})=\frac{2m}{\hbar^2}V(\boldsymbol{r})\psi(\boldsymbol{r}) \tag{7.1.16}$$

を解けばよい．これを(1.4.22)のように積分方程式

$$\psi(\boldsymbol{r})=\psi_0(\boldsymbol{r})-\int G(\boldsymbol{r},\boldsymbol{r}')\frac{2m}{\hbar^2}V(\boldsymbol{r}')\psi(\boldsymbol{r}')d\boldsymbol{r}'$$

に移し，$\psi_0(\boldsymbol{r})$ として平面波 e^{ikz}, $G(\boldsymbol{r},\boldsymbol{r}')$ として(7.1.11)をとる

と，(7.1.14)の代りに

$$f(\theta,\varphi)=-\frac{m}{2\pi\hbar^2}\int e^{-ik\boldsymbol{r}\cdot\boldsymbol{r}'/r}V(\boldsymbol{r}')\psi(\boldsymbol{r}')d\boldsymbol{r}' \tag{7.1.17}$$

となる．このままでは右辺に未知関数 $\psi(\boldsymbol{r}')$ が入っているので解いたことになっていない．しかし例えば $\psi(\boldsymbol{r})$ の積分方程式を逐次近似で解くと，最初の近似(Born 近似という)では積分中の $\psi(\boldsymbol{r}')$ を $\psi_0(\boldsymbol{r}')$ でおきかえて

$$f_{\mathrm{Born}}(\theta,\varphi)=-\frac{m}{2\pi\hbar^2}\int e^{-ik\boldsymbol{r}\cdot\boldsymbol{r}'/r}V(\boldsymbol{r}')e^{ikz'}d\boldsymbol{r}' \tag{7.1.18}$$

が得られる．これは定数を除いて $V(\boldsymbol{r})$ の散乱前後での波数ベクトルの差 $\boldsymbol{K}=k(\boldsymbol{r}r^{-1}-\boldsymbol{e}^{(z)})$ に対する Fourier 成分に他ならない．

核子による中性子散乱のようにポテンシャルが近距離的であるときには $V(\boldsymbol{r})=a\delta(\boldsymbol{r})$ と近似して(7.1.17)が

$$f(\theta,\varphi)=-\frac{ma}{2\pi\hbar^2}\psi(\boldsymbol{0})=\text{定数}$$

となるし，電子の原子核による散乱のように Coulomb ポテンシャル $V(r)=-Ze^2/r$ であれば，(7.1.18)が

$$f_{\mathrm{Born}}(\theta,\varphi)=\frac{2mZe^2}{\hbar^2K^2}$$

となる．

b) phase shift

方程式(7.1.16)において $2mV(\boldsymbol{r})/\hbar^2=U(\boldsymbol{r})$ が球対称であり，$r\to\infty$ で充分早く 0 になるとしよう*．この方程式の漸近形(7.1.2)をもつ解を考えよう．このとき，φ 依存性はないとしてよいから，散乱振幅も θ だけの関数である．$\psi(\boldsymbol{r})$ を球関数展開

---

* r^{-1} より早く小さくなればよい．Coulomb ポテンシャルによる散乱のような場合にはこの小節の形式に少し修正を加えなければならない．

$$\psi(\boldsymbol{r}) = \sum_{n=0}^{\infty} R_n(r) P_n(\cos\theta) \tag{7.1.19}$$

で表わすと，$R_n(r)$の充たす方程式は

$$\frac{1}{r}\frac{d^2}{dr^2} rR_n(r) + \left(k^2 - U(r) - \frac{n(n+1)}{r^2}\right) R_n(r) = 0 \tag{7.1.20}$$

である．これは$r\to\infty$で

$$R_n(r) \to \frac{A_n}{kr} \cos\left\{kr - \frac{(n+1)\pi}{2} + \delta_n\right\} \tag{7.1.21}$$

となる解をもつ．$k, U(r)$が実数値をとるときは物理ででてあうほとんどの場合にδ_nが実数となる証明のすじみちを示しておこう．$U(r)$が原点で1次の極をもつか正則であれば，$\chi_n(r) = rR_n(r)$に対する方程式の2つの独立解のうちの1つは原点でr^{n+1}で0とでき，他の1つは原点で0にならない．多くの場合$R_n(r)$についての物理的条件から$\chi_n(r)=0$が要求されるので物理的に許される解は定数を除いて定まる．原点で実数値をとって出発する解は，$k, U(r)$が実数値をとる以上，高次微分もすべて実数値をとり実数解となる．原点である位相をもって出発する解は高次微分もすべて同じ位相をもち，その位相をAに含ませることによりδ_nが実数であることがわかる．$U(r)=0$のときは(7.1.20)の原点で正則な解は$j_n(kr)$であり，その漸近形

$$j_n(kr) \to \frac{1}{kr} \cos\left\{kr - \frac{(n+1)\pi}{2}\right\} \tag{7.1.22}$$

とくらべると，δ_nはポテンシャルによる位相のずれという意味をもつことがわかる．したがってこれをphase shiftという．

さて$f(\theta)$を

$$f(\theta) = \sum_{n=0}^{\infty} C_n P_n(\cos\theta) \tag{7.1.23}$$

のように球関数展開をした係数 C_n と δ_n との関係を求めてみよう．漸近形(7.1.2)に展開(7.1.19)(7.1.23)(C.18)を用い，P_n の係数をくらべると，漸近形(7.1.21)(7.1.22)を用いて

$$\frac{A_n}{kr}\cos\left\{kr-\frac{(n+1)\pi}{2}+\delta_n\right\}-(2n+1)i^n\frac{1}{kr}\cos\left\{kr-\frac{(n+1)\pi}{2}\right\}=\frac{C_n}{r}e^{ikr}$$

が得られる．両辺の $e^{\pm ikr}$ の係数を等しくおいて

$$A_n = (2n+1)i^n e^{i\delta_n} \tag{7.1.24}$$

$$C_n = \frac{(2n+1)}{2ik}(e^{2i\delta_n}-1) \tag{7.1.25}$$

となる．これから

$$f(\theta) = \frac{1}{k}\sum_{n=0}^{\infty}(2n+1)e^{i\delta_n}\sin\delta_n P_n(\cos\theta) \tag{7.1.26}$$

のように散乱振幅 $f(\theta)$ したがって散乱微分断面積は，phase shift δ_n が定まればすべてきまる．これを用いた散乱のデータの解析を phase shift analysis という．δ_n は小さいとすれば k^{2n+1} に比例することが示せるので，この方法は低エネルギー散乱のときに最初の 1, 2 項(S, P 波)くらいで近似できて有効となる．全断面積は

$$2\pi\int|f(\theta)|^2 d\theta = \frac{4\pi}{k^2}\sum_{n=0}^{\infty}(2n+1)\sin^2\delta_n \tag{7.1.27}$$

となる．

以上の議論は方程式(7.1.9)の解に対しても，$\rho(\boldsymbol{r})$ が φ によらずに

$$\rho(\boldsymbol{r}) = \sum_{n=0}^{\infty}\rho_n(r)P_n(\cos\theta)$$

と書ければ，$-U(r)R_n(r)$ を $\rho_n(r)$ でおきかえるだけで成立する．ここで δ_n が実数となる議論については，実数解の場合は明らか

であるし，複素解を考えたときでも $u(\boldsymbol{r})$ と $\rho(\boldsymbol{r})$ が同位相にとれることを用いればよい．

c)　湯川ポテンシャル

荷電分布がスカラーポテンシャルの源泉となり，方程式

$$\left(\Delta-\frac{1}{c^2}\frac{\partial^2}{\partial t^2}\right)\phi(\boldsymbol{r},t)=-\frac{1}{\varepsilon}\rho(\boldsymbol{r},t) \qquad (7.1.28)$$

が成立するように，核子分布によって作られる中間子場は

$$\left(\Delta-\frac{1}{c^2}\frac{\partial^2}{\partial t^2}-\mu^2\right)\psi(\boldsymbol{r},t)=-g\rho(\boldsymbol{r},t) \qquad (7.1.29)$$

のように Klein-Gordon 方程式の解で表わされる．ここで $\hbar\mu/c$ が中間子の質量を表わしていることは，光子の質量が 0 であることに対応した(7.1.28)式とくらべて理解されるであろうし，量子力学において運動量 $\boldsymbol{p}$，エネルギー E をもつ平面波波動関数

$$e^{i\boldsymbol{p}\cdot\boldsymbol{r}/\hbar-iEt/\hbar}$$

に(7.1.29)の左辺の演算子を作用させたものを 0 とおくと

$$E^2=c^2\left\{p^2+c^2\left(\frac{\hbar\mu}{c}\right)^2\right\} \qquad (7.1.30)$$

というよく知られた相対論的な関係式となることからも明らかであろう．

原点に点電荷，点核子があるときの静電ポテンシャル，静中間子場の充たす方程式は(7.1.28)(7.1.29)から，それぞれ

$$\Delta\phi(\boldsymbol{r})=-\frac{e}{\varepsilon}\delta(\boldsymbol{r}) \qquad (7.1.31)$$

$$(\Delta-\mu^2)\psi(\boldsymbol{r})=-g\delta(\boldsymbol{r}) \qquad (7.1.32)$$

である．これらの無限遠で 0 となる解は，それぞれ Green 関数(3.2.20)(3.2.56)に比例して

$$\phi(\boldsymbol{r})=\frac{e}{4\pi\varepsilon}\frac{1}{r} \qquad (7.1.33)$$

$$\psi(\boldsymbol{r}) = \frac{g}{4\pi}\frac{1}{r}e^{-\mu r} \tag{7.1.34}$$

である．これらのポテンシャルによって生み出される力の大きな特徴は，質量0の光子によって媒介されるCoulombポテンシャル(7.1.33)がr^{-1}でしか小さくならない遠距離力(long range force)であるのに対して，質量$\hbar\mu/c$の中間子によって媒介される湯川ポテンシャル(7.1.34)が近距離力(short range force)であることである．そしてその力の及ぶ範囲(force range)を表わすμ^{-1}が質量によって定まる．近距離力である核力を生み出すものとして中間子の存在が湯川により予言され，その有効距離から中間子の質量が推定された．

§7.2　平面境界

a)　回折と干渉

図7.2のように開口部が近似的に平面$O(z=0)$と考えることができるときに，そこを通った光が平面スクリーン$S(z=z)$上にどのような像を作るかを考えてみよう．波動光学において，電磁場のベクトル性からくる効果を考えなければ，単色光に対する基礎方程式は(A.4.48)から

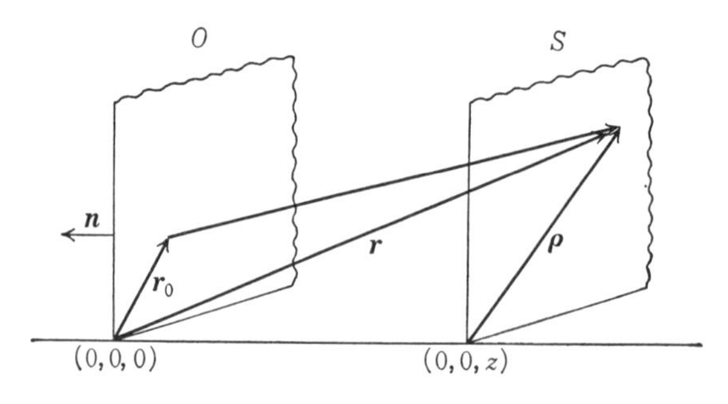

図7.2

$$(\Delta+k^2)u(\boldsymbol{r})=0 \qquad (7.2.1)$$

である．開口部 O 上で $u(\boldsymbol{r})$ を与えて解くとすれば，その場合に適合するGreen関数は，Dirichlet条件

$$G(\boldsymbol{r},\boldsymbol{r}')=0 \qquad (\boldsymbol{r}'\text{: } O\text{ 上}) \qquad (7.2.2)$$

を充たすものである．このようなGreen関数は(5.2.1)から，$\boldsymbol{r}_1'$ を $\boldsymbol{r}'$ の O 面に対する鏡像として

$$G(\boldsymbol{r},\boldsymbol{r}')=\frac{1}{4\pi|\boldsymbol{r}-\boldsymbol{r}'|}e^{ik|\boldsymbol{r}-\boldsymbol{r}'|}-\frac{1}{4\pi|\boldsymbol{r}-\boldsymbol{r}_1'|}e^{ik|\boldsymbol{r}-\boldsymbol{r}_1'|} \qquad (7.2.3)$$

である．このGreen関数を用いると，S 上の点 $\boldsymbol{r}$ での場が(2.1.8)によって

$$u(\boldsymbol{r})=\int_O \boldsymbol{n}\cdot\{-u(\boldsymbol{r}_0)\nabla_{r_0}G(\boldsymbol{r},\boldsymbol{r}_0)\}dS_0 \qquad (7.2.4)$$

のように O 面上の積分で表わされる．このとき $z\gg|\boldsymbol{r}_0|,|\boldsymbol{\rho}|$ を仮定すると，O 面上で

$$\boldsymbol{n}\cdot\nabla_{r_0}G(\boldsymbol{r},\boldsymbol{r}_0)\simeq\frac{ik}{2\pi r}\frac{z}{r}e^{ik|\boldsymbol{r}-\boldsymbol{r}_0|} \qquad (7.2.5)$$

となる．

以下においては(7.2.4)を出発点として回折を述べるが，ここで通常回折の議論の出発点となるKirchhoffの積分表示

$$u(\boldsymbol{r})=\int_O dS_0\,\boldsymbol{n}\cdot\{G^\infty(\boldsymbol{r}-\boldsymbol{r}_0)\nabla_{r_0}u(\boldsymbol{r}_0)-u(\boldsymbol{r}_0)\nabla_{r_0}G^\infty(\boldsymbol{r}-\boldsymbol{r}_0)\} \qquad (7.2.6)$$

との関係についてふれておこう．(7.2.6)は解の表現(2.1.8)で開口部以外の表面上で $u=\boldsymbol{n}\cdot\nabla u=0$ とおいて，開口部における u と ∇u を用いて書き表わしたものである．しかしこれには数学的につぎに述べるような難点がある．偏微分方程式(7.2.1)がどのよ

うな境界条件のもとで一意的な解をもつかはよく調べられている．例えば，境界上で u または $\boldsymbol{n}\cdot\nabla u$ のどちらか一方は任意に与えることができるし，それを与えれば一意的に解が定まる．すなわちそれぞれ Dirichlet 問題，Neumann 問題とよばれるものである．しかし u と $\boldsymbol{n}\cdot\nabla u$ を独立に与えることはできない．例えば境界の一部でも $u=\boldsymbol{n}\cdot\nabla u=0$ であれば全域で 0 であることが証明される．したがって開口部以外で両者とも 0 とおくのはあくまで近似にすぎない．一方(7.2.4)にも難点がなくはない．それは開口部を平面で近似できる場合にのみ用いられるからである．ではこれら 2 つの出発点から得られた結論はどのような場合に一致するのであろうか．いま開口部における場が $z<0$ の領域にある点光源 $\boldsymbol{r}'$ から出た球面波としてみよう．$r'\gg r_0$ とすると

$$u(\boldsymbol{r}_0)=\frac{A}{|\boldsymbol{r}'-\boldsymbol{r}_0|}e^{ik|\boldsymbol{r}'-\boldsymbol{r}_0|}\simeq\frac{A}{r'}e^{ik|\boldsymbol{r}'-\boldsymbol{r}_0|}$$

$$\boldsymbol{n}\cdot\nabla_{r_0}u(\boldsymbol{r}_0)=\frac{ik}{r'}\frac{z'}{r'}e^{ik|\boldsymbol{r}'-\boldsymbol{r}_0|}$$

となるので，(7.2.6)は

$$u(\boldsymbol{r})\simeq\frac{1}{4\pi r}\frac{ikA}{r'}\left(\frac{z'}{r'}-\frac{z}{r}\right)\int_O e^{ik|\boldsymbol{r}-\boldsymbol{r}_0|+ik|\boldsymbol{r}'-\boldsymbol{r}_0|}dS_0$$

となる．一方このとき(7.2.4)は

$$u(\boldsymbol{r})\simeq\frac{1}{2\pi r}\frac{ikA}{r'}\,\frac{-z}{r}\int_O e^{ik|\boldsymbol{r}-\boldsymbol{r}_0|+ik|\boldsymbol{r}'-\boldsymbol{r}_0|}dS_0$$

である．両者は $\boldsymbol{r}'$，開口部，$\boldsymbol{r}$ がほとんど一直線であれば $-z'/r'\sim z/r$ であるから一致する．両者が異なる場合でもスクリーン上の濃淡を定めるのは主として $\boldsymbol{r}$ による変化が激しい積分部分であるから，パターンとしては大体一致したものを与えるのである．

さて(7.2.4)にもどって，$\boldsymbol{r}(\boldsymbol{\rho},z), \boldsymbol{r}_0(\boldsymbol{\rho}_0,0)$ となるような 2 次元ベクトル $\boldsymbol{\rho},\boldsymbol{\rho}_0$ を導入すると

$$|\boldsymbol{r}-\boldsymbol{r}_0| = \sqrt{|\boldsymbol{\rho}-\boldsymbol{\rho}_0|^2+z^2} \simeq z+\frac{|\boldsymbol{\rho}-\boldsymbol{\rho}_0|^2}{2z}-\frac{|\boldsymbol{\rho}-\boldsymbol{\rho}_0|^4}{8z^3}+\cdots$$

$$\simeq z+\frac{\rho^2}{2z}-\frac{\boldsymbol{\rho}\cdot\boldsymbol{\rho}_0}{z}+\frac{{\rho_0}^2}{2z}-\frac{\rho^4}{8z^3}+\cdots \qquad (7.2.7)$$

と書けるので，Fresnel 領域すなわち $k|\boldsymbol{\rho}-\boldsymbol{\rho}_0|^4/8z^3 \ll 1$ の領域では

$$u(\boldsymbol{\rho}, z) = \frac{-ik}{2\pi z}e^{ikz+ik\rho^2/2z}\int_O u(\boldsymbol{\rho}_0, 0)e^{ik\rho_0{}^2/2z-ik\boldsymbol{\rho}\cdot\boldsymbol{\rho}_0/z}d\boldsymbol{\rho}_0 \qquad (7.2.8)$$

となる．また Fraunhofer 領域 $k|\boldsymbol{\rho}-\boldsymbol{\rho}_0|^4/8z^3 \ll 1$，$k{\rho_0}^2/2z \ll 1$ では

$$u(\boldsymbol{\rho}, z) = \frac{-ik}{2\pi r}e^{ikr}\int_O u(\boldsymbol{\rho}_0, 0)e^{-ik\boldsymbol{\rho}\cdot\boldsymbol{\rho}_0/z}d\boldsymbol{\rho}_0 \qquad (7.2.9)$$

と書ける．

Fraunhofer 回折の例として円孔 $(r<a)$ に同位相の平面波が入射したときのスクリーン上の光強度について考えよう．(7.2.9) から

$$u(\boldsymbol{\rho}, z) \propto k\int_O e^{-ik\boldsymbol{\rho}\cdot\boldsymbol{\rho}'/z}d\boldsymbol{\rho}' = k\int_0^a \rho' d\rho' \int_0^{2\pi} d\varphi' e^{-ik\rho\rho'\cos\varphi'/z}$$

$$= 2\pi k\int_0^a \rho' J_0\left(\frac{k\rho\rho'}{z}\right)d\rho'$$

$$= 2\pi k\left(\frac{z}{k\rho}\right)^2\int_0^{k\rho a/z}\frac{d}{d(k\rho\rho'/z)}\left(\frac{k\rho\rho'}{z}J_1\left(\frac{k\rho\rho'}{z}\right)\right)d\left(\frac{k\rho\rho'}{z}\right)$$

$$= \frac{2\pi z a}{\rho}J_1\left(\frac{k\rho a}{z}\right) \qquad (7.2.10)$$

である．ここで (D.15)(D.19) を用いた．かくして強度分布

$$I(\rho) = I_{\mathrm{c}}\left\{\frac{2J_1(k\rho a/z)}{k\rho a/z}\right\}^2 \qquad (7.2.11)$$

が得られる．I_{c} は回折線中心での強度である．

(7.2.11) の右辺を図示すれば図 7.3 のようになる．この最初の暗い輪は $J_1(x)=0$ の最初の 0 点 3.83 から λ を波長として $\rho/z\sim$

$3.83/ka \simeq 0.610\lambda/a$ となる．対物レンズの半径 a の望遠鏡の分解限界を，近接する2方向からきた光が対物レンズを回折孔として回折され，1つの主極大と他の第1極小が一致するときであると定義する(Rayleigh criterion)．そうすると角度で $0.610\lambda/a$ だけ隔たっているときが分解して見ることのできる限界である．分解能(resolving power)はその角度の逆数で定義されるからこの場合は $a/0.610\lambda$ である．

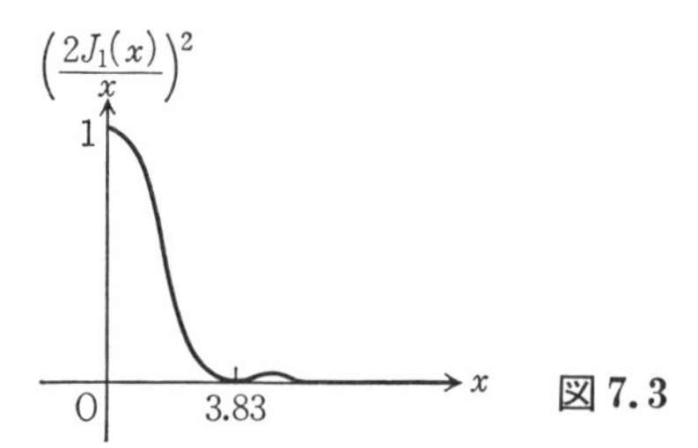

図7.3

Fresnel 回折の例としては幅 δ のスリット $(-\delta/2<y_0<\delta/2,\ z=0)$ に同位相の平面波が入射したときのスクリーン上の影を考えよう．x 方向の依存性はないと考えられるので，(7.2.8)において y_0 の積分のみを考えればよい．すなわち

$$u(y,z) \propto \int_{-\delta/2}^{\delta/2} e^{ik(y-y_0)^2/2z} dy_0 \propto \int_{\omega_1}^{\omega_2} e^{i\pi\eta^2/2} d\eta \quad (7.2.12)$$

となる．ここで

$$\omega_1 = -\sqrt{\frac{k}{\pi z}}\left(y+\frac{\delta}{2}\right), \qquad \omega_2 = \sqrt{\frac{k}{\pi z}}\left(\frac{\delta}{2}-y\right) \quad (7.2.13)$$

である．Fresnel の関数

$$S(x) = \int_0^x \sin\frac{\pi\eta^2}{2} d\eta, \qquad C(x) = \int_0^x \cos\frac{\pi\eta^2}{2} d\eta \quad (7.2.14)$$

を用いると，強度は

$$I(y) \propto |S(\omega_2)-S(\omega_1)|^2+|C(\omega_2)-C(\omega_1)|^2 \quad (7.2.15)$$

となる．これは平面上の2点$(C(\omega_2), S(\omega_2))$, $(C(\omega_1), S(\omega_1))$の距離の2乗に他ならない．平面上の点$(C(\omega), S(\omega))$を$\omega$をパラメターとして曲線(Cornu のらせん)を描かせると図7.4となる．この曲線にそった原点からの長さは

$$\sqrt{(dS(x))^2+(dC(x))^2} = dx$$

を積分することによりωに等しい．

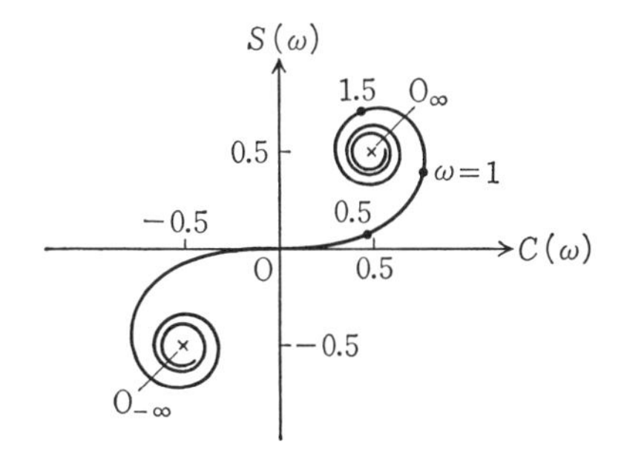

図 7.4

スリットの幅が充分大きければ，$|y|$が$\delta/2$に近づくまでは$-\omega_1$もω_2も充分大きいとしてよい．すなわちω_1, ω_2はそれぞれ図7.4の点$O_{-\infty}$とO_∞に近い．したがってそこでの強度は大体$\overline{O_{-\infty}O_\infty}^2=2$に比例する．これは壁の影響がほとんどないところであるから，もともとの光強度I_0と考えられる．yを$-\delta/2$に近づけていくとω_2はO_∞の近くにとどまるが，ω_1は$O_{-\infty}$の近くから曲線上を動いて$y=-\delta/2$のときにO点にくる．この間，2点間の距離はω_1が$O_{-\infty}$の近くかららせん部を動いて遠くなるにつれてだんだんに$\sqrt{2}$のまわりの振動を大きくしたのち，ω_1がらせん部をはずれるに従って単調に減少し，ω_1が原点にきたときには距離が大体$\sqrt{1/2}$(強度$\simeq I_0/4$)となる．さらにyを小さくして影の部分に入ると距離は一様に減少して0となる．この様子は図7.5に示されている．$\delta=\infty$の極限はスクリーンのふちの Fresnel

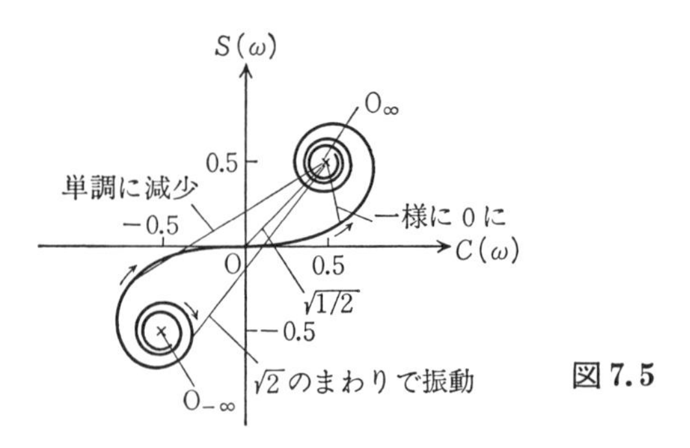

図 7.5

回折の分布である*．上述の議論で ω_2 や ω_1 が $O_{\pm\infty}$ に近いときは $O_{\pm\infty}$ に固定して考えたが，スリットの幅は大きいが $O_{\pm\infty}$ のまわりの小変動は無視できぬ程度であると，上述の強度変化にそれにともなう小振動が加わる．

スリットの幅が充分細ければ $\omega_2-\omega_1$ が充分小さいから曲線上のこの短い断片の両端の距離は曲線の中心附近から移動していってもなかなか最初より短くならず振幅の変動が緩やかである．したがってこのときは Fraunhofer 回折として得られるよく知られた強度分布 $I\propto|\sin(ky\delta/2z)/(ky\delta/2z)|^2$ も**あまり明瞭に現われない．

スリットの幅を広くしていくと，振幅の変動が目立つようになり上述の Fraunhofer 回折が明瞭となる．さらに広くしていくといろいろ複雑な極大極小を示しながらスリット幅の大きい場合の強度分布に近づいていく．

これらの様子を図 7.6 に示す

---

* 文献(9)，** 文献(9)．

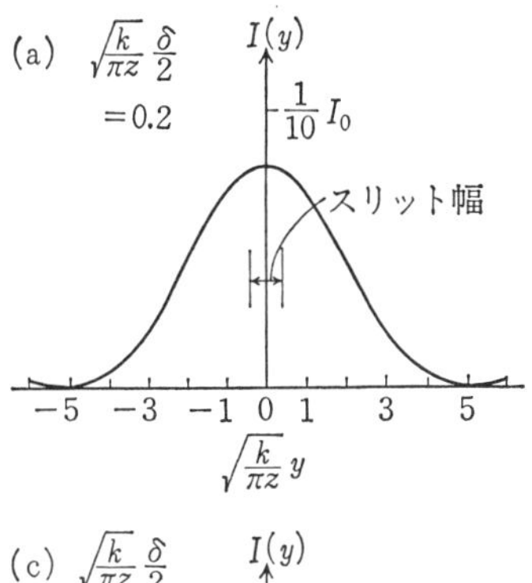
(a) $\sqrt{\frac{k}{\pi z}}\frac{\delta}{2}$ =0.2
$I(y)$
$\frac{1}{10}I_0$
スリット幅
−5 −3 −1 0 1 3 5
$\sqrt{\frac{k}{\pi z}}y$

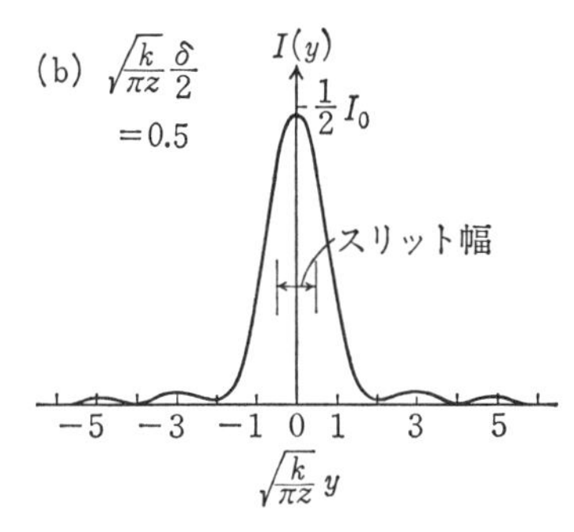
(b) $\sqrt{\frac{k}{\pi z}}\frac{\delta}{2}$ =0.5
$I(y)$
$\frac{1}{2}I_0$
スリット幅
−5 −3 −1 0 1 3 5
$\sqrt{\frac{k}{\pi z}}y$

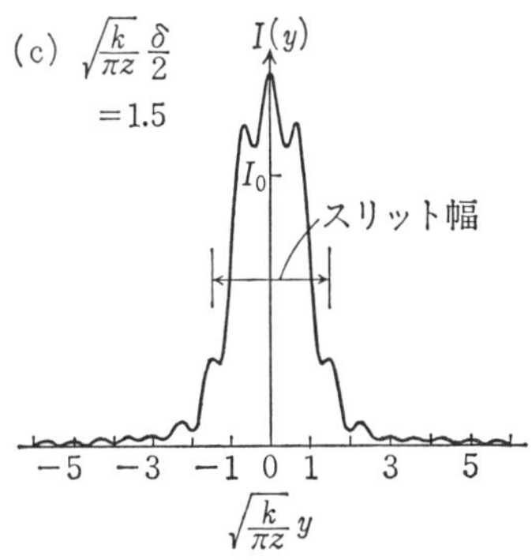
(c) $\sqrt{\frac{k}{\pi z}}\frac{\delta}{2}$ =1.5
$I(y)$
I_0
スリット幅
−5 −3 −1 0 1 3 5
$\sqrt{\frac{k}{\pi z}}y$

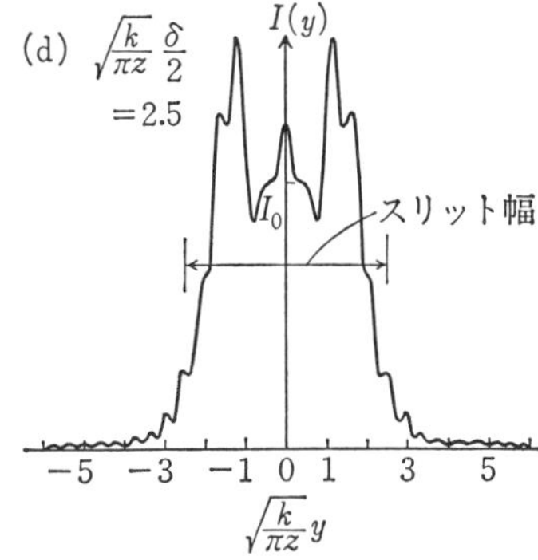
(d) $\sqrt{\frac{k}{\pi z}}\frac{\delta}{2}$ =2.5
$I(y)$
I_0
スリット幅
−5 −3 −1 0 1 3 5
$\sqrt{\frac{k}{\pi z}}y$

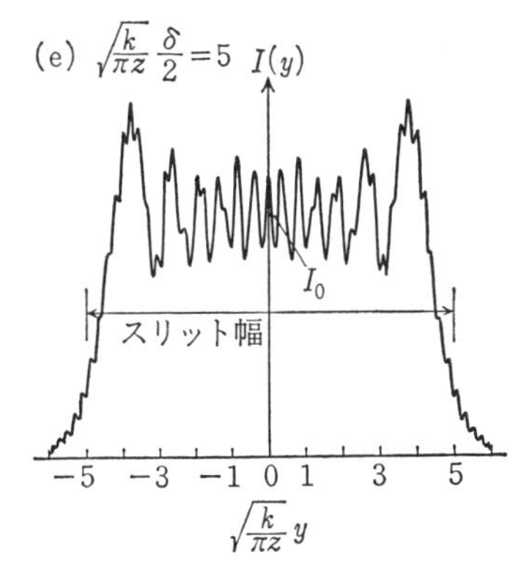
(e) $\sqrt{\frac{k}{\pi z}}\frac{\delta}{2}=5$
$I(y)$
I_0
スリット幅
−5 −3 −1 0 1 3 5
$\sqrt{\frac{k}{\pi z}}y$

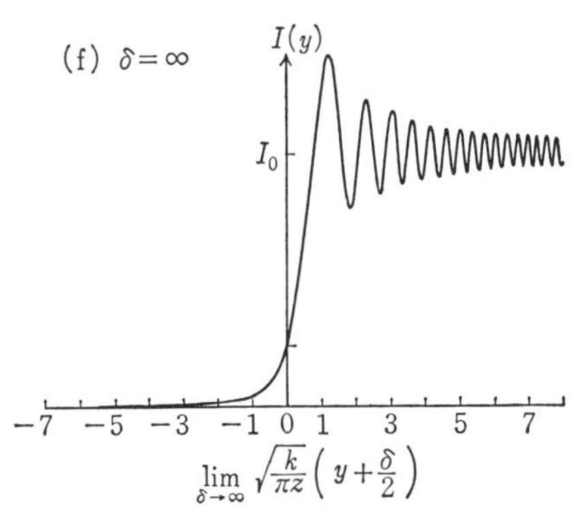
(f) $\delta=\infty$
$I(y)$
I_0
−7 −5 −3 −1 0 1 3 5 7
$\lim_{\delta\to\infty}\sqrt{\frac{k}{\pi z}}\left(y+\frac{\delta}{2}\right)$

図 7.6

b）　音波の反射*

密度 σ_1 音速 c_1 の一様な媒質Iと，密度 σ_2 音速 c_2 の一様な媒質IIが平面 $z=0$ で接するとき，一定角振動数 ω をもつ点音源($x=y=0, z=h$)による音波を調べよう．これは速度ポテンシャル $\phi(\boldsymbol{r})e^{-i\omega t}$ に対する方程式

$$\left(\Delta+\frac{\omega^2}{{c_1}^2}\right)\phi_{\rm I}(\boldsymbol{r}) = -q_0\delta(x)\delta(y)\delta(z-h) \qquad (z>0) \qquad (7.2.16)$$

$$\left(\Delta+\frac{\omega^2}{{c_2}^2}\right)\phi_{\rm II}(\boldsymbol{r}) = 0 \qquad (z<0) \qquad (7.2.17)$$

を境界条件(A.2.12)(A.2.13)

$$\left.\begin{array}{l} -i\omega\sigma_1\phi_{\rm I}(\boldsymbol{r}) = -i\omega\sigma_2\phi_{\rm II}(\boldsymbol{r}) \\ \dfrac{\partial\phi_{\rm I}(\boldsymbol{r})}{\partial z} = \dfrac{\partial\phi_{\rm II}(\boldsymbol{r})}{\partial z} \end{array}\right\} \qquad (z=0) \qquad (7.2.18)$$

のもとで解けばよい．

さてこれは軸対称をもつ問題であるので円筒座標を用いると便利である．点音源を $\boldsymbol{\rho}=\boldsymbol{0}$, $z=h$ の位置にあるものとする．§6.2 c)項で行なったように Green 関数の知識を利用しよう．すなわち外向波 Green 関数(3.2.32)

$$G^{\infty}(\boldsymbol{r}-\boldsymbol{r}') = \frac{1}{4\pi}\int_{W^{(1)}} J_0(\lambda|\boldsymbol{\rho}-\boldsymbol{\rho}'|)e^{-\sqrt{\lambda^2-k^2}|z-z'|}\frac{\lambda d\lambda}{\sqrt{\lambda^2-k^2}} \qquad (7.2.19)$$

において，$z\neq z'$ の領域では G^{∞} が同次方程式の解になっていることに着目する．これを利用して領域I, IIの解をそれぞれ

$$\phi_{\rm I}(\boldsymbol{\rho}, z) = \frac{q_0}{4\pi}\int_{W^{(1)}} J_0(\lambda\rho)\left\{\frac{\lambda e^{-\sqrt{\lambda^2-{k_1}^2}|z-h|}}{\sqrt{\lambda^2-{k_1}^2}} + f_1(\lambda)e^{-\sqrt{\lambda^2-{k_1}^2}(z+h)}\right\}d\lambda \qquad (7.2.20)$$

---

*　L. D. Landau and E. M. Lifshitz（竹内均訳）：ランダウ-リフシッツ流体力学II，東京図書(1971)．

$$\phi_{\mathrm{II}}(\boldsymbol{\rho}, z)=\frac{q_0}{4\pi}\int_{W^{(1)}} J_0(\lambda\rho) f_2(\lambda) e^{\sqrt{\lambda^2-k_2^2}(z-h)} d\lambda \tag{7.2.21}$$

と表わすことができる．ここで

$$k_1=\frac{\omega}{c_1}, \qquad k_2=\frac{\omega}{c_2} \tag{7.2.22}$$

である．境界条件(7.2.18)を充たすためには

$$\sigma_1\left\{\frac{\lambda}{\sqrt{\lambda^2-k_1{}^2}}+f_1(\lambda)\right\}e^{-\sqrt{\gamma^2-k_1{}^2}h}=\sigma_2 f_2(\lambda)e^{-\sqrt{\lambda^2-k_2{}^2}h}$$

$$\{\lambda-\sqrt{\lambda^2-k_1{}^2}f_1(\lambda)\}e^{-\sqrt{\lambda^2-k_1{}^2}h}=\sqrt{\lambda^2-k_2{}^2}f_2(\lambda)e^{-\sqrt{\lambda^2-k_2{}^2}h}$$

となればよいので，これらを解くと

$$\left.\begin{aligned} f_1(\lambda)&=\frac{\lambda(\sigma_2\sqrt{\lambda^2-k_1{}^2}-\sigma_1\sqrt{\lambda^2-k_2{}^2})}{\sqrt{\lambda^2-k_1{}^2}(\sigma_1\sqrt{\lambda^2-k_2{}^2}+\sigma_2\sqrt{\lambda^2-k_1{}^2})} \\ f_2(\lambda)&=\frac{2\lambda\sigma_1}{\sigma_1\sqrt{\lambda^2-k_2{}^2}+\sigma_2\sqrt{\lambda^2-k_1{}^2}}e^{-(\sqrt{\lambda^2-k_1{}^2}-\sqrt{\lambda^2-k_2{}^2})h} \end{aligned}\right\} \tag{7.2.23}$$

が得られる．(7.2.23)を(7.2.20)(7.2.21)に代入したものが求める解である．

(7.2.20)の $f_1(\lambda)$ の項は反射波の影響を表わしているが，これをもう少しくわしく調べるために(5.5.8)のように積分路を $W^{(1)}+W^{(1)\prime}$ にする．反射波は

$$\phi_{\mathrm{I}}'(\boldsymbol{\rho}, z)=\frac{q_0}{8\pi}\int_{W^{(1)}+W^{(1)\prime}} H_0{}^{(1)}(\lambda\rho)\frac{\lambda(\sigma_2\sqrt{\lambda^2-k_1{}^2}-\sigma_1\sqrt{\lambda^2-k_2{}^2})}{\sqrt{\lambda^2-k_1{}^2}(\sigma_1\sqrt{\lambda^2-k_2{}^2}+\sigma_2\sqrt{\lambda^2-k_1{}^2})} \times e^{-\sqrt{\lambda^2-k_1{}^2}(z+h)}d\lambda \tag{7.2.24}$$

と表わされる．このとき cut は，図 7.7($k_1<k_2$ とした)のように積分路 $W^{(1)}+W^{(1)\prime}$ を切らないように入れておく．

(7.2.24)を鞍部点法を用いて近似してみよう．鞍部点法とは解析性を利用して積分路を変形するなどして，被積分関数が積分路上のある点 $\lambda=\lambda_{\mathrm{s}}$ で非常に急激な極大をもつようにできる場合に，

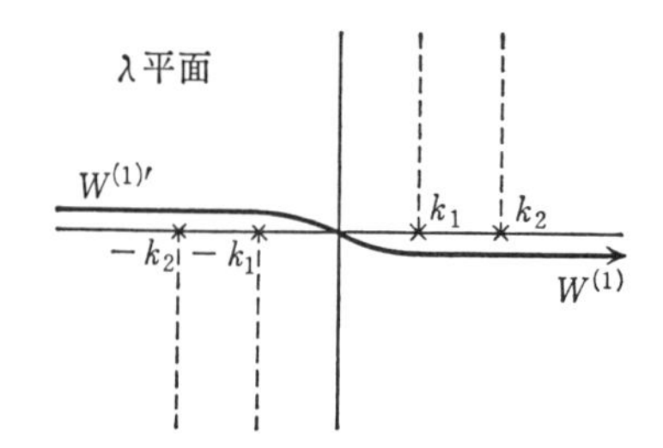

図 7.7

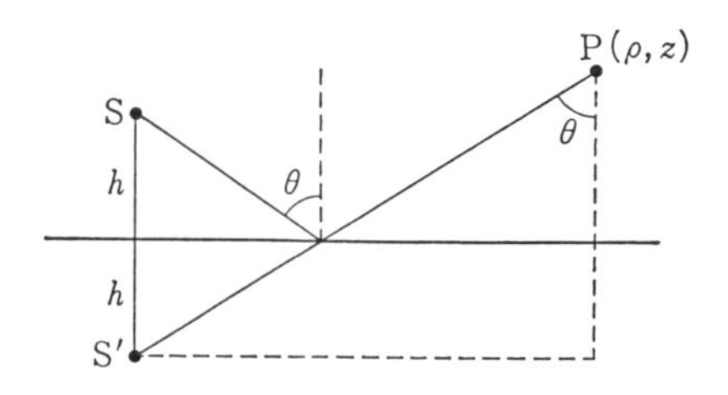

図 7.8

λ_s(鞍部点)を通り λ_s から離れるに従って最も早く小さくなるような道(峠道)を通る積分になおし，その鞍部点近くの積分で全積分を近似する方法である．(7.2.24)の $H_0^{(1)}(\lambda\rho)$ に漸近形(D.21)を入れると被積分関数の指数関数の部分は

$$e^{g(\lambda)} = e^{i\lambda\rho-\sqrt{\lambda^2-k_1^2}(z+h)} = e^{r'(i\lambda\sin\theta-\sqrt{\lambda^2-k_1^2}\cos\theta)}$$

である．ここで r', θ は図 7.8 の $\overline{\mathrm{S'P}}$ と入射角である．r' が充分大きい領域では鞍部点法が用いられる．峠道は $\mathrm{Re}\, g(\lambda)$ 一定の曲線群に直交するから $\mathrm{Im}\, g(\lambda)$ 一定である．その上で $\mathrm{Re}\, g(\lambda)$ が極大となる点 λ_s では $g(\lambda)$ の微分が 0 となる．かくして

$$\frac{\partial g(\lambda)}{\partial\lambda} = ir'\sin\theta - \frac{\lambda}{\sqrt{\lambda^2-k_1^2}}r'\cos\theta = 0$$

から，鞍部点は

$$\lambda_s = k_1\sin\theta$$

と定まる．ここで，図 7.7 の Riemann 葉では $\lambda > k_1$ の実軸上で

$\sqrt{\lambda^2-k_1^2}$ を正にとっているので，$\lambda^2<k_1^2$ の実軸上では $\sqrt{\lambda^2-k_1^2} = -i\sqrt{k_1^2-\lambda^2}$ であることを用いている．さて鞍部点の近傍で $g(\lambda)$ を Taylor 展開すると

$$g(\lambda) = ik_1\rho\sin\theta+ik_1(z+h)\cos\theta + \frac{1}{2}\frac{k_1^2r'\cos\theta}{(-ik_1\cos\theta)^3}(\lambda-k_1\sin\theta)^2+\cdots$$
$$= ik_1r'+\frac{r'}{2ik_1\cos^2\theta}(\lambda-k_1\sin\theta)^2+\cdots$$

となる．鞍部点を離れると被積分関数が最も早く小さくなるためには $(\lambda-k_1\sin\theta)^2$ が負の虚数となる積分路，すなわち

$$\lambda-k_1\sin\theta = \chi e^{-i\pi/4} \qquad (\chi \text{ は実数のパラメター})$$

のように実軸と $\pi/4$ だけ傾いたものをとればよい．

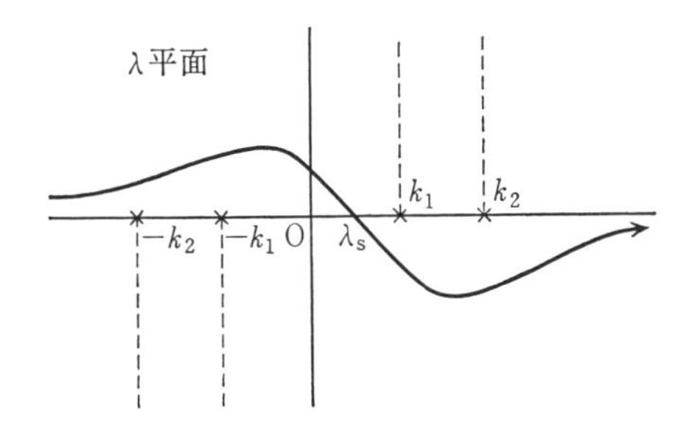

図 7.9

まず $c_1>c_2$ したがって $k_1<k_2$ の場合を考えよう．このときには図 7.9 のように鞍部点は分岐点 k_1 と原点の間にあり，積分路を $W^{(1)}+W^{(1)\prime}$ から図の鞍部点を通り実軸と $\pi/4$ だけ傾いた積分路にもっていくときに cut に妨げられない．かくして鞍部点の近傍で積分を近似すれば

$$\phi_{\mathrm{I}}'(\boldsymbol{\rho}, z) \simeq \frac{q_0}{8\pi}\sqrt{\frac{2}{\pi\lambda_s\rho}}\frac{\lambda_s(\sigma_2\sqrt{\lambda_s^2-k_1^2}-\sigma_1\sqrt{\lambda_s^2-k_2^2})}{\sqrt{\lambda_s^2-k_1^2}(\sigma_1\sqrt{\lambda_s^2-k_2^2}+\sigma_2\sqrt{\lambda_s^2-k_1^2})}$$
$$\times e^{ik_1r'-i\pi/4}\int e^{-r'\chi^2/(2k_1\cos^2\theta)}d\chi e^{-i\pi/4}$$

$$\simeq \frac{q_0}{4\pi}\frac{e^{ik_1r'}}{r'}\frac{\sigma_2c_2\cos\theta-\sigma_1\sqrt{c_1{}^2-c_2{}^2\sin^2\theta}}{\sigma_2c_2\cos\theta+\sigma_1\sqrt{c_1{}^2-c_2{}^2\sin^2\theta}} \qquad (7.2.25)^*$$

が得られる．

つぎに $c_2>c_1$ のときには，$k_2<\lambda_s=k_1\sin\theta$ を充たす $(\boldsymbol{\rho}, z)$ に対しては図7.10のように $W^{(1)}+W^{(1)\prime}$ から鞍部点を通る近似積分路に移るときに分岐点 k_2 をまわる積分路を考えなければならない．すなわち鞍部点の近くの積分からの寄与(7.2.25)の他に k_2 をまわる積分からの寄与を加えねばならない．さてさきに取り扱った $g(\lambda)$ を k_2 のまわりで Taylor 展開すると

$$g(\lambda)\simeq ik_2\rho-\sqrt{k_2{}^2-k_1{}^2}(z+h)+i(\lambda-k_2)\rho-\frac{k_2(z+h)}{\sqrt{k_2{}^2-k_1{}^2}}(\lambda-k_2)+\cdots$$
$$=ik_1r'\cos(\theta-\theta_0)+\frac{i(\lambda-k_2)r'\sin(\theta-\theta_0)}{\cos\theta_0}+\cdots$$

となる．ここで $k_2=k_1\sin\theta_0$ としている．k_2 のまわりの積分は

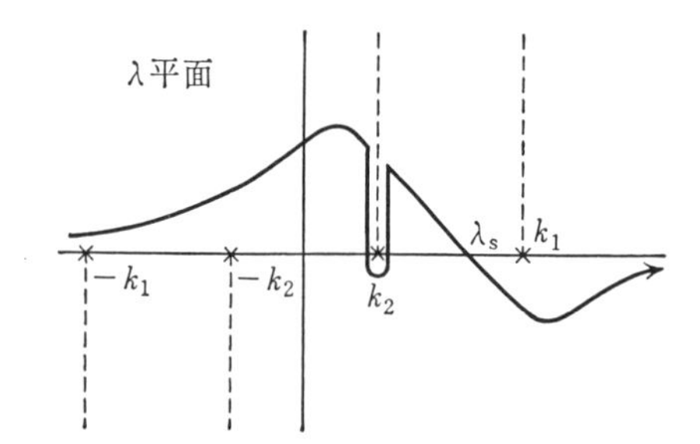

図7.10

* この形は入射平面波 $\phi_{\mathrm{Ii}}=A_{\mathrm{i}}\exp(-ik_1z\cos\theta+ik_1x\sin\theta-i\omega t)$ にたいする反射波と屈折波 $\phi_{\mathrm{Ir}}=A_{\mathrm{r}}\exp(ik_1z\cos\theta+ik_1x\sin\theta-i\omega t)$，$\phi_{\mathrm{II}}=B\exp(-ik_2z\cdot\cos\theta'+ik_2x\sin\theta'-i\omega t)$ に対して境界条件(7.2.18)を要求したときの反射係数

$$R=\left|\frac{A_{\mathrm{r}}}{A_{\mathrm{i}}}\right|^2=\left(\frac{\sigma_2c_2\cos\theta-\sigma_1\sqrt{c_1{}^2-c_2{}^2\sin^2\theta}}{\sigma_2c_2\cos\theta+\sigma_1\sqrt{c_1{}^2-c_2{}^2\sin^2\theta}}\right)^2$$

からも予想されるものである．

$\lambda-k_2=i\tau$(τは正のパラメター)のτについての積分となるので，$\theta-\theta_0$があまり小さくなければこの積分は$\lambda\sim k_2$からの寄与が大きい．したがって$e^{g(\lambda)}$以外の被積分関数を$\sqrt{\lambda^2-k_2{}^2}$で冪(べき)展開すると，0次部分はcutでのとびがないから積分には寄与しない．1次部分は

$$-\frac{q_0}{8\pi}\int\frac{2\sigma_1\sqrt{\lambda^2-k_2{}^2}}{\sigma_2(k_2{}^2-k_1{}^2)}\sqrt{\frac{2k_2}{\pi\rho}}e^{ik_1r'\cos(\theta-\theta_0)-i\pi/4+i(\lambda-k_2)r'\sin(\theta-\theta_0)/\cos\theta_0}d\lambda$$

となり，cutの右では$\sqrt{\lambda^2-k_2{}^2}\simeq\sqrt{2k_2}\sqrt{i\tau}$，cutの左では$\sqrt{\lambda^2-k_2{}^2}\simeq-\sqrt{2k_2}\sqrt{i\tau}$となるので，この積分を近似的に$\tau$について区間$(0,\infty)$で積分すると

$$-\frac{q_0}{8\pi}\frac{2\sigma_1}{\sigma_2}\frac{2k_2}{k_2{}^2-k_1{}^2}\sqrt{\frac{1}{\pi\rho}}e^{ik_1r'\cos(\theta-\theta_0)-i\pi/4}\int_0^\infty 2\sqrt{i\tau}\,e^{-r'\sin(\theta-\theta_0)\tau/\cos\theta_0}id\tau$$

$$=\frac{iq_0\sigma_1\sin\theta_0}{2\pi\sigma_2k_1\sqrt{\cos\theta_0\sin\theta\sin^3(\theta-\theta_0)}}\frac{e^{ik_1r'\cos(\theta-\theta_0)}}{r'^2}\qquad(7.2.26)$$

が得られる．ここで積分

$$\int_0^\infty\sqrt{\tau}\,e^{-A\tau}d\tau=\frac{\sqrt{\pi}}{2}A^{-3/2}$$

を用いている．(7.2.26)で表わされる音波の波面は

$$r'\cos(\theta-\theta_0)=(z+h)\cos\theta_0+\rho\sin\theta_0=\text{定数}$$

から定められるので円錐面となる．このような波を側方波(lateral wave)という．(7.2.26)は$k_1{}^{-1}$に比例するので波長の短い極限では0となる．またこれはr'^{-2}の程度であるからさきに鞍部点附近からの近似で無視したのと同じ大きさではあるが，無視した項はr'^{-1}の大きさの波と同じ形であり側方波のような特徴のある形はしていない．

c) 垂直アンテナ

地上hの高さにある垂直アンテナから出る電磁波を考えよう．

地表を $z=0$ にとり，円筒座標 (ρ, φ, z) で $\rho=0, z=h$ の位置にあるアンテナが角振動数 ω で振動する複素点電気偏極

$$\boldsymbol{P}(\boldsymbol{r}, t) = P_0 \boldsymbol{e}^{(z)} \frac{2\pi\delta(\rho)}{\rho} \delta(z-h) e^{-i\omega t} \qquad (7.2.27)$$

で表わされるとする．Hertz ベクトル $\boldsymbol{\pi}(0, 0, \Phi e^{-i\omega t})$ の充たす方程式は，地上では(A. 4. 25)から

$$(\Delta + \varepsilon_1 \mu_1 \omega^2) \Phi_{\mathrm{I}}(\boldsymbol{r}) = -\frac{P_0}{\varepsilon_1} \frac{2\pi\delta(\rho)}{\rho} \delta(z-h) \qquad (z>0) \qquad (7.2.28)$$

であり，地球内では(A. 4. 33) から

$$\{\Delta + \mu_2 \omega(\varepsilon_2 \omega + i\sigma_2)\} \Phi_{\mathrm{II}}(\boldsymbol{r}) = 0 \qquad (z<0) \quad (7.2.29)$$

である．φ 依存性はないとしてよいから，(A. 4. 30)(A. 4. 38)から作られる 0 でない成分は E_ρ, E_z, H_φ だけである．この場合表面電荷密度は与えるべき条件ではなく，解から逆にきまるべきものであるので，与えるべき境界条件は $E_{/\!/}, H_{/\!/}$ の連続性(A. 4. 9)(A. 4. 11)である．(A. 4. 30)(A. 4. 38)から，これらは

$$\left.\begin{aligned} \frac{\partial \Phi_{\mathrm{I}}(\boldsymbol{\rho}, z)}{\partial z} &= \frac{\partial \Phi_{\mathrm{II}}(\boldsymbol{\rho}, z)}{\partial z} \qquad (z=0) \\ k^2 \Phi_{\mathrm{I}}(\boldsymbol{\rho}, 0) &= k_E{}^2 \Phi_{\mathrm{II}}(\boldsymbol{\rho}, 0) \qquad (z=0) \end{aligned}\right\} \qquad (7.2.30)$$

となる．ここで

$$k^2 = \omega^2 \varepsilon_1 \mu_0 \qquad (7.2.31)$$

$$k_E{}^2 = \omega^2 \varepsilon_2 \mu_0 + i\omega\sigma_2 \mu_0 \qquad (7.2.32)$$

であり，$\mu_1 = \mu_2 = \mu_0$ と仮定している．

さて境界条件(7. 2. 30)を充たす方程式(3. 2. 28) (3. 2. 29)の解を求めるのに，§6. 2 c)項の考え方，すなわち Green 関数(3. 2. 32)の知識を利用して領域 I, II の解をそれぞれ

$$\Phi_{\mathrm{I}}(\boldsymbol{\rho}, z)=\frac{1}{4\pi}\int_{W^{(1)}}\frac{P_0}{\varepsilon_1}J_0(\lambda\rho)\left\{\frac{\lambda e^{-\sqrt{\lambda^2-k^2}|z-h|}}{\sqrt{\lambda^2-k^2}}+f_1(\lambda)e^{-\sqrt{\lambda^2-k^2}(z+h)}\right\}d\lambda \tag{7.2.33}$$

$$\Phi_{\mathrm{II}}(\boldsymbol{\rho}, z)=\frac{1}{4\pi}\int_{W^{(1)}}\frac{P_0}{\varepsilon_1}J_0(\lambda\rho)f_2(\lambda)e^{\sqrt{\lambda^2-k_E^2}(z-h)}d\lambda \tag{7.2.34}$$

と表わすことができる．従って問題は $f_1(\lambda)$, $f_2(\lambda)$ をうまく定めて境界条件(7.2.29)を充たせるかということになる．(7.2.29)は

$$\sqrt{\lambda^2-k^2}\,e^{-\sqrt{\lambda^2-k^2}h}\left\{\frac{\lambda}{\sqrt{\lambda^2-k^2}}-f_1(\lambda)\right\}=\sqrt{\lambda^2-k_E^2}\,e^{-\sqrt{\lambda^2-k_E^2}h}f_2(\lambda)$$

$$k^2e^{-\sqrt{\lambda^2-k^2}h}\left\{\frac{\lambda}{\sqrt{\lambda^2-k^2}}+f_1(\lambda)\right\}=k_E^2e^{-\sqrt{\lambda^2-k_E^2}h}f_2(\lambda)$$

が充たされていればよい．これを解くと

$$\left.\begin{aligned}f_1(\lambda)&=\frac{\lambda}{\sqrt{\lambda^2-k^2}}\frac{k_E^2\sqrt{\lambda^2-k^2}-k^2\sqrt{\lambda^2-k_E^2}}{k_E^2\sqrt{\lambda^2-k^2}+k^2\sqrt{\lambda^2-k_E^2}}\\&=\frac{\lambda}{\sqrt{\lambda^2-k^2}}\left\{1-\frac{2k^2\sqrt{\lambda^2-k_E^2}}{k_E^2\sqrt{\lambda^2-k^2}+k^2\sqrt{\lambda^2-k_E^2}}\right\}\\f_2(\lambda)&=\frac{2\lambda k^2}{k_E^2\sqrt{\lambda^2-k^2}+k^2\sqrt{\lambda^2-k_E^2}}e^{h(\sqrt{\lambda^2-k_E^2}-\sqrt{\lambda^2-k^2})}\end{aligned}\right\} \tag{7.2.35}$$

が得られる．(7.2.35)を(7.2.33)(7.2.34)に代入すれば解が得られる．アンテナの位置 $\boldsymbol{r}_0(\mathbf{0}, h)$ の地表に対する鏡像を $\boldsymbol{r}_{01}(\mathbf{0}, -h)$ と書くと，領域Iでの解はまた

$$\begin{aligned}\Phi_{\mathrm{I}}(\boldsymbol{\rho}, z)=\frac{P_0}{4\pi\varepsilon_1}&\left[\frac{e^{ik|\boldsymbol{r}-\boldsymbol{r}_0|}}{|\boldsymbol{r}-\boldsymbol{r}_0|}+\frac{e^{ik|\boldsymbol{r}-\boldsymbol{r}_{01}|}}{|\boldsymbol{r}-\boldsymbol{r}_{01}|}\right.\\&\left.-\int_{W^{(1)}}\frac{\lambda J_0(\lambda\rho)}{\sqrt{\lambda^2-k^2}}\frac{2k^2\sqrt{\lambda^2-k_E^2}}{k_E^2\sqrt{\lambda^2-k^2}+k^2\sqrt{\lambda^2-k_E^2}}e^{-\sqrt{\lambda^2-k^2}(z+h)}d\lambda\right]\end{aligned} \tag{7.2.36}$$

とも表わせることが(7.2.35)の形から示せる．

アンテナの高さ h を無視できるときには

$$\left.\begin{aligned}\Phi_{\mathrm{I}}(\boldsymbol{\rho}, z) &= \frac{P_0}{4\pi\varepsilon_1}\int_{W^{(1)}} \frac{2\lambda k_E{}^2 J_0(\lambda\rho)}{k_E{}^2\sqrt{\lambda^2-k^2}+k^2\sqrt{\lambda^2-k_E{}^2}} e^{-\sqrt{\lambda^2-k^2}z} d\lambda \\ \Phi_{\mathrm{II}}(\boldsymbol{\rho}, z) &= \frac{P_0}{4\pi\varepsilon_1}\int_{W^{(1)}} \frac{2\lambda k^2 J_0(\lambda\rho)}{k_E{}^2\sqrt{\lambda^2-k^2}+k^2\sqrt{\lambda^2-k_E{}^2}} e^{\sqrt{\lambda^2-k_E{}^2}z} d\lambda\end{aligned}\right\} \tag{7.2.37}$$

となる.

地球が良導体すなわち $|k_E{}^2| \simeq |i\omega\sigma_2\mu_0| \gg k^2$ であれば, λ の積分は $|k_E| \gg \lambda$ の領域で近似され, そこでは

$$\sqrt{\lambda^2-k_E{}^2} \simeq -ik_E = (1-i)\sqrt{\omega\sigma_2\mu_0/2}$$

で近似されるので (7.2.36) は

$$\Phi_{\mathrm{I}}(\boldsymbol{\rho}, z) = \frac{P_0}{4\pi\varepsilon_1}\left[\frac{e^{ik|\boldsymbol{r}-\boldsymbol{r}_0|}}{|\boldsymbol{r}-\boldsymbol{r}_0|} + \frac{e^{ik|\boldsymbol{r}-\boldsymbol{r}_{01}|}}{|\boldsymbol{r}-\boldsymbol{r}_{01}|} + \frac{2ik^2}{k_E}\int_{W^{(1)}} \frac{\lambda J_0(\lambda\rho)}{\lambda^2-k^2} e^{-\sqrt{\lambda^2-k^2}(z+h)} d\lambda\right] \tag{7.2.38}$$

で表わされる. 完全導体すなわち $k_E \to \infty$ のときは

$$\Phi_{\mathrm{I}}(\boldsymbol{\rho}, z) = \frac{P_0}{4\pi\varepsilon_1}\left\{\frac{e^{ik|\boldsymbol{r}-\boldsymbol{r}_0|}}{|\boldsymbol{r}-\boldsymbol{r}_0|} + \frac{e^{ik|\boldsymbol{r}-\boldsymbol{r}_{01}|}}{|\boldsymbol{r}-\boldsymbol{r}_{01}|}\right\}$$

となる.

(7.2.37) などの積分を近似して実際の電磁場の強度分布を得ることについては多くの研究がなされている. それらについては文献(1)の p. 250 以下や文献(6)の p. 583 以下を参照されたい.

§7.3 円筒面境界

a) 円柱の微小振動により生ずる音波

充分長い剛体円柱が軸に垂直な方向に角振動数 ω で微小振動する場合を考えよう. 振動によって生ずる空気の複素速度ポテンシャル $\phi(\boldsymbol{r})e^{-i\omega t}$ の充たす方程式は (A.2.8) で ω^2/c^2 を k^2 と書いて

$$(\Delta+k^2)\phi(\boldsymbol{r})=0 \tag{7.3.1}$$

である．円柱軸を z 軸にとり円筒座標(ρ, φ, z)を用いると，境界条件は

$$v_\rho(a)=b\omega\cos\varphi\cos\omega t=-\mathrm{Re}\left.\frac{\partial\phi(\boldsymbol{r})}{\partial\rho}\right|_{\rho=a}e^{-i\omega t} \tag{7.3.2}$$

ととれる．いま ϕ の z 依存性はないとして，φ 依存性を

$$\phi(\rho, \varphi)=\chi(\rho)\cos\varphi \tag{7.3.3}$$

とおくと，$\chi(\rho)$の充たす方程式と境界条件は

$$\left(\frac{1}{\rho}\frac{d}{d\rho}\rho\frac{d}{d\rho}-\frac{1}{\rho^2}+k^2\right)\chi(\rho)=0 \tag{7.3.4}$$

$$\mathrm{Re}\frac{d\chi}{d\rho}(a)e^{-i\omega t}=-b\omega\cos\omega t \tag{7.3.5}$$

となる．(7.3.4)の解で遠方で外向波の境界条件を充たすものは

$$\chi(\rho)=AH_1{}^{(1)}(k\rho) \tag{7.3.6}$$

であり，定数 A を(7.3.5)から定めると

$$\phi(\boldsymbol{\rho})=\frac{-bc}{H_1{}^{(1)\prime}(ka)}H_1{}^{(1)}(k\rho)\cos\varphi \tag{7.3.7}$$

が得られる．

円柱から充分遠方の速度場は

$$\begin{aligned}v_\rho(\rho, \varphi, t)&=-\mathrm{Re}\left\{A\frac{\partial H_1{}^{(1)}(k\rho)}{\partial\rho}\cos\varphi\cdot e^{-i\omega t}\right\}\\&\rightarrow\mathrm{Re}\left\{ik|A|e^{-i\delta}\sqrt{\frac{2}{\pi k\rho}}e^{i(k\rho-3\pi/4)}\cos\varphi\cdot e^{-i\omega t}\right\}\\&=\frac{-bc}{|H_1{}^{(1)\prime}(ka)|}\sqrt{\frac{2k}{\pi\rho}}\cos\varphi\sin\left(k\rho-\frac{3}{4}\pi-\omega t-\delta\right)\end{aligned} \tag{7.3.8}$$

$$\begin{aligned}v_\varphi(\rho, \varphi, t)&=-\mathrm{Re}\,AH_1{}^{(1)}(k\rho)\frac{1}{\rho}\frac{d\cos\varphi}{d\varphi}e^{-i\omega t}\\&\rightarrow O(\rho^{-3/2})\end{aligned} \tag{7.3.9}$$

となる．ここで δ は $H_1^{(1)\prime}(ka)$ の偏角である．充分遠方での速度場はほとんど ρ 方向を向いていることがわかる．

円柱が充分細いとき，すなわち $ka \ll 1$ のときは

$$A \sim -b\omega\left\{\frac{d}{da}\left(\frac{-2i}{\pi ka}\right)\right\}^{-1} = \frac{-b\omega^2\pi a^2}{2ic} \qquad (7.3.10)$$

であるので，円柱の単位長さあたり単位時間に放出されるエネルギーの時間平均は(A. 2. 10)から

$$I = \left\langle \int \frac{\sigma_0}{c}\omega^2|\mathrm{Re}\,\phi(\boldsymbol{\rho})e^{-i\omega t}|^2\rho d\varphi \right\rangle = \frac{\sigma_0\pi^2 b^2 a^4\omega^5}{4c^2} \qquad (7.3.11)$$

となる．a^4 に比例することは弦楽器の弦があまり細いと強い音が出ないことを表わしている．

この問題を Green 関数を用いて解いてみよう．円周面上で Neumann 条件を充たし，無限遠で外向波を表わす2次元 Helmholtz 方程式に対する Green 関数は，(5. 3. 41)で $B=0$ とおいた

$$G(\boldsymbol{\rho},\boldsymbol{\rho}') = \frac{i}{4}\sum_{m=0}^{\infty}\epsilon_m \cos m(\varphi-\varphi')H_m^{(1)}(k\rho) \times\left\{J_m(k\rho') - \frac{J_m'(ka)}{H_m^{(1)\prime}(ka)}H_m^{(1)}(k\rho')\right\} \qquad (\rho>\rho';\rho\leftrightarrow\rho') \qquad (7.3.12)$$

である．これを用いて

$$\begin{aligned}\phi(\boldsymbol{\rho}) &= -\int G(\boldsymbol{\rho},\boldsymbol{\rho}')\left.\frac{\partial\phi(\boldsymbol{\rho}')}{\partial\rho'}\right|_{\rho'=a} ad\varphi' \\ &= \frac{i}{4}\sum_{m=0}^{\infty}\epsilon_m\frac{H_m^{(1)}(k\rho)}{H_m^{(1)\prime}(ka)}\{J_m(ka)H_m^{(1)\prime}(ka) \\ &\quad -J_m'(ka)H_m^{(1)}(ka)\}\int_0^{2\pi}\cos m(\varphi-\varphi')b\omega a\cos\varphi' d\varphi' \\ &= \frac{i\pi b\omega a\cos\varphi}{2}\frac{H_1^{(1)}(k\rho)}{H_1^{(1)\prime}(ka)}\{J_1(ka)H_1^{(1)\prime}(ka)-J_1'(ka)H_1^{(1)}(ka)\}\end{aligned}$$

$$= \frac{-bc\cos\varphi}{H_1{}^{(1)\prime}(ka)} H_1{}^{(1)}(k\rho) \tag{7.3.13}$$

となって(7.3.7)と一致する．ここで(D.24)を用いた．

(7.3.7)を得た過程と(7.3.13)を得た過程とをくらべてみると，前者の方が初等的であり，誤まることも少ないと思われる．したがってこの問題に関してはGreen関数の方法にこだわるのはあまり得策ではない．

b) 完全導体円柱による電磁波の散乱

円柱の軸をz軸にする円筒座標系(ρ,φ,z)をとる．(ρ_0,φ_0,z_0)点にあるz方向を向く角振動数ωの固定された点偏極$\boldsymbol{P}$によって生じる電磁波の，半径aの充分長い完全導体円柱による散乱を考えよう．Hertzベクトル$\boldsymbol{\pi}(0,0,\Phi e^{-i\omega t})$の充たす方程式は(A.4.25)

$$(\Delta+\varepsilon\mu\omega^2)\Phi(\boldsymbol{r}) = -\frac{1}{\varepsilon}P_0\,\delta(\rho-\rho_0)\delta(\varphi-\varphi_0)\delta(z-z_0)\frac{1}{\rho_0} \tag{7.3.14}$$

である．境界条件(A.4.12)(A.4.13)はこの場合

$$E_\varphi = E_z = H_\rho = 0 \qquad (\rho=a)$$

であるから，(A.4.30)から

$$\Phi(a,\varphi,z) = 0 \tag{7.3.15}$$

であればよい．

Helmholtz方程式の，円柱面でDirichlet境界条件を充たし，無限遠方で外向波となるGreen関数は，(5.3.21)で$A=0$とした

$$\begin{aligned} G(\boldsymbol{r},\boldsymbol{r}') = \frac{i}{4\pi}\sum_{m=0}^{\infty}\epsilon_m\cos m(\varphi-\varphi')\int_0^\infty &\Big\{J_m(\sqrt{k^2-\lambda^2}\rho') \\ &-\frac{J_m(\sqrt{k^2-\lambda^2}a)}{H_m{}^{(1)}(\sqrt{k^2-\lambda^2}a)}H_m{}^{(1)}(\sqrt{k^2-\lambda^2}\rho')\Big\} \\ &\times H_m{}^{(1)}(\sqrt{k^2-\lambda^2}\rho)\cos\lambda(z-z')d\lambda \\ &(\rho>\rho';\ \rho\leftrightarrow\rho') \end{aligned} \tag{7.3.16}$$

である．したがってこのとき

$$\Phi(\boldsymbol{r}) = \frac{iP_0}{4\pi\varepsilon}\sum_{m=0}^{\infty}\epsilon_m \cos m(\varphi-\varphi_0)\int_0^\infty \Biggl\{J_m(\sqrt{k^2-\lambda^2}\rho_0) - \frac{J_m(\sqrt{k^2-\lambda^2}a)}{H_m{}^{(1)}(\sqrt{k^2-\lambda^2}a)}H_m{}^{(1)}(\sqrt{k^2-\lambda^2}\rho_0)\Biggr\} \times H_m{}^{(1)}(\sqrt{k^2-\lambda^2}\rho)\cos\lambda(z-z_0)d\lambda \quad (\rho>\rho_0;\ \rho\leftrightarrow\rho_0) \tag{7.3.17}$$

が得られる．

§7.4 球面境界

a) 球の微小振動により生ずる音波

まず半径 a の球の半径が一様に角振動数 ω で伸縮する場合を考えよう．これは複素速度ポテンシャル $\phi(\boldsymbol{r}, t)=\phi(\boldsymbol{r})e^{-i\omega t}$ として，方程式

$$(\Delta+k^2)\phi(\boldsymbol{r}) = 0 \tag{7.4.1}$$

を境界条件

$$v_r(\boldsymbol{r}, t) = -\mathrm{Re}\frac{\partial\phi(\boldsymbol{r})}{\partial r}e^{-i\omega t} = \omega b\cos\omega t \qquad (r=a) \tag{7.4.2}$$

のもとに解く問題として定式化できる．この問題を解くには，§7.3 a)項と同じように，なにも Green 関数を用いる必要はない．しかしどのような場合に有効となるかということを明白にするために，直接解を求める方法と，Green 関数による方法とを並置してみよう．

問題は球対称であるから，球座標をとって r だけの関数としてよい．方程式(7.4.1)は

$$\left(\frac{1}{r}\frac{d^2}{dr^2}r+k^2\right)\phi(r) = 0 \tag{7.4.3}$$

となる．この方程式の2つの独立解 $h_0{}^{(1)}(kr), h_0{}^{(2)}(kr)$ のうち，球の振動によって生じる波，すなわち遠方で外向波を表わすものは

$$\phi(r) = Ah_0{}^{(1)}(kr) = \frac{A}{ikr}e^{ikr} \tag{7.4.4}$$

である．境界条件(7.4.2)から定数 A をきめると

$$\phi(r) = \frac{-\omega b}{kh_0{}^{(1)\prime}(ka)}h_0{}^{(1)}(kr) = \frac{-cb}{h_0{}^{(1)\prime}(ka)}h_0{}^{(1)}(kr) \tag{7.4.5}$$

が得られる．速度と圧力は(A.2.2)(A.2.9)から

$$v_r(r, t) = -\mathrm{Re}\frac{\partial\phi(r)}{\partial r}e^{-i\omega t} = \mathrm{Re}\left(\frac{1}{ikr^2} - \frac{1}{r}\right)Ae^{ikr-i\omega t} \tag{7.4.6}$$

$$p(r, t) = p_0 + \sigma_0\,\mathrm{Re}\frac{\partial\phi(r)e^{-i\omega t}}{\partial t} = p_0 + \sigma_0\,\mathrm{Re}\frac{-cA}{r}e^{ikr-i\omega t} \tag{7.4.7}$$

となる．放出される全エネルギーの時間平均は(A.2.10)から

$$I = \lim_{r\to\infty}\frac{\sigma_0}{c}\int\left\langle\left(\mathrm{Re}\frac{\partial\phi(\boldsymbol{r}, t)}{\partial t}\right)^2\right\rangle r^2 d\Omega = 2\pi\sigma_0 c|A|^2 \tag{7.4.8}$$

となる．$ka \ll 1, ka \gg 1$ の極限ではそれぞれ

$$I = \begin{cases} \dfrac{2\pi\sigma_0}{c}b^2\omega^4 a^4 & (ka \ll 1) \qquad (7.4.9) \\ 2\pi\sigma_0 c b^2\omega^2 a^2 & (ka \gg 1) \qquad (7.4.10) \end{cases}$$

が得られる．

さてこの問題をGreen関数を用いて扱ってみよう．方程式(7.4.1)の，球面上でNeumann境界条件を充たし無限遠で外向波を表わすGreen関数は，(5.3.32)で $B=0$ ととったもの

$$G(\boldsymbol{r},\boldsymbol{r}')$$
$$=\frac{ik}{4\pi}\sum_{n=0}^{\infty}(2n+1)P_n(\cos\gamma)h_n{}^{(1)}(kr)\left\{j_n(kr')-\frac{j_n{}'(ka)}{h_n{}^{(1)\prime}(ka)}h_n{}^{(1)}(kr')\right\}$$
$$(r>r';\ r\leftrightarrow r') \qquad (7.4.11)$$

である．これを用いて解の表現(2.1.8)から

$$\phi(\boldsymbol{r})=\int_{r'=a}G(\boldsymbol{r},\boldsymbol{r}')\frac{-\partial\phi(\boldsymbol{r}')}{\partial r'}r'^2d\Omega'$$
$$=ik\omega ba^2\left\{j_0(ka)-\frac{j_0{}'(ka)}{h_0{}^{(1)\prime}(ka)}h_0{}^{(1)}(ka)\right\}h_0{}^{(1)}(kr)$$
$$(7.4.12)$$

が得られる．ここで $n=0$ の項だけ残っているのは角度積分の結果である．(D.25)を用いると(7.4.12)は(7.4.5)と一致することが示せる．

つぎに剛体球が z 軸の方向に微小振動をする場合を考えよう．このときは境界条件を

$$v_r(\boldsymbol{r},t)=-\mathrm{Re}\frac{\partial\phi(\boldsymbol{r})}{\partial r}e^{-i\omega t}=\omega b\cos\theta\cos\omega t \qquad (r=a)$$
$$(7.4.13)$$

として，方程式(7.4.1)を解けばよい．対称性から

$$\phi(\boldsymbol{r})=\chi(r)\cos\theta \qquad (7.4.14)$$

とおくと，問題は，方程式

$$\left(\frac{1}{r}\frac{d^2}{dr^2}r-\frac{2}{r^2}+k^2\right)\chi(r)=0 \qquad (7.4.15)$$

を境界条件

$$\left.\frac{\partial\chi(r)}{\partial r}\right|_a=-\omega b \qquad (7.4.16)$$

のもとで解くことに帰着される．(7.4.15)の外向波を表わす解は

$$\chi(r)=Ah_1^{(1)}(kr)=-A\left(\frac{1}{kr}+\frac{i}{k^2r^2}\right)e^{ikr} \qquad (7.4.17)$$

であるから，(7.4.16)から定数 A を定めれば

$$\phi(\boldsymbol{r})=\frac{-cb}{h_1^{(1)\prime}(ka)}h_1^{(1)}(kr)\cos\theta \qquad (7.4.18)$$

となる．放出されるエネルギーの角度分布は $\cos^2\theta$ であり，全エネルギーの時間平均は，(A.2.10)から

$$I=\lim_{r\to\infty}\frac{\sigma_0}{c}\int\left\langle\left(\mathrm{Re}\frac{\partial\phi(\boldsymbol{r},t)}{\partial t}\right)^2\right\rangle r^2d\Omega$$
$$=\frac{2\pi c\sigma_0}{3}|A|^2 \qquad (7.4.19)$$

となる．$ka\ll1, ka\gg1$ の極限ではそれぞれ

$$I\simeq\begin{cases}\dfrac{\pi\sigma_0b^2\omega^6a^6}{6c^3} & (ka\ll1) \qquad (7.4.20)\\[2ex] \dfrac{2\pi c\sigma_0b^2\omega^2a^2}{3} & (ka\gg1) \qquad (7.4.21)\end{cases}$$

である．

この問題を Green 関数を用いて扱うときは，球面上で Neumann 条件を与え無限遠で外向波を表わすもの，すなわち(7.4.11)が適当である．これを用いると，解の表現(2.1.8)から

$$\phi(\boldsymbol{r})=\int_{r'=a}G(\boldsymbol{r},\boldsymbol{r}')\frac{-\partial\phi(\boldsymbol{r}')}{\partial r'}r'^2d\Omega'$$
$$=\frac{ik\omega ba^2}{4\pi}\sum_{n=0}^{\infty}(2n+1)\sum_{m=0}^{n}\epsilon_m\frac{(n-m)!}{(n+m)!}P_n^m(\cos\theta)h_n^{(1)}(kr)$$
$$\times\left\{j_n(ka)-\frac{j_n'(ka)}{h_n^{(1)\prime}(ka)}h_n^{(1)}(ka)\right\}$$
$$\times\int P_n^m(\cos\theta')\cos m(\varphi-\varphi')\cos\theta'\sin\theta'd\theta'd\varphi'$$
$$=\frac{-cbh_1^{(1)}(kr)\cos\theta}{h_1^{(1)\prime}(ka)}$$

となって，(7.4.18)と一致する．ここで(D.25)を用いた．

音源のモデルとしてはさきの球半径の収縮による振動は点音源に対応し，あとの z 方向への振動は，一方で密度を増しているときは他方で密度を減じているので，2重極源に対応すると考えられる．Coulomb 場のときは2重極源によるポテンシャルは r^{-2} で小さくなったが，この場合は(7.4.4)と(7.4.18)で $ka \ll 1$ とするとわかるように，2重極源のポテンシャルは単極源にくらべ ka くらいの大きさになり，r 依存性は変わらない．これは2重極源を微小距離だけ離れた符号の異なる2つの単極源とした

$$\phi(x+\delta x)-\phi(x)=\frac{\partial\phi}{\partial x}\delta x$$

のような表現において，e^{ikr} の微分の寄与があるからである．それでも ka が充分に小さければ2重極源からの音波は単極源からのものにくらべて弱い．このような効果を避けるために，球面の半分を被覆したとすると，境界条件は(7.4.13)の代りに

$$v_r(\boldsymbol{r},t)=-\mathrm{Re}\frac{\partial\phi(\boldsymbol{r})}{\partial r}e^{-i\omega t}=\omega b\cos\theta\cos\omega t\cdot\theta\left(\frac{\pi}{2}-\theta\right)$$

$$(r=a) \qquad (7.4.22)$$

として解けばよい．この場合には直接解を求めることは面倒であり，Green 関数(7.4.11)を用いて

$$\begin{aligned}\phi(\boldsymbol{r})&=\int_{r'=a}G(\boldsymbol{r},\boldsymbol{r}')\frac{-\partial\phi(\boldsymbol{r})}{\partial r'}r'^2d\Omega'\\&=\frac{ik\omega ba^2}{4\pi}\sum_{n=0}^{\infty}(2n+1)\sum_{m=0}^{n}\epsilon_m\frac{(n-m)!}{(n+m)!}P_n{}^m(\cos\theta)h_n{}^{(1)}(kr)\\&\quad\times\left\{j_n(ka)-\frac{j_n{}'(ka)}{h_n{}^{(1)\prime}(ka)}h_n{}^{(1)}(ka)\right\}\\&\quad\times\int_0^{\pi/2}d\theta'\int_0^{2\pi}d\varphi' P_n{}^m(\cos\theta')\cos m(\varphi-\varphi')\cos\theta'\sin\theta'\end{aligned}$$

$$= \frac{-cb}{2}\sum_{n=0}^{\infty}(2n+1)\frac{h_n^{(1)}(kr)}{h_n^{(1)\prime}(ka)}\int_0^{\pi/2}P_n(\cos\theta')\cos\theta'\sin\theta' d\theta' \tag{7.4.23}$$

が得られる．この場合には $n=0$ からの寄与もあるので，単極源と同程度の音波を出す．

この項で扱った問題のなかで，(7.4.5)(7.4.18)を求める場合には直接解を求める方が Green 関数を用いて解くよりも初等的であり，誤まることも少ないと思われる．しかし(7.4.23)を求める場合には Green 関数を用いるのが有効である．

b) 剛体球による音波の散乱

点音源から出された音波が，半径 a の剛体球で散乱される場合を考えよう．後に音源を無限遠に遠ざけることにより z 方向に進む平面波の剛体球による散乱を扱うので，音源を球座標で $r=r_0$, $\theta=\pi$ にとろう．問題は，速度ポテンシャルに対する方程式

$$(\Delta+k^2)\phi(\boldsymbol{r}) = -q_0\frac{\delta(r-r_0)\delta(\theta-\pi)}{2\pi r_0{}^2\sin\theta} \tag{7.4.24}$$

を，球面での境界条件

$$\frac{\partial\phi(\boldsymbol{r})}{\partial r} = 0 \qquad (r=a) \tag{7.4.25}$$

と遠方で外向波の条件のもとに解くのである．

球面で Neumann 条件を充たし遠方で外向波となる，方程式(7.4.24)の Green 関数は(7.4.11)である．解の表現(2.1.8)から

$$\phi(\boldsymbol{r}) = \int_{r'>a}G(\boldsymbol{r},\boldsymbol{r}')\frac{q_0\delta(r'-r_0)\delta(\theta'-\pi)}{2\pi r_0{}^2\sin\theta'}r'^2\sin\theta' dr'd\theta'd\varphi'$$

$$= \frac{ikq_0}{4\pi}\sum_{n=0}^{\infty}(2n+1)(-1)^nP_n(\cos\theta)h_n^{(1)}(kr)$$

$$\times\left\{j_n(kr_0)-\frac{j_n'(ka)}{h_n^{(1)\prime}(ka)}h_n^{(1)}(kr_0)\right\}$$

$$(r>r_0;\ r\leftrightarrow r_0) \qquad (7.4.26)$$

が得られる.

特に $r_0\to\infty$ にすると

$$\phi(\boldsymbol{r})=\frac{ikq_0}{4\pi}\sum_{n=0}^{\infty}(2n+1)(-1)^nP_n(\cos\theta)$$

$$\times\left\{j_n(kr)-\frac{j_n'(ka)}{h_n^{(1)\prime}(ka)}h_n^{(1)}(kr)\right\}\frac{1}{kr_0}e^{i(kr_0-n\pi/2-\pi/2)}$$

$$=\frac{q_0}{4\pi r_0}\sum_{n=0}^{\infty}(2n+1)i^nP_n(\cos\theta)\left\{j_n(kr)-\frac{j_n'(ka)}{h_n^{(1)\prime}(ka)}h_n^{(1)}(kr)\right\}e^{ikr_0}$$

$$=\frac{q_0}{4\pi r_0}\left\{e^{ikr\cos\theta}-\sum_{n=0}^{\infty}(2n+1)i^nP_n(\cos\theta)\frac{j_n'(ka)}{h_n^{(1)\prime}(ka)}h_n^{(1)}(kr)\right\}e^{ikr_0}$$

$$(7.4.27)$$

となる. ここで(C.18)を用いた. この解の $r\to\infty$ での漸近形は

$$\phi(\boldsymbol{r})\to\frac{q_0}{4\pi r_0}e^{ikr_0}\left\{e^{ikr\cos\theta}-\sum_{n=0}^{\infty}(2n+1)i^nP_n(\cos\theta)\right.$$

$$\left.\times\frac{j_n'(ka)}{h_n^{(1)\prime}(ka)}\frac{1}{kr}e^{i(kr-n\pi/2-\pi/2)}\right\} \qquad (7.4.28)$$

であるから, (7.1.13)から散乱振幅は

$$f(\theta)=-\sum_{n=0}^{\infty}(2n+1)i^nP_n(\cos\theta)\frac{j_n'(ka)}{h_n^{(1)\prime}(ka)}\frac{1}{k}e^{-i(n+1)\pi/2}$$

$$=\frac{i}{k}\sum_{n=0}^{\infty}(2n+1)P_n(\cos\theta)\frac{j_n'(ka)}{h_n^{(1)\prime}(ka)} \qquad (7.4.29)$$

となる. これを phase shift による表式(7.1.26)とくらべると,

$$\frac{1}{2i}(e^{2i\delta_n}-1)=i\frac{j_n'(ka)}{h_n^{(1)\prime}(ka)}$$

となるので, これを解くと

$$\tan\delta_n=\frac{j_n'(ka)}{n_n'(ka)} \qquad (7.4.30)$$

が得られる.

c) 量子力学における粒子の散乱

剛体球による粒子の散乱を考えよう. これは定常 Schrödinger 方程式

$$(\Delta+k^2)\psi(\boldsymbol{r})=0 \tag{7.4.31}$$

を, 境界条件

$$\psi(\boldsymbol{r})=0 \qquad (r=a) \tag{7.4.32}$$

のもとに解く問題である. 通常これを無限遠で入射平面波と散乱外向球面波となるように解を定めるのであるが, ここでは前小節の結果を借用して, 点源からの散乱においてその点源を無限遠にもっていくように考えよう. 前小節との相異点はただ境界条件が Dirichlet 型であることだけである. したがって Green 関数として(7.4.11)の代りに, (5.3.32)で $A=0$ をとると, 解が(7.4.27)の代りに

$$\psi(\boldsymbol{r}) \propto e^{ikr\cos\theta}-\sum_{n=0}^{\infty}(2n+1)i^n P_n(\cos\theta)\frac{j_n(ka)}{h_n{}^{(1)}(ka)}h_n{}^{(1)}(kr) \tag{7.4.33}$$

となる. 対応する散乱振幅と phase shift は, (7.4.29)(7.4.30)を得たのと同様にして, それぞれ

$$f(\theta)=\frac{i}{k}\sum_{n=0}^{\infty}(2n+1)P_n(\cos\theta)\frac{j_n(ka)}{h_n{}^{(1)}(ka)} \tag{7.4.34}$$

$$\tan\delta_n=\frac{j_n(ka)}{n_n(ka)} \tag{7.4.35}$$

であることが示せる.

d) 垂直アンテナ

地球を半径 a の完全導体球として, 地上 h にある垂直アンテナから出される角振動数 ω の電磁波を考えよう. 地球の中心を原

点とする球座標をとり，アンテナを電気的複素点偏極

$$\boldsymbol{P}(\boldsymbol{r},t)=P_0\frac{\delta(r-r_0)\delta(\theta)}{2\pi r_0{}^2\sin\theta}e^{-i\omega t}\boldsymbol{e}^{(r)} \tag{7.4.36}$$

とする．φ 依存性は無視できるので，方程式(A. 4. 39)

$$(\Delta+\varepsilon\mu\omega^2)u(\boldsymbol{r})e^{-i\omega t}=-\frac{P_0}{r\varepsilon}\frac{\delta(r-r_0)\delta(\theta)}{2\pi r_0{}^2\sin\theta}e^{-i\omega t} \tag{7.4.37}$$

の解 $u(\boldsymbol{r})e^{-i\omega t}$ から(A. 4. 40)によって得られる E_r, E_θ, H_φ が電磁場の複素解の 0 でない成分である．$r=a$ での境界条件は(A. 4. 13)から $E_\theta=0$ であるので，(A. 4. 40)から

$$\frac{\partial ru(\boldsymbol{r})}{\partial r}=0 \qquad (r=a) \tag{7.4.38}$$

である．

この境界条件は(5. 3. 31)で $A=a$, $B=1$ とおいたものであるから，球外を対象とした Green 関数で遠方で外向波となる(5. 3. 32)

$$G(\boldsymbol{r},\boldsymbol{r}')=\frac{ik}{4\pi}\sum_{n=0}^{\infty}(2n+1)P_n(\cos\gamma)h_n{}^{(1)}(kr)\times\left\{j_n(kr')-\frac{j_n(ka)+kaj_n{}'(ka)}{h_n{}^{(1)}(ka)+kah_n{}^{(1)\prime}(ka)}h_n{}^{(1)}(kr')\right\}$$

$$(r>r';\ r\leftrightarrow r') \tag{7.4.39}$$

が求めるものである．ここで $k=\sqrt{\varepsilon\mu}\,\omega$ である．解の表現(2. 1. 8)から

$$\begin{aligned}u(\boldsymbol{r})&=\int G(\boldsymbol{r},\boldsymbol{r}')\frac{P_0}{r'\varepsilon}\frac{\delta(r'-r_0)\delta(\theta')}{2\pi r_0{}^2\sin\theta'}d\boldsymbol{r}'\\&=\frac{ik}{4\pi}\sum_{n=0}^{\infty}(2n+1)P_n(\cos\theta)\frac{P_0}{r_0\varepsilon}\\&\quad\times\left\{h_n{}^{(1)}(kr)j_n(kr_0)\theta(r-r_0)+j_n(kr)h_n{}^{(1)}(kr_0)\theta(r_0-r)\right.\\&\qquad\left.-\frac{j_n(ka)+kaj_n{}'(ka)}{h_n{}^{(1)}(ka)+kah_n{}^{(1)\prime}(ka)}h_n{}^{(1)}(kr)h_n{}^{(1)}(kr_0)\right\}\end{aligned} \tag{7.4.40}$$

が得られる．特にアンテナが地表近くにあるとき，すなわち$r_0\sim a$では，(D.25)を用いて

$$u(\boldsymbol{r}) = \frac{-P_0}{4\pi\varepsilon a^2}\sum_{n=0}^{\infty}(2n+1)P_n(\cos\theta)\frac{h_n{}^{(1)}(kr)}{h_n{}^{(1)}(ka)+kah_n{}^{(1)\prime}(ka)} \tag{7.4.41}$$

となる．

§7.5 2平面境界

a) 2平行完全導体面間の電磁放射

2つの平行完全導体面$z=0,l$の間にあり，z軸を向いている，与えられた電気的複素点偏極

$$P(\boldsymbol{r},t) = P_0\delta(x)\delta(y)\delta(z-z_0)e^{-i\omega t}\boldsymbol{e}^{(z)} \tag{7.5.1}$$

によっておこる電磁放射を考えよう．このときHertzベクトル$\boldsymbol{\pi}(0,0,\Phi(\boldsymbol{r})e^{-i\omega t})$は，方程式(A.4.25)

$$(\Delta+\varepsilon\mu\omega^2)\Phi(\boldsymbol{r}) = -\frac{P_0}{\varepsilon}\delta(x)\delta(y)\delta(z-z_0) \tag{7.5.2}$$

を充たす．円筒座標(ρ,φ,z)を用いると，対称性から解はφには依存しないとしてよいので，(A.4.30)によってE_ρ, E_z, H_φだけが0でない．境界条件は(A.4.13)から$E_{/\!/}=0$であるので

$$\frac{\partial\Phi(\boldsymbol{r})}{\partial z} = 0 \qquad (z=0,l) \tag{7.5.3}$$

であればよい．したがって問題は方程式(7.5.2)を境界条件(7.5.3)のもとに解くことに帰着される．

この問題に適合するGreen関数は$r\to\infty$では外向波となるものであり，(5.3.13)

$$G(\boldsymbol{r},\boldsymbol{r}')$$

$$= \frac{1}{2\pi}\int_{W^{(1)}}\lambda J_0(\lambda|\boldsymbol{\rho}-\boldsymbol{\rho}'|)\frac{\cosh\sqrt{\lambda^2-k^2}(l-z)\cosh\sqrt{\lambda^2-k^2}z'}{\sqrt{\lambda^2-k^2}\sinh\sqrt{\lambda^2-k^2}l}d\lambda$$

$$(z>z';\ z\leftrightarrow z') \qquad (7.5.4)$$

または(5.5.7)

$$G(\boldsymbol{r},\boldsymbol{r}')=\frac{i}{4l}\sum_{n=0}^{\infty}\epsilon_n\cos\frac{n\pi z}{l}\cos\frac{n\pi z'}{l}H_0{}^{(1)}(\sqrt{k^2-n^2\pi^2/l^2}|\boldsymbol{\rho}-\boldsymbol{\rho}'|) \qquad (7.5.5)$$

のように表わされる．したがって解の表現(2.1.8)から

$$\begin{aligned}\Phi(\boldsymbol{r})=\frac{P_0}{2\pi\varepsilon}\int_{W^{(1)}}&\frac{d\lambda\lambda J_0(\lambda\rho)}{\sqrt{\lambda^2-k^2}\sinh\sqrt{\lambda^2-k^2}l}\\&\times\{\cosh\sqrt{\lambda^2-k^2}(l-z)\cosh\sqrt{\lambda^2-k^2}z_0\theta(z-z_0)\\&\quad+\cosh\sqrt{\lambda^2-k^2}(l-z_0)\cosh\sqrt{\lambda^2-k^2}z\theta(z_0-z)\}\end{aligned} \qquad (7.5.6)$$

であるとか

$$\Phi(\boldsymbol{r})=\frac{iP_0}{4l\varepsilon}\sum_{n=0}^{\infty}\epsilon_n\cos\frac{n\pi z}{l}\cos\frac{n\pi z_0}{l}H_0{}^{(1)}(\sqrt{k^2-n^2\pi^2/l^2}\rho) \qquad (7.5.7)$$

のように表わされる．

第8章　拡散方程式

§8.1　境界のない場合

a)　運動する熱源

充分大きい一様な媒質中を，熱源が直線運動をする場合を考えよう．温度分布 $T(\boldsymbol{r},t)$ の充たす方程式は，(A. 3. 1) から

$$\left(\Delta-\frac{1}{\kappa^2}\frac{\partial}{\partial t}\right)T(\boldsymbol{r},t)=-\frac{q_0}{\lambda}\delta(x-vt)\delta(y)\delta(z) \qquad (8.1.1)$$

である．$t=0$ で温度が 0°C であり，そこで熱源が発生したとすると，Green 関数 (3. 3. 7) と解の表現 (2. 2. 9) を用いて

$$\begin{aligned}T(\boldsymbol{r},t)&=\int_0^t\frac{\kappa^2}{\{4\kappa^2(t-t')\pi\}^{3/2}}e^{-|\boldsymbol{r}-\boldsymbol{r}'|^2/4\kappa^2(t-t')}\frac{q_0}{\lambda}\delta(x'-vt')\\&\quad\times\delta(y')\delta(z')d\boldsymbol{r}'dt'\\&=\frac{q_0\kappa^2}{\lambda(4\kappa^2\pi)^{3/2}}\int_0^t\frac{1}{(t-t')^{3/2}}\exp\left[-\frac{(x-vt')^2+y^2+z^2}{4\kappa^2(t-t')}\right]dt'\end{aligned}$$

と書ける．$(t-t')^{-1/2}=p$ と変数を変換すれば

$$\begin{aligned}T(\boldsymbol{r},t)&=\frac{2q_0\kappa^2}{\lambda(4\kappa^2\pi)^{3/2}}\int_{1/\sqrt{t}}^{\infty}\exp\left[-\frac{(x-vt)^2+y^2+z^2}{4\kappa^2}p^2\right.\\&\qquad\left.-\frac{(x-vt)v}{2\kappa^2}-\frac{v^2}{4\kappa^2p^2}\right]dp\\&=\frac{2q_0\kappa^2}{\lambda(4\kappa^2\pi)^{3/2}}e^{-(x-vt)v/2\kappa^2}\frac{\kappa}{\{(x-vt)^2+y^2+z^2\}^{1/2}}\\&\quad\times\left[e^{v\sqrt{(x-vt)^2+y^2+z^2}/2\kappa^2}\int_{1/\sqrt{t}}^{\infty}\left\{\frac{\sqrt{(x-vt)^2+y^2+z^2}}{2\kappa}-\frac{v}{2\kappa p^2}\right\}\right.\\&\qquad\times\exp\left\{-\left(\frac{\sqrt{(x-vt)^2+y^2+z^2}}{2\kappa}p+\frac{v}{2\kappa p}\right)^2\right\}dp\end{aligned}$$

$$+e^{-v\sqrt{(x-vt)^2+y^2+z^2}/2\kappa^2}\int_{1/\sqrt{t}}^{\infty}\left(\frac{\sqrt{(x-vt)^2+y^2+z^2}}{2\kappa}+\frac{v}{2\kappa p^2}\right)$$

$$\times\exp\left\{-\left(\frac{\sqrt{(x-vt)^2+y^2+z^2}}{2\kappa}p-\frac{v}{2\kappa p}\right)^2\right\}dp\Bigg]$$

$$=\frac{q_0 e^{-(x-vt)v/2\kappa^2}}{8\lambda\pi\sqrt{(x-vt)^2+y^2+z^2}}$$

$$\times\left[e^{v\sqrt{(x-vt)^2+y^2+z^2}/2\kappa^2}\left\{1-\mathrm{erf}\left(\frac{\sqrt{(x-vt)^2+y^2+z^2}}{2\kappa\sqrt{t}}+\frac{v\sqrt{t}}{2\kappa}\right)\right\}\right.$$

$$\left.+e^{-v\sqrt{(x-vt)^2+y^2+z^2}/2\kappa^2}\left\{1-\mathrm{erf}\left(\frac{\sqrt{(x-vt)^2+y^2+z^2}}{2\kappa\sqrt{t}}-\frac{v\sqrt{t}}{2\kappa}\right)\right\}\right]$$

(8. 1. 2)

が得られる．ここで $\mathrm{erf}(x)$ は誤差関数

$$\mathrm{erf}(x)\equiv\frac{2}{\sqrt{\pi}}\int_0^x e^{-\eta^2}d\eta \qquad (8.\,1.\,3)$$

である．

$t\to\infty$ の極限として，熱源の進路上$(y=z=0)$で熱源の前後での温度分布は，(8. 1. 2)から

$$T(x,0,0,t)=\frac{q_0}{4\lambda\pi|x-vt|}\{e^{-v(x-vt)/\kappa^2}\theta(x-vt)+\theta(vt-x)\}$$

(8. 1. 4)

となる．すなわち熱源からの距離 $|x-vt|$ についての依存性は熱源の前方では指数関数的であり，後方では逆関数的である．

b) 強い beam による発熱

充分大きな均一な物体に強い beam を通して瞬間的に熱した場合を考えよう．その瞬間温度分布が，円筒座標(ρ,φ,z)を用いて $T(\boldsymbol{\rho},z,t=0)=T_0e^{-\lambda^2\rho^2}$ となったと仮定しよう．温度分布は z によらないとしてよいから，Green 関数(3. 3. 7)の 2 次元に対するものを用いて，解の表現(2. 2. 9)から

$$T(\boldsymbol{\rho}, t) = \frac{1}{4\kappa^2\pi t}\int e^{-|\boldsymbol{\rho}-\boldsymbol{\rho}'|^2/4\kappa^2 t} T_0 e^{-\lambda^2\rho'^2}\rho' d\rho' d\varphi'$$

$$= \frac{T_0}{4\kappa^2\pi t} e^{-\rho^2/4\kappa^2 t}\int_0^\infty d\rho'\rho' e^{-\rho'^2/4\kappa^2 t - \lambda^2\rho'^2}\int_0^{2\pi} d\varphi' e^{\rho\rho'\cos\varphi'/2\kappa^2 t}$$

$$= \frac{T_0}{2\kappa^2 t} e^{-\rho^2/4\kappa^2 t}\int_0^\infty d\rho'\rho' \exp\left\{-\rho'^2\left(\lambda^2 + \frac{1}{4\kappa^2 t}\right)\right\} I_0\left(\frac{\rho\rho'}{2\kappa^2 t}\right)$$

$$= \frac{T_0}{4\kappa^2\lambda^2 t + 1}\exp\left\{-\frac{\lambda^2\rho^2}{4\kappa^2\lambda^2 t + 1}\right\} \tag{8. 1. 5}$$

が得られる．ここで(D. 16)(D. 35)を用いた．

§8.2 平面境界

a) 温度分布

充分に厚い壁の表面 $x=0$ で 2, 3 の境界条件が与えられた場合の温度分布を考えてみよう．

まず表面温度が $T(0, t) = T_0 \sin \omega t$ で与えられている場合に充分時間が経過した後の温度分布を求めてみよう．これは 1 次元熱伝導の Dirichlet 問題であるから，適当な Green 関数は(3. 3. 7)(5. 2. 1)から

$$G(x, t, x', t')$$

$$= \kappa^2 \frac{1}{\sqrt{4\kappa^2\pi(t-t')}}\{e^{-(x-x')^2/4\kappa^2(t-t')} - e^{-(x+x')^2/4\kappa^2(t-t')}\}\theta(t-t') \tag{8. 2. 1}$$

である．これを用いて解の表現(2. 2. 9)から

$$T(x, t) = \int_0^t dt' T(0, t') \left.\frac{\partial G(x, t, x', t')}{\partial x'}\right|_{x'=0}$$

$$+ \frac{1}{\kappa^2}\int G(x, t, x', 0) T(x', 0) dx' \tag{8. 2. 2}$$

と書ける．$x/\sqrt{4\kappa^2(t-t')} = \eta$ と変数変換すると，第 1 項は

$$\frac{2T_0}{\sqrt{\pi}}\mathrm{Im}\int_{x/\sqrt{4\kappa^2 t}}^{\infty} e^{i\omega(t-x^2/4\kappa^2\eta^2)-\eta^2}d\eta \qquad (8.2.3)$$

となるから，充分時間がたつと積分の下端を0として，

$$\frac{2T_0}{\sqrt{\pi}}\mathrm{Im}\frac{\sqrt{\pi}}{2}e^{i\omega t}e^{-2\sqrt{i\omega x^2/4\kappa^2}} = T_0 e^{-\sqrt{\omega/2\kappa^2}x}\sin\left(\omega t-\sqrt{\frac{\omega}{2\kappa^2}}x\right) \qquad (8.2.4)$$

が得られる．ここで定積分

$$\int_0^{\infty} e^{-b^2(x^2+a^2/x^2)}dx = \frac{\sqrt{\pi}}{2b}e^{-2ab^2}$$
$$\left(|\arg ab|\leq\frac{\pi}{4},\ |\arg b|\leq\frac{\pi}{4},\ b\neq 0\right) \qquad (8.2.5)$$

を用いた．(8.2.4)の指数関数の項は温度の振幅が表面から深くなるにつれて減少する度合を表わし，sin 関数の中の x 依存性は位相のずれを表わしている．(8.2.2)の第2項は初期値の影響を表わすものであるが，充分時間が経過した後は，すなわち $t\to\infty$ では0となるので無視してよい．

つぎに深さ l の平面で瞬間的な発熱があったとして，$t=0$ で0°Cであり，表面で0°Cの物体と放射による熱のやりとりがある場合を考えよう．適当な Green 関数は(5.2.8)

$$G(x,t,x',t') = G^{\infty}(x-x',t-t')+G^{\infty}(x+x',t-t')$$
$$-2he^{hx'}\int_{-\infty}^{-x'} G^{\infty}(x-\xi,t-t')e^{h\xi}d\xi \qquad (8.2.6)$$

である．解の表現(2.2.9)で境界面，初期値からの寄与は0であり，熱源は $Q_0\delta(x-l)\delta(t-0)/\lambda$ と書けるので

$$T(x,t) = \int_0^t dt'\int_0^{\infty} dx' G(x,t,x',t')\frac{Q_0}{\lambda}\delta(x'-l)\delta(t'-0)$$
$$= \frac{Q_0\kappa^2}{\lambda\sqrt{4\kappa^2\pi t}}\left\{e^{-(x-l)^2/4\kappa^2 t}+e^{-(x+l)^2/4\kappa^2 t}\right.$$

$$-2he^{hl}\int_{-\infty}^{-l}e^{-(x-\xi)^2/4\kappa^2t}e^{h\xi}d\xi\Big\}$$

$$=\frac{Q_0\kappa}{\lambda\sqrt{4\pi t}}\Big\{e^{-(x-l)^2/4\kappa^2t}+e^{-(x+l)^2/4\kappa^2t}$$

$$-2he^{h(l+x)+h^2\kappa^2t}\int_{-\infty}^{-l}e^{-(\xi-x-2h\kappa^2t)^2/4\kappa^2t}d\xi\Big\}$$

$$=\frac{Q_0\kappa}{\lambda\sqrt{4\pi t}}\Big\{e^{-(x-l)^2/4\kappa^2t}+e^{-(x+l)^2/4\kappa^2t}$$

$$-2\kappa h\sqrt{\pi t}e^{h(l+x)+h^2\kappa^2t}\left(1-\mathrm{erf}\left(\frac{l+x+2h\kappa^2t}{2\kappa\sqrt{t}}\right)\right)\Big\} \tag{8.2.7}$$

が得られる.

b) 溶液の混合

深さ x_0 のある液体の上に多量の水を静かに注いだ. 拡散により両者が混合するときの濃度分布変化を考えよう. 1次元の問題としてよいとすると, (A.3.6)で $\chi=0$ とした濃度分布 $\sigma(x,t)$ についての方程式

$$\left(\frac{\partial^2}{\partial x^2}-\frac{1}{D}\frac{\partial}{\partial t}\right)\sigma(x,t)=0 \tag{8.2.8}$$

を, 底での拡散がないという境界条件

$$\frac{\partial\sigma}{\partial x}(0,t)=0 \tag{8.2.9}$$

と, 初期条件

$$\sigma(x,0)=\theta(x_0-x) \tag{8.2.10}$$

のもとに解く問題である.

この Neumann 境界条件に適合する Green 関数は, (3.3.7)(5.2.11)から

$$G(x,t,x',t')=D\frac{1}{\sqrt{4\pi D(t-t')}}\{e^{-(x-x')^2/4D(t-t')}$$

$$+e^{-(x+x')^2/4D(t-t')}\}\theta(t-t') \tag{8.2.11}$$

である．これを用いて解の表現(2.2.9)から

$$\begin{aligned}\sigma(x,t) &= \frac{1}{D}\int_0^\infty G(x,t,x',0)\theta(x_0-x')dx' \\ &= \frac{1}{2\sqrt{\pi Dt}}\int_{-x_0}^{x_0} e^{-(x-x')^2/4Dt}dx' = \frac{1}{\sqrt{\pi}}\int_{-(x_0+x)/2\sqrt{Dt}}^{(x_0-x)/2\sqrt{Dt}} e^{-\eta^2}d\eta \\ &= \frac{1}{2}\operatorname{erf}\left(\frac{x_0-x}{2\sqrt{Dt}}\right)+\frac{1}{2}\operatorname{erf}\left(\frac{x_0+x}{2\sqrt{Dt}}\right)\end{aligned} \tag{8.2.12}$$

が得られる．

c)　中性子の拡散

平面境界をもつ充分厚い散乱体に，ある瞬間 $t=0$ に単位面積あたり N 個の中性子が境界面に垂直に入射したとしよう．平均自由行路(mean free path)を λ，平均速度を v とすると，深さ $(x, x+dx)$ の間で散乱される中性子数は

$$\frac{N}{\lambda}e^{-x/\lambda}\delta\left(t-\frac{x}{v}\right)dx \tag{8.2.13}$$

としてよい．したがって境界内の中性子密度 $\sigma(x,t)$ の充たす方程式は，(A.3.6)で

$$q(x,t) = \frac{N}{\lambda}e^{-x/\lambda}\delta\left(t-\frac{x}{v}\right) \tag{8.2.14}$$

で表わされる源泉が中性子を発生させるとしたもの，すなわち

$$\left(\frac{\partial^2}{\partial x^2}-\frac{1}{D}\frac{\partial}{\partial t}-\chi\right)\sigma(x,t) = -\frac{N}{D\lambda}e^{-x/\lambda}\delta\left(t-\frac{x}{v}\right) \tag{8.2.15}$$

である．以下では中性子の拡散速度にくらべて入射速度 v が充分大きいとして(8.2.15)の $\delta(t-x/v)$ を $\delta(t-0)$ でおきかえる．境界条件として，境界面を出た中性子がふたたびもとへ戻らない条件(A.3.8)

$$\sigma(0,t)-\gamma\frac{\partial\sigma}{\partial x}(0,t)=0 \qquad \left(\gamma=\frac{2}{3}\lambda\right) \tag{8.2.16}$$

を用いることにして，この境界条件をいろいろな角度から取り扱ってみよう.

まず(8.2.16)を

$$\boldsymbol{n}\cdot\nabla\sigma(x,t)+\frac{1}{\gamma}\sigma(x,t)=0 \qquad (x=0) \tag{8.2.17}$$

と書くと，適当な Green 関数は(5.2.8)にならって

$$G(x,t,x',t')=G^{\infty}(x-x',t-t')+G^{\infty}(x+x',t-t') \\ -\frac{2}{\gamma}e^{x'/\gamma}\int_{-\infty}^{-x'}G^{\infty}(x-\xi,t-t')e^{\xi/\gamma}d\xi \tag{8.2.18}$$

である．ただし $G^{\infty}(x,t)$ は(3.3.7)で $n=1$ としたものである.
(8.2.18)を用いて，解の表現(2.2.9)から

$$\sigma(x,t)=\int_0^{\infty}G(x,t,x',t')\frac{N}{D\lambda}e^{-x'/\lambda}\delta(t'-0)dx'dt' \\ =\frac{Ne^{-D\chi t}}{\lambda\sqrt{4\pi Dt}}\int_0^{\infty}\Big\{e^{-(x-x')^2/4Dt}+e^{-(x+x')^2/4Dt} \\ -\frac{2}{\gamma}e^{x'/\gamma}\int_{-\infty}^{-x'}e^{-(x-\xi)^2/4Dt}e^{\xi/\gamma}d\xi\Big\}e^{-x'/\lambda}dx' \tag{8.2.19}$$

が得られる.

つぎには

$$\tilde{\sigma}(x,t)=\sigma(x,t)-\gamma\frac{\partial\sigma(x,t)}{\partial x} \tag{8.2.20}$$

と変換して取扱ってみよう．$\tilde{\sigma}(x,t)$ の充たす方程式と境界条件は

$$\left(\frac{\partial^2}{\partial x^2}-\frac{1}{D}\frac{\partial}{\partial t}-\chi\right)\tilde{\sigma}(x,t)=-\frac{1}{D}q(x,t)+\frac{\gamma}{D}\frac{\partial q(x,t)}{\partial x} \tag{8.2.21}$$

$$\tilde{\sigma}(0,t)=0 \tag{8.2.22}$$

である．$\tilde{\sigma}(x,t)$が得られれば，(8.2.20)を解いて

$$\sigma(x,t)=\frac{1}{\gamma}e^{x/\gamma}\int_x^\infty e^{-\eta/\gamma}\tilde{\sigma}(\eta,t)d\eta \tag{8.2.23}$$

が得られる．$\tilde{\sigma}(x,t)$はDirichlet問題に適合するGreen関数を用いて

$$\tilde{\sigma}(x,t)=\frac{1}{D}\int_0^\infty\{G^\infty(x-x',t-t')-G^\infty(x+x',t-t')\}$$
$$\times\left(q(x',t')-\gamma\frac{\partial q(x',t')}{\partial x'}\right)dx'dt'$$

と書けるので

$$\sigma(x,t)=\frac{1}{D\gamma}e^{x/\gamma}\int_x^\infty e^{-\eta/\gamma}\int_0^\infty\{G^\infty(\eta-x',t-t')-G^\infty(\eta+x',t-t')\}$$
$$\times\left(q(x',t')-\gamma\frac{\partial q(x',t')}{\partial x'}\right)dx'dt'd\eta \tag{8.2.24}$$

となる．(8.2.24)の$\partial q/\partial x'$の項を変形すると

$$\frac{1}{D}e^{x/\gamma}\int_x^\infty d\eta e^{-\eta/\gamma}\int_0^\infty dx'dt'\frac{\partial\{G^\infty(\eta-x',t-t')-G^\infty(\eta+x',t-t')\}}{\partial x'}$$
$$\times q(x',t')$$
$$=\frac{1}{D}e^{x/\gamma}\int_x^\infty d\eta e^{-\eta/\gamma}\int_0^\infty dx'dt'$$
$$\times\frac{-\partial\{G^\infty(\eta-x',t-t')+G^\infty(\eta+x',t-t')\}}{\partial\eta}q(x',t')$$
$$=\frac{1}{D}\int_0^\infty dx'dt'\{G^\infty(x-x',t-t')+G^\infty(x+x',t-t')\}q(x',t')$$
$$-\frac{1}{D\gamma}e^{x/\gamma}\int_x^\infty d\eta e^{-\eta/\gamma}\int_0^\infty dx'dt'(G^\infty\{\eta-x',t-t')$$
$$+G^\infty(\eta+x',t-t')\}q(x',t')$$

となるので，

$$\sigma(x,t)=\frac{1}{D}\int_0^\infty \{G^\infty(x-x',t-t')+G^\infty(x+x',t-t')\}q(x',t')dx'dt'$$
$$-\frac{2}{D\gamma}e^{x/\gamma}\int_x^\infty d\eta e^{-\eta/\gamma}\int_0^\infty dx'dt'G^\infty(\eta+x',t-t')q(x',t')$$
$$=\frac{1}{D}\int_0^\infty\Big\{G^\infty(x-x',t-t')+G^\infty(x+x',t-t')$$
$$-\frac{2}{\gamma}e^{x'/\gamma}\int_{-\infty}^{-x'}G^\infty(x-\xi,t-t')e^{\xi/\gamma}d\xi\Big\}q(x',t')dx'dt'$$

となり，さきの Green 関数(8.2.18)を用いた表現と一致することが示される．ここで $\eta=x-x'-\xi$ と変数を変換した．

またよく用いられる方法として，境界条件(8.2.16)を $x<0$ に外插して

$$\sigma(-\gamma,t)=0 \tag{8.2.25}$$

と考え，仮想的な境界面 $x=-\gamma$ で 0 という条件で解くことがある．このとき適合する Green 関数は

$$G(x,t,x',t')=G^\infty(x-x',t-t')-G^\infty(x+x'+2\gamma,t-t') \tag{8.2.26}$$

である．この方法では外插距離が短いほどよい近似となっていることが予想されるが，実際(8.2.18)の第3項を γ が小さいとして漸近展開すると

$$-\frac{2}{\gamma}e^{x'/\gamma}\Big\{\Big[G^\infty(x-\xi,t-t')\gamma e^{\xi/\gamma}\Big]_{-\infty}^{-x'}$$
$$-\int_{-\infty}^{-x'}\frac{\partial G^\infty(x-\xi,t-t')}{\partial\xi}\gamma e^{\xi/\gamma}d\xi\Big\}$$
$$=-2G^\infty(x+x',t-t')$$
$$+\frac{2}{\gamma}e^{x'/\gamma}\Big[\frac{\partial G^\infty(x-\xi,t-t')}{\partial\xi}\gamma^2 e^{\xi/\gamma}\Big]_{-\infty}^{-x'}+O(\gamma^2)$$
$$=-2G^\infty(x+x',t-t')-2\gamma\frac{\partial G^\infty(x+x',t-t')}{\partial x}+O(\gamma^2)$$

となり，(8.2.26)の第2項の Taylor 展開

$$-G^{\infty}(x+x', t-t')-2\gamma\frac{\partial G^{\infty}(x+x', t-t')}{\partial x}+O(\gamma^2)$$

とくらべて，両者がこの近似で一致することがわかる．

第9章　波動型方程式

§9.1　境界のない場合

a)　弦の振動と送電線

充分長い送電線の電圧分布，充分長い弦の微小横振動を初期値問題として考えてみよう．これらは(A. 4. 47)(A. 1. 1)によって，いずれも方程式

$$\left(\frac{\partial^2}{\partial x^2}-\frac{1}{c^2}\frac{\partial^2}{\partial t^2}-\frac{1}{\kappa^2}\frac{\partial}{\partial t}-\mu^2\right)D(x,t)=0 \qquad (9.1.1)$$

を初期条件 $D(x,0)$, $\dfrac{\partial D}{\partial t}(x,0)$ を与えて解く問題である．したがって適合した Green 関数は(3. 5. 16)

$$G(x,t)=\frac{c}{2}e^{-c^2t/2\kappa^2}\theta(ct-|x|)J_0(\sqrt{\mu^2-c^2/4\kappa^4}\sqrt{c^2t^2-x^2}) \qquad (9.1.2)$$

である．ただし $\sqrt{\mu^2-c^2/4\kappa^4}$ は $c^2/4\kappa^4>\mu^2$ の場合は(3. 5. 29)のように $i\sqrt{c^2/4\kappa^4-\mu^2}$ を表わすものとする．解の表現(2. 2. 9)から

$$\begin{aligned}D(x,t)&=\frac{1}{c^2}\int dx'\left[G(x-x',t)\left\{\frac{\partial D}{\partial t'}(x',0)+\frac{c^2}{\kappa^2}D(x',0)\right\}\right.\\&\qquad\left.-D(x',0)\frac{\partial G(x-x',t-t')}{\partial t'}\right|_{t'=0}\Bigg]\\&=\frac{1}{2c}e^{-c^2t/2\kappa^2}\int_{x-ct}^{x+ct}dx'\Bigg[J_0(\sqrt{\mu^2-c^2/4\kappa^4}\sqrt{c^2t^2-(x-x')^2})\\&\qquad\times\frac{\partial D}{\partial t'}(x',0)+\left\{\frac{c^2}{2\kappa^2}J_0(\sqrt{\mu^2-c^2/4\kappa^4}\sqrt{c^2t^2-(x-x')^2})\right.\\&\qquad\left.+\frac{c^2t\sqrt{\mu^2-c^2/4\kappa^4}}{\sqrt{c^2t^2-(x-x')^2}}J_0'(\sqrt{\mu^2-c^2/4\kappa^4}\sqrt{c^2t^2-(x-x')^2})\right\}\end{aligned}$$

$$\times D(x',0)\Big] + \frac{1}{2}e^{-c^2t/2\kappa^2}\{D(x-ct,0)+D(x+ct,0)\} \tag{9.1.3}$$

が得られる．右辺最終項は(9.1.2)のθ関数の微分から出ている．

送電線の場合には

$$\frac{1}{c^2} = LC, \qquad \frac{1}{\kappa^2} = LG+RC, \qquad \mu^2 = RG \tag{9.1.4}$$

であるが，このとき

$$\mu^2 - \frac{c^2}{4\kappa^4} = RG - \frac{(LG+RC)^2}{4LC} = -\frac{(LG-RC)^2}{4LC} \leq 0$$

の関係がある．特に$LG=RC$の場合には電圧分布$E(x,t)$は

$$\begin{aligned} E(x,t) &= \frac{\sqrt{LC}}{2}e^{-Rt/L}\int_{x-t/\sqrt{LC}}^{x+t/\sqrt{LC}} dx' \left\{\frac{\partial E}{\partial t'}(x',0) + \frac{R}{L}E(x',0)\right\} \\ &\quad + \frac{1}{2}e^{-Rt/L}\left\{E\left(x-\frac{t}{\sqrt{LC}},0\right)+E\left(x+\frac{t}{\sqrt{LC}},0\right)\right\} \end{aligned} \tag{9.1.5}$$

となり，さらに$R=0$ならば

$$\begin{aligned} E(x,t) &= \frac{\sqrt{LC}}{2}\int_{x-t/\sqrt{LC}}^{x+t/\sqrt{LC}} dx' \frac{\partial E}{\partial t'}(x',0) \\ &\quad + \frac{1}{2}\left\{E\left(x-\frac{t}{\sqrt{LC}},0\right)+E\left(x+\frac{t}{\sqrt{LC}},0\right)\right\} \end{aligned} \tag{9.1.6}$$

となる．この場合は$\kappa^2=\infty$，$\mu^2=0$であるので通常の波動方程式の場合であるが

$$\int^x \frac{\partial E}{\partial t'}(x',0)dx' \equiv \varphi(x) \tag{9.1.7}$$

とおくと

$$E(x,t) = \frac{\sqrt{LC}}{2}\left\{\varphi\left(x+\frac{t}{\sqrt{LC}}\right) - \varphi\left(x-\frac{t}{\sqrt{LC}}\right)\right\}$$

$$+\frac{1}{2}\left\{E\left(x-\frac{t}{\sqrt{LC}},0\right)+E\left(x+\frac{t}{\sqrt{LC}},0\right)\right\}$$

$$=F_1\left(x-\frac{t}{\sqrt{LC}}\right)+F_2\left(x+\frac{t}{\sqrt{LC}}\right) \qquad (9.1.8)$$

というよく知られた波動方程式の解となる．実際

$$\frac{\partial E}{\partial t}(x,0)=\frac{\partial\varphi(x)}{\partial x}$$

となり，(9.1.7)と一致する．

弦の微小振動の場合には張力による復元力 $T\partial^2 D(x,t)/\partial x^2$ の補正として，単位長さあたりに働くごむ弾性による力 $\nu D(x,t)$ と流体によるまさつ力 $\gamma\partial D(x,t)/\partial t$ がある．したがって σ を線密度として，(9.1.3)で

$$\frac{1}{c^2}=\frac{\sigma}{T}, \qquad \frac{1}{\kappa^2}=\frac{\gamma}{T}, \qquad \mu^2=\frac{\nu}{T}$$

とおきかえたものが解である．ごむ弾性が無視されるときには

$$\begin{aligned}D(x,t)&=\frac{1}{2}\sqrt{\frac{\sigma}{T}}e^{-\gamma t/2\sigma}\int_{x-t\sqrt{T/\sigma}}^{x+t\sqrt{T/\sigma}}dx'\\&\times\left[J_0\left(\frac{i\gamma}{2\sqrt{T\sigma}}\sqrt{\frac{T}{\sigma}t^2-(x-x')^2}\right)\frac{\partial D}{\partial t'}(x',0)\right.\\&+\left\{\frac{\gamma}{2\sigma}J_0\left(\frac{i\gamma}{2\sqrt{T\sigma}}\sqrt{\frac{T}{\sigma}t^2-(x-x')^2}\right)\right.\\&\left.\left.-\frac{it\gamma\sqrt{T}/2\sqrt{\sigma^3}}{\sqrt{\frac{T}{\sigma}t^2-(x-x')^2}}J_0'\left(\frac{i\gamma}{2\sqrt{T\sigma}}\sqrt{\frac{T}{\sigma}t^2-(x-x')^2}\right)\right\}D(x',0)\right]\\&+\frac{1}{2}e^{-\gamma t/2\sigma}\left\{D\left(x-\sqrt{\frac{T}{\sigma}}t,0\right)+D\left(x+\sqrt{\frac{T}{\sigma}}t,0\right)\right\} \qquad (9.1.9)\end{aligned}$$

となり，まさつ力が無視されるときには

$$D(x,t)=\frac{1}{2}\sqrt{\frac{\sigma}{T}}\int_{x-t\sqrt{T/\sigma}}^{x+t\sqrt{T/\sigma}}dx'\left\{J_0\left(\sqrt{\frac{\nu}{T}}\sqrt{\frac{T}{\sigma}t^2-(x-x')^2}\right)\right.$$

$$\times\frac{\partial D}{\partial t'}(x',0)-\frac{\sqrt{\nu T}\,t/\sigma}{\sqrt{\dfrac{T}{\sigma}t^2-(x-x')^2}}J_0'\left(\sqrt{\frac{\nu}{T}}\sqrt{\frac{T}{\sigma}t^2-(x-x')^2}\right)$$

$$\times D(x',0)\Bigg\}+\frac{1}{2}\left\{D\left(x-\sqrt{\frac{T}{\sigma}}t,0\right)+D\left(x+\sqrt{\frac{T}{\sigma}}t,0\right)\right\} \tag{9.1.10}$$

となる.

b) 真空中の荷電粒子の運動による電磁放射

運動する点電荷の作る電磁場を考えよう. 点電荷eの位置を$\boldsymbol{q}(t)$, 速度を$d\boldsymbol{q}/dt=\dot{\boldsymbol{q}}(t)$とすると, 電磁ポテンシャルは(A. 4. 21)(A. 4. 22)から, 方程式

$$\left(\Delta-\frac{1}{c^2}\frac{\partial^2}{\partial t^2}\right)\phi(\boldsymbol{r},t)=-\frac{e}{\varepsilon_0}\delta(\boldsymbol{r}-\boldsymbol{q}(t)) \tag{9.1.11}$$

$$\left(\Delta-\frac{1}{c^2}\frac{\partial^2}{\partial t^2}\right)\boldsymbol{A}(\boldsymbol{r},t)=-\mu_0 e\dot{\boldsymbol{q}}(t)\delta(\boldsymbol{r}-\boldsymbol{q}(t)) \tag{9.1.12}$$

を充たす. 波動方程式に対する Green 関数(3. 4. 5)

$$G(\boldsymbol{r}-\boldsymbol{r}',t-t')=\frac{1}{4\pi|\boldsymbol{r}-\boldsymbol{r}'|}\delta\left(t-t'-\frac{|\boldsymbol{r}-\boldsymbol{r}'|}{c}\right) \tag{9.1.13}$$

を用いると, 解の表現(2. 2. 9)から

$$\begin{aligned}\phi(\boldsymbol{r},t)&=\int_{-\infty}^{t}dt'\int d\boldsymbol{r}'\frac{1}{4\pi|\boldsymbol{r}-\boldsymbol{r}'|}\delta\left(t-t'-\frac{|\boldsymbol{r}-\boldsymbol{r}'|}{c}\right)\frac{e}{\varepsilon_0}\delta(\boldsymbol{r}'-\boldsymbol{q}(t'))\\&=\frac{e}{\varepsilon_0}\int_{-\infty}^{t}dt'\frac{1}{4\pi|\boldsymbol{r}-\boldsymbol{q}(t')|}\delta\left(t-t'-\frac{|\boldsymbol{r}-\boldsymbol{q}(t')|}{c}\right)\end{aligned} \tag{9.1.14}$$

$$\boldsymbol{A}(\boldsymbol{r},t)=\mu_0 e\int_{-\infty}^{t}dt'\frac{\dot{\boldsymbol{q}}(t')}{4\pi|\boldsymbol{r}-\boldsymbol{q}(t')|}\delta\left(t-t'-\frac{|\boldsymbol{r}-\boldsymbol{q}(t')|}{c}\right) \tag{9.1.15}$$

と書ける. $p=t-t'-|\boldsymbol{r}-\boldsymbol{q}(t')|c^{-1}$とおいて$p$に変数を変換して計算すると

$$\phi(\boldsymbol{r}, t) = \frac{e}{4\pi\varepsilon_0} \frac{1}{|\boldsymbol{r}-\boldsymbol{q}(\bar{t})| - \dfrac{1}{c}\dot{\boldsymbol{q}}(\bar{t})\cdot(\boldsymbol{r}-\boldsymbol{q}(\bar{t}))} \tag{9.1.16}$$

$$\boldsymbol{A}(\boldsymbol{r}, t) = \frac{\mu_0 e}{4\pi} \frac{\dot{\boldsymbol{q}}(\bar{t})}{|\boldsymbol{r}-\boldsymbol{q}(\bar{t})| - \dfrac{1}{c}\dot{\boldsymbol{q}}(\bar{t})\cdot(\boldsymbol{r}-\boldsymbol{q}(\bar{t}))} \tag{9.1.17}$$

が得られる．これを Lienard-Wiechert ポテンシャルという．ここで $\bar{t}$ は

$$\bar{t} = t - \frac{1}{c}|\boldsymbol{r}-\boldsymbol{q}(\bar{t})| \tag{9.1.18}$$

を充たす時刻を表わし，遅延時間(retarded time)という．

$r \gg q(\bar{t})$ の領域を考え，c にくらべて $\dot{q}$ などの変化の程度が小さいと仮定すれば

$$\bar{t} \simeq t - \frac{r}{c} + \frac{\boldsymbol{n}\cdot\boldsymbol{q}(t-r/c)}{c} + \cdots = \bar{t}_0 + \frac{\boldsymbol{n}\cdot\boldsymbol{q}(\bar{t}_0)}{c} + \cdots \tag{9.1.19}$$

としてよい．ここで

$$\boldsymbol{n} = \frac{\boldsymbol{r}}{r}, \qquad \bar{t}_0 = t - \frac{r}{c}$$

である．電磁放射のエネルギーを計算するには Poynting ベクトルで r^{-2} の項まで必要であるから ϕ と $\boldsymbol{A}$ では r^{-1} まで残せばよい．この近似で

$$\phi(\boldsymbol{r}, t) \simeq \frac{e}{4\pi\varepsilon_0 r} \frac{1}{1-\boldsymbol{n}\cdot\dot{\boldsymbol{q}}(\bar{t}_0)/c} \simeq \frac{e}{4\pi\varepsilon_0 r}\left(1 + \frac{1}{c}\boldsymbol{n}\cdot\dot{\boldsymbol{q}}(\bar{t}_0)\right) \tag{9.1.20}$$ *

* $\dot{q}/c$ などについての近似のとり方が $\boldsymbol{A}(\boldsymbol{r}, t)$ のそれと揃っていないが，(9.1.22) (9.1.27)から判るように $\boldsymbol{n}\cdot\boldsymbol{S}$ に対する $\phi(\boldsymbol{r}, t)$ からの寄与は r^{-2} の程度では 0 である．

$$\begin{aligned}
\boldsymbol{A}(\boldsymbol{r},t) &\simeq \frac{\mu_0 e}{4\pi r}\frac{\dot{\boldsymbol{q}}(\bar{t}_0)+\ddot{\boldsymbol{q}}(\bar{t}_0)(1/c)\boldsymbol{n}\cdot\boldsymbol{q}(\bar{t}_0)}{1-\boldsymbol{n}\cdot\dot{\boldsymbol{q}}(\bar{t}_0)/c} \\
&\simeq \frac{\mu_0 e}{4\pi r}\left(\dot{\boldsymbol{q}}(\bar{t}_0)+\frac{1}{c}\ddot{\boldsymbol{q}}(\bar{t}_0)\boldsymbol{n}\cdot\boldsymbol{q}(\bar{t}_0)+\frac{1}{c}\dot{\boldsymbol{q}}(\bar{t}_0)\boldsymbol{n}\cdot\dot{\boldsymbol{q}}(\bar{t}_0)\right) \\
&\simeq \frac{\mu_0 e}{4\pi r}\dot{\boldsymbol{q}}(\bar{t}_0)+\frac{\mu_0 e}{8\pi c r}\frac{d^2}{d\bar{t}_0{}^2}\{\boldsymbol{q}(\bar{t}_0)\boldsymbol{n}\cdot\boldsymbol{q}(\bar{t}_0)\} \\
&\quad +\frac{\mu_0 e}{8\pi c r}\frac{d}{d\bar{t}_0}(\boldsymbol{q}(\bar{t}_0)\times\dot{\boldsymbol{q}}(\bar{t}_0))\times\boldsymbol{n}
\end{aligned} \tag{9. 1. 21}$$

となる．これから $\boldsymbol{E},\boldsymbol{B}$ を(A. 4. 16)(A. 4. 17)に従って作ればよい．$\boldsymbol{r}$ についての微分では，$\bar{t}_0$ を通しての微分

$$\nabla\bar{t}_0 = -\frac{1}{c}\boldsymbol{n}$$

の他は，r の次数を下げるので，

$$\boldsymbol{E}(\boldsymbol{r},t) = -\frac{\partial\boldsymbol{A}(\boldsymbol{r},t)}{\partial t}-\nabla\phi(\boldsymbol{r},t) \simeq -\frac{\partial\boldsymbol{A}}{\partial\bar{t}_0}+\frac{\boldsymbol{n}}{c}\frac{e}{4\pi\varepsilon_0 r}\frac{\boldsymbol{n}\cdot\ddot{\boldsymbol{q}}(\bar{t}_0)}{c} \tag{9. 1. 22}$$

$$\begin{aligned}
\boldsymbol{B}(\boldsymbol{r},t) &= \nabla\times\boldsymbol{A}(\boldsymbol{r},t) \simeq \frac{-\boldsymbol{n}}{c}\times\frac{\partial\boldsymbol{A}}{\partial\bar{t}_0} = \frac{1}{c}\boldsymbol{n}\times\boldsymbol{E} \\
&= \frac{\mu_0}{4\pi c r}\left\{\ddot{\boldsymbol{d}}(\bar{t}_0)+\frac{1}{2c}\dddot{\boldsymbol{Q}}(\bar{t}_0)+\ddot{\boldsymbol{m}}(\bar{t}_0)\times\boldsymbol{n}\right\}\times\boldsymbol{n}
\end{aligned} \tag{9. 1. 23}$$

となる．ここで

$$\boldsymbol{d} = e\boldsymbol{q} \tag{9. 1. 24}$$

は(6. 1. 6)で定義した双極子能率，

$$Q_\alpha = \sum_{\beta=1}^{3} e\left(q_\alpha q_\beta-\frac{1}{3}q^2\delta_{\alpha\beta}\right)n_\beta = \sum_{\beta=1}^{3} Q_{\alpha\beta}n_\beta \tag{9. 1. 25}$$

は(6. 1. 7)で定義した4重極能率 $Q_{\alpha\beta}$ と結ぶベクトルの成分，

$$\boldsymbol{m} = \frac{e}{2c}\boldsymbol{q}\times\dot{\boldsymbol{q}} \tag{9. 1. 26}$$

は磁気的双極子能率である．(9. 1. 23)のこれらの項は荷電粒子の

運動の角振動数を ω，存在領域の大きさを a とすれば，それぞれ $\mu_0 ea\omega^2/cr$，$\mu_0 ea^2\omega^3/c^2 r$，$\mu_0 ea^2\omega^3/c^2 r$ の程度の大きさであり，したがって第1項と第2，第3項との比は $a\omega/c \sim a/\lambda$（λ は波長）の程度である．すなわち，電荷の存在領域が放射される電磁波の波長にくらべて小さいときは，第1項のみ大きい．これを双極子放射(dipole radiation)という．§6.1で述べたように，$\boldsymbol{d}$ は座標原点のとり方に依存するが，電荷の保存則から，$\dot{\boldsymbol{d}}$ したがってまた $\ddot{\boldsymbol{d}}$ は原点のとり方にはよらない．

電磁放射エネルギーを求めるには Poynting ベクトル(A.4.15)の $\boldsymbol{e}^{(r)}$ 方向の成分

$$\boldsymbol{n}\cdot\boldsymbol{S} = \boldsymbol{n}\cdot\boldsymbol{E}\times\boldsymbol{H} = \boldsymbol{H}\cdot\boldsymbol{n}\times\boldsymbol{E} = \frac{c}{\mu_0}|\boldsymbol{B}|^2 \tag{9.1.27}$$

を用いればよい．すなわち単位時間に放射されるエネルギーは，$\boldsymbol{n}$ と $\ddot{\boldsymbol{q}}(\bar{t}_0)$ とのなす角を θ とし電気的双極子近似を用いると，

$$\frac{dW}{dt} = \frac{c}{\mu_0}\frac{{\mu_0}^2 e^2}{16\pi^2 c^2}|\ddot{\boldsymbol{q}}(\bar{t}_0)|^2 \int \sin^2\theta d\Omega = \frac{\mu_0 e^2}{6\pi c}|\ddot{\boldsymbol{q}}(\bar{t}_0)|^2 \tag{9.1.28}$$

となる．放射の角分布は $\sin^2\theta$ に比例している．

c) Cherenkov 放射

これまでの話は放射される電磁場を測定する場所にくらべて荷電粒子の存在する範囲が限られているとした．(9.1.28)などからもわかるように荷電粒子が加速度をもつときに始めて電磁エネルギーが放射される．荷電粒子の速度が早いときには一般には有限の領域に限って存在するという条件は充たし難い．特に誘電体内の電磁波の位相速度 $1/\sqrt{\varepsilon\mu}$ より早い速度で1直線上を等速直線運動をする場合の放射，すなわち加速度のない場合の放射を Cherenkov 放射という．このとき電荷密度と電流密度は

$$\rho(\boldsymbol{r}, t) = e\delta(x)\delta(y)\delta(z-vt) \tag{9.1.29}$$

$$\boldsymbol{j}(\boldsymbol{r}, t) = ev\delta(x)\delta(y)\delta(z-vt)\boldsymbol{e}^{(z)} \tag{9.1.30}$$

で与えられるから，(A. 4. 20)〜(A. 4. 22) から，$\boldsymbol{A}$ と ϕ は

$$A_x(\boldsymbol{r}, t) = A_y(\boldsymbol{r}, t) = 0, \qquad A_z(\boldsymbol{r}, t) = \varepsilon\mu v\phi(\boldsymbol{r}, t) \tag{9.1.31}$$

の関係によって，$\phi(\boldsymbol{r}, t)$ が定まればすべて定まる．Green 関数 (3. 4. 5) で c を $1/\sqrt{\varepsilon\mu}$ でおきかえたものを用いて

$$\begin{aligned}\phi(\boldsymbol{r}, t) &= \frac{e}{4\pi\varepsilon}\int\frac{\delta(|\boldsymbol{r}-\boldsymbol{r}'|\sqrt{\varepsilon\mu}-(t-t'))}{|\boldsymbol{r}-\boldsymbol{r}'|}\delta(x')\delta(y')\delta(z'-vt')d\boldsymbol{r}'dt' \\ &= \frac{e}{4\pi\varepsilon v}\int\frac{1}{\sqrt{x^2+y^2+(z-z')^2}}\delta\Big(\sqrt{\varepsilon\mu}\sqrt{x^2+y^2+(z-z')^2} \\ &\quad -\left(t-\frac{z'}{v}\right)\Big)dz'\end{aligned} \tag{9.1.32}$$

と書ける．この積分を実行するために

$$f(z') = \sqrt{\varepsilon\mu}\sqrt{x^2+y^2+(z-z')^2}-\left(t-\frac{z'}{v}\right)$$

とおき

$$\frac{df}{dz'} = \frac{1}{v}+\frac{\sqrt{\varepsilon\mu}(z'-z)}{\sqrt{x^2+y^2+(z-z')^2}}$$

を用いると

$$\begin{aligned}\phi(\boldsymbol{r}, t) &= \frac{e}{4\pi\varepsilon v}\sum_l\left|\frac{\sqrt{x^2+y^2+(z-z_l)^2}}{v}+\sqrt{\varepsilon\mu}(z_l-z)\right|^{-1} \\ &= \frac{e}{4\pi\varepsilon v}\sum_l\left|\frac{t-z_l/v}{v\sqrt{\varepsilon\mu}}+\sqrt{\varepsilon\mu}(z_l-z)\right|^{-1}\end{aligned} \tag{9.1.33}$$

となる．ここで和は $f(z')=0$ を充たす実根，すなわち

$$z_l = z+\frac{-vt+z\pm v\sqrt{\varepsilon\mu}\sqrt{(vt-z)^2-\gamma^2(x^2+y^2)}}{\gamma^2} \tag{9.1.34}$$

が実で，

$$t-\frac{z_l}{v}=\left(t-\frac{z}{v}\right)\frac{\gamma^2+1}{\gamma^2}\mp\frac{\sqrt{\varepsilon\mu}}{\gamma^2}\sqrt{(vt-z)^2-\gamma^2(x^2+y^2)}>0 \tag{9.1.35}$$

が充たされているものについての和である．ここで

$$\gamma^2=\varepsilon\mu v^2-1 \tag{9.1.36}$$

は粒子速度が電磁波の位相速度 $1/\sqrt{\varepsilon\mu}$ より早いので正の量である．条件(9.1.35)は $t-z/v>0$ のときには複号の双方に対し充たされ，$t-z/v<0$ のときには双方に対し充たされないことが $\gamma^2>0$ を用いて示すことができる．かくして(9.1.33)を計算すると

$$\phi(\boldsymbol{r},t)=\frac{e}{2\pi\varepsilon}\frac{1}{\sqrt{(vt-z)^2-\gamma^2(x^2+y^2)}}\theta(vt-z-\gamma\sqrt{x^2+y^2}) \tag{9.1.37}$$

が得られる．これと(9.1.31)を用いて電磁場と Poynting ベクトルを計算できる．これらの 0 でない領域は図 9.1 の斜線部であり，斜線部の内部では $t=0$ として

$$\boldsymbol{E}(\boldsymbol{r},0)=\frac{e}{2\pi\varepsilon}\frac{-\gamma^2\boldsymbol{r}}{\{r^2-\varepsilon\mu v^2(x^2+y^2)\}^{3/2}} \tag{9.1.38}$$

$$\boldsymbol{B}(\boldsymbol{r},0)=\varepsilon\mu\boldsymbol{v}\times\boldsymbol{E}(\boldsymbol{r},0)$$

$$\boldsymbol{S}(\boldsymbol{r},0)=\frac{e^2\gamma^4}{4\pi^2\varepsilon}\frac{\boldsymbol{r}\times(\boldsymbol{v}\times\boldsymbol{r})}{\{r^2-\varepsilon\mu v^2(x^2+y^2)\}^3} \tag{9.1.39}$$

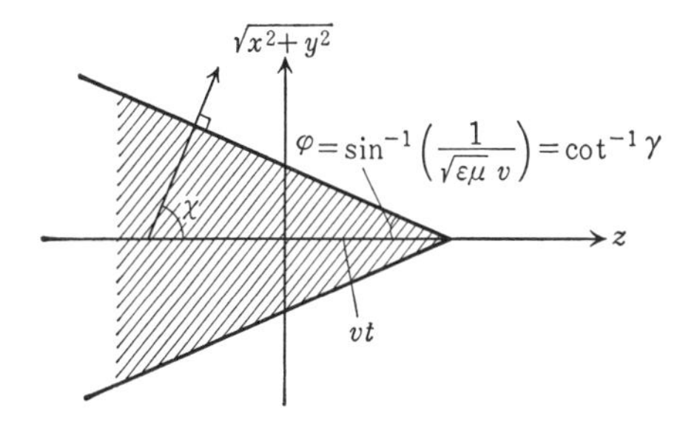

図 9.1

となる．$\boldsymbol{S}$ の方向は波面(斜線部の境界面)に垂直であり，放射の方向(Cherenkov 角 χ)を知ることにより荷電粒子の速度を測定することができる．波面では $\boldsymbol{E}, \boldsymbol{B}, \boldsymbol{S}$ ともに無限大となるが，これは本来振動数によって変化する ε, μ をすべての振動数に対して定数として扱ったために生じた不都合である．高振動数の極限では ε, μ は真空に対する ε_0, μ_0 に近づくので，$\gamma^2>0$ の条件は高振動数では破れる．高振動数したがって大きな波数ベクトルに対応する現象は，空間的には微小領域の現象である．高振動数に対して上述の Cherenkov 放射が実現しないことは空間の微小領域についての一種の平均化をもたらして，$\boldsymbol{E}, \boldsymbol{B}, \boldsymbol{S}$ に現われた無限大をならすはずである．

念のために ε, μ を振動数によって変化するとして，半径 $\rho=\sqrt{x^2+y^2}$ の円筒面から外に流れる単位時間あたりのエネルギー U が有限となることを示しておこう．ω によって変化することを考えると少なくとも時間についての Fourier 変換を用いて扱う必要がある．$\boldsymbol{E}, \boldsymbol{D}, \boldsymbol{H}, \boldsymbol{B}$ などの4次元 Fourier 変換を $\hat{\boldsymbol{E}}, \hat{\boldsymbol{D}}, \hat{\boldsymbol{H}}, \hat{\boldsymbol{B}}$ などとする．すなわち

$$\hat{\boldsymbol{E}}(\boldsymbol{k}, \omega)=\frac{1}{(2\pi)^4}\int \boldsymbol{E}(\boldsymbol{r}, t)e^{-i\boldsymbol{k}\cdot\boldsymbol{r}+i\omega t}d\boldsymbol{r}dt$$

などとする．(A. 4. 21)(A. 4. 22)に対応して

$$\left.\begin{aligned}(-k^2+\varepsilon\mu\omega^2)\hat{\boldsymbol{A}}(\boldsymbol{k}, \omega) &= -\mu\hat{\boldsymbol{j}}(\boldsymbol{k}, \omega)\\ (-k^2+\varepsilon\mu\omega^2)\hat{\phi}(\boldsymbol{k}, \omega) &= -\frac{1}{\varepsilon}\hat{\rho}(\boldsymbol{k}, \omega)\end{aligned}\right\} \tag{9.1.40}$$

の解 $\hat{\boldsymbol{A}}, \hat{\phi}$ から，(A. 4. 16)(A. 4. 17)に対応して

$$\left.\begin{aligned}\hat{\boldsymbol{B}}(\boldsymbol{k}, \omega) &= i\boldsymbol{k}\times\hat{\boldsymbol{A}}(\boldsymbol{k}, \omega)\\ \hat{\boldsymbol{E}}(\boldsymbol{k}, \omega) &= i\omega\hat{\boldsymbol{A}}(\boldsymbol{k}, \omega)-i\boldsymbol{k}\hat{\phi}(\boldsymbol{k}, \omega)\end{aligned}\right\} \tag{9.1.41}$$

を作ると，(A. 4. 5)(A. 4. 6)の代りに成り立つ

$$
\left.\begin{aligned}
\hat{\boldsymbol{D}}(\boldsymbol{k},\omega) &= \varepsilon\hat{\boldsymbol{E}}(\boldsymbol{k},\omega) \\
\hat{\boldsymbol{B}}(\boldsymbol{k},\omega) &= \mu\hat{\boldsymbol{H}}(\boldsymbol{k},\omega)
\end{aligned}\right\} \tag{9.1.42}
$$

と共に Maxwell 方程式(A.4.1)〜(A.4.4)を Fourier 変換したものが充たされることを示せる.

(9.1.29)(9.1.30)に対して

$$
\left.\begin{aligned}
(-k^2+\varepsilon\mu\omega^2)\hat{\phi}(\boldsymbol{k},\omega) &= -\frac{1}{(2\pi)^3}\frac{e}{\varepsilon}\delta(\omega-k_z v) \\
(-k^2+\varepsilon\mu\omega^2)\hat{\boldsymbol{A}}(\boldsymbol{k},\omega) &= -\frac{1}{(2\pi)^3}e\mu v\boldsymbol{e}^{(z)}\delta(\omega-k_z v)
\end{aligned}\right\} \tag{9.1.43}
$$

が成立する. $\hat{\phi}$ と $\hat{\boldsymbol{A}}$ の間には(9.1.31)と同じ関係がある. (9.1.43)を解いて逆変換することにより

$$
\begin{aligned}
\phi(\boldsymbol{r},t) &= \frac{1}{(2\pi)^3}\int\frac{e\exp[i(k_x x+k_y y+k_z(z-vt))]}{k_x{}^2+k_y{}^2-k_z{}^2(\varepsilon\mu v^2-1)-i\epsilon k_z/|k_z|}\frac{d^3k}{\varepsilon} \\
&= \frac{e}{(2\pi)^2}\int_{-\infty}^{\infty}dk_z\int_0^{\infty}dl\frac{lJ_0(l\rho)e^{ik_z(z-vt)}}{l^2-k_z{}^2\gamma^2-i\epsilon k_z/|k_z|}\frac{1}{\varepsilon} \\
&= \frac{ie}{8\pi}\int_{-\infty}^{\infty}\frac{dk_z}{\varepsilon}\left\{\frac{k_z}{|k_z|}J_0(|k_z|\gamma\rho)+iN_0(|k_z|\gamma\rho)\right\}e^{ik_z(z-vt)}
\end{aligned} \tag{9.1.44}
$$

となる. ここで $l=\sqrt{k_x{}^2+k_y{}^2}$ であり, (D.15)と(D.36)を用いた. また分母の $-i\epsilon k_z/|k_z|$ は $\gamma^2=\varepsilon\mu v^2-1>0$ のときに $t\to-\infty$ で 0 になるように非正則点を避けている. もし $\gamma^2<0$ であれば(D.37)を用いて最後の辺の被積分関数は

$$
\frac{1}{\varepsilon}\{J_0(i\gamma|k_z|\rho)+iN_0(i\gamma|k_z|\rho)\}e^{ik_z(z-vt)} \tag{9.1.45}
$$

となる.

$\phi(\boldsymbol{r},t)$ および同様にして得られる $A_z(\boldsymbol{r},t)$ から

$$\left.\begin{aligned}\boldsymbol{E}(\boldsymbol{r},t)&=\frac{-ie}{8\pi}\int_{-\infty}^{\infty}\left(\frac{\partial}{\partial x},\frac{\partial}{\partial y},ik_z(1-\varepsilon\mu v^2)\right)\\&\quad\times\left\{\frac{k_z}{|k_z|}J_0(|k_z|\gamma\rho)+iN_0(|k_z|\gamma\rho)\right\}e^{ik_z(z-vt)}\frac{dk_z}{\varepsilon}\\\boldsymbol{H}(\boldsymbol{r},t)&=\frac{ie}{8\pi}\int_{-\infty}^{\infty}\left(\frac{\partial}{\partial y},-\frac{\partial}{\partial x},0\right)\frac{\varepsilon\mu v}{\varepsilon\mu}\\&\quad\times\left\{\frac{k_z}{|k_z|}J_0(|k_z|\gamma\rho)+iN_0(|k_z|\gamma\rho)\right\}e^{ik_z(z-vt)}dk_z\end{aligned}\right\}$$

(9. 1. 46)*

が得られる．これらから半径 ρ の円柱から単位時間に流出するエネルギーは

$$\begin{aligned}U&=\int\boldsymbol{E}\times\boldsymbol{H}\cdot\boldsymbol{\rho}d\varphi dz\\&=\frac{e^2}{32\pi}\int_{-\infty}^{\infty}dz\int_{-\infty}^{\infty}\frac{-ik_z\gamma^2}{\varepsilon}\left\{\frac{k_z}{|k_z|}J_0(|k_z|\gamma\rho)+iN_0(|k_z|\gamma\rho)\right\}e^{ik_z(z-vt)}dk_z\\&\quad\times\int_{-\infty}^{\infty}\rho\frac{\partial}{\partial\rho}v\left\{\frac{k_z'}{|k_z'|}J_0(|k_z'|\gamma\rho)+iN_0(|k_z'|\gamma\rho)\right\}e^{ik_z'(z-vt)}dk_z'\\&=\frac{-ie^2\rho}{16}\int_{-\infty}^{\infty}\frac{k_z|k_z|\gamma^3v}{\varepsilon}\left\{\frac{k_z}{|k_z|}J_0(|k_z|\gamma\rho)+iN_0(|k_z|)\gamma\rho)\right\}\\&\quad\times\left\{\frac{-k_z}{|k_z|}J_0'(|k_z|\gamma\rho)+iN_0'(|k_z|\gamma\rho)\right\}dk_z\\&=\frac{e^2\rho}{16}\int_{-\infty}^{\infty}\frac{k_z{}^2v\gamma^3}{\varepsilon}\{J_0(|k_z|\gamma\rho)N_0'(|k_z|\gamma\rho)-N_0(|k_z|\gamma\rho)J_0'(|k_z|\gamma\rho)\}dk_z\\&=\frac{e^2v}{4\pi}\int_0^{\infty}\frac{k_z}{\varepsilon}(\varepsilon\mu v^2-1)dk_z\\&=\frac{e^2v}{4\pi}\int_0^{\infty}\mu(\omega)\omega\left(1-\frac{1}{\varepsilon(\omega)\mu(\omega)v^2}\right)d\omega\end{aligned}\tag{9. 1. 47}$$

と計算される．ここで，z 積分は(B. 4)により $2\pi\delta(k_z+k_z')$ とし，

---

*　右辺(　,　,　)はベクトルの3成分を示す．

k_z 積分では奇関数部分を偶奇性から 0 とし*，また(D. 24)を用いている．ε, μ が ω によらなければ(9. 1. 47)は明らかに発散する．しかし ε, μ が ω によるとして，$|\omega|>\omega_m$ で $\gamma^2=\varepsilon\mu v^2-1<0$ となるならば，さきに述べたように(9. 1. 45)のように書き換えられ，k_z 積分の $k_z>\omega_m/v$ の部分は $-k_z<\omega_m/v$ の部分と打ち消して ω 積分(9. 1. 47)の上限が ω_m となり，U が有限となる．

d) 不変デルタ関数

§3. 4 で得られた波動方程式に対する遅延 Green 関数(3. 4. 5)

$$G_{\mathrm{ret}}(\boldsymbol{r}, t) = \frac{c}{4\pi r}\delta(ct-r) \tag{9. 1. 48}$$

と，先進 Green 関数(3. 4. 11)

$$G_{\mathrm{adv}}(\boldsymbol{r}, t) = \frac{c}{4\pi r}\delta(ct+r) \tag{9. 1. 49}$$

は，ともに同じ非同次方程式

$$\left(\Delta-\frac{1}{c^2}\frac{\partial^2}{\partial t^2}\right)G(\boldsymbol{r}, t) = -\delta(\boldsymbol{r})\delta(t) \tag{9. 1. 50}$$

を充たす．したがって

$$D(\boldsymbol{r}, t) \equiv c^{-2}\{G_{\mathrm{ret}}(\boldsymbol{r}, t)-G_{\mathrm{adv}}(\boldsymbol{r}, t)\} \tag{9. 1. 51}$$

は，同次方程式

$$\left(\Delta-\frac{1}{c^2}\frac{\partial^2}{\partial t^2}\right)D(\boldsymbol{r}, t) = 0 \tag{9. 1. 52}$$

の解である．

$D(\boldsymbol{r}, t)$ を $\boldsymbol{r}$ について Fourier 変換すると

$$\hat{D}(\boldsymbol{k}, t) = \frac{1}{(2\pi)^3 c}\int_{-\infty}^{\infty} e^{-i\boldsymbol{k}\cdot\boldsymbol{r}}\frac{1}{4\pi r}(\delta(r-ct)-\delta(r+ct))d\boldsymbol{r}$$

---

* $\varepsilon\mu$ は ω したがって $k_z(=\omega/c)$ の関数である．しかし $|\omega|$ の関数と考えてよいので，k_z 積分についての偶奇性には影響を与えない．

$$= \frac{1}{2(2\pi)^3c}\int_0^\infty drr(\delta(r-ct)-\delta(r+ct))\int_{-1}^{1} e^{-ikr\cos\theta}d(-\cos\theta)$$

$$= \frac{1}{2(2\pi)^3ikc}\int_0^\infty dr(\delta(r-ct)-\delta(r+ct))(e^{ikr}-e^{-ikr})$$

$$= \frac{1}{2(2\pi)^3ikc}(e^{ikct}-e^{-ikct}) \tag{9.1.53}$$

となる．これは t の正負にかかわらず成立する．Fourier 逆変換により

$$D(\boldsymbol{r},t) = \frac{i}{2(2\pi)^3c}\int_{-\infty}^{\infty} e^{i\boldsymbol{k}\cdot\boldsymbol{r}}(e^{-ikct}-e^{ikct})\frac{d\boldsymbol{k}}{k} \tag{9.1.54}$$

と書き表わせる．これから

$$D(\boldsymbol{r},0) = 0 \tag{9.1.55}$$

$$\frac{\partial D}{\partial t}(\boldsymbol{r},0) = \delta(\boldsymbol{r}) \tag{9.1.56}$$

が示せる．換言すれば，$D(\boldsymbol{r},t)$ は初期条件(9.1.55)(9.1.56)を充たす方程式(9.1.52)の解であるともいえる．

(9.1.54)はまた

$$\delta({k_0}^2-k^2) = \frac{1}{2k}(\delta(k_0+k)+\delta(k_0-k)) \tag{9.1.57}$$

を用いて，4次元 k 空間の積分

$$D(\boldsymbol{r},t) = \frac{i}{(2\pi)^3c}\int_{-\infty}^{\infty}\delta({k_0}^2-k^2)\epsilon(k_0)e^{i\boldsymbol{k}\cdot\boldsymbol{r}-ik_0ct}d\boldsymbol{k}dk_0 \tag{9.1.58}$$

と書けるし，

$$D(\boldsymbol{r},t) = \frac{-1}{(2\pi)^4c}\int d\boldsymbol{k}\int_{C_-+C_+}\frac{1}{k^2-{k_0}^2}e^{i\boldsymbol{k}\cdot\boldsymbol{r}-ik_0ct}dk_0 \tag{9.1.59}$$

とも表わせる．ここで積分は k_0 について図9.2の C_- の積分路の積分と C_+ の積分路の積分との和であり，$\boldsymbol{k}$ については全域の積分である．(9.1.58)(9.1.59)は Lorentz 変換に対して不変な形を

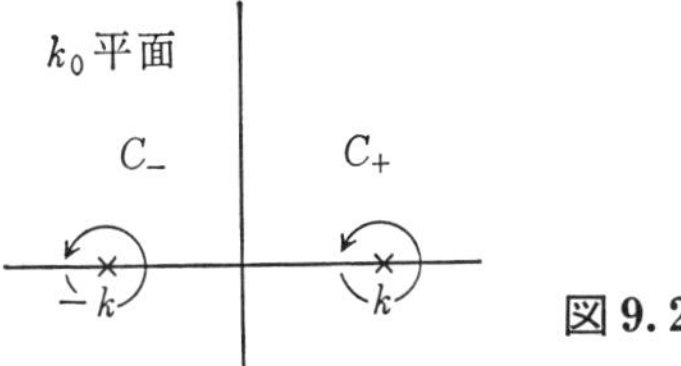

図 9.2

している．相対論的に不変なこの D 関数は相対論的量子論において重要な役割を果たす．

$D_{\mathrm{ret}}=c^{-2}G_{\mathrm{ret}}$，$D_{\mathrm{adv}}=c^{-2}G_{\mathrm{adv}}$ を 4 次元 k 積分で書くと

$$D_{\mathrm{ret(adv)}}(\boldsymbol{r},t)=\frac{1}{(2\pi)^4c}\int d\boldsymbol{k}\int_{C_{\mathrm{R}}(C_{\mathrm{A}})}\frac{1}{k^2-{k_0}^2}e^{i\boldsymbol{k}\cdot\boldsymbol{r}-ik_0ct}dk_0 \tag{9.1.60}$$

となる．ここで $C_{\mathrm{R}}, C_{\mathrm{A}}$ は図 9.3 の積分路である．これは(9.1.53)の導出過程において $\hat{D}_{\mathrm{ret}}=\hat{D}\theta(t)$，$\hat{D}_{\mathrm{adv}}=-\hat{D}\theta(-t)$ であることから確かめられる．また(9.1.51)(9.1.59)と両立していることも容易に調べられる．

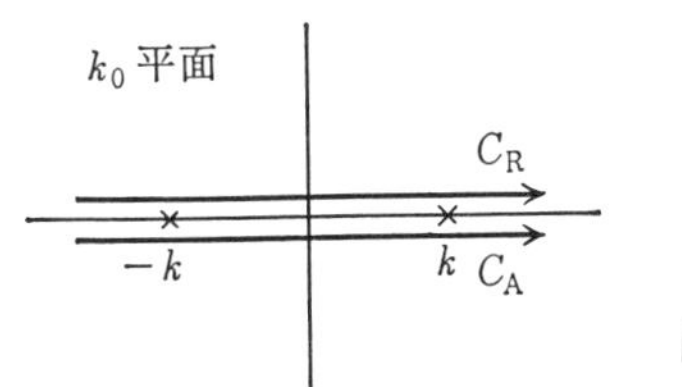

図 9.3

さてここで(9.1.60)を 4 次元 Fourier 変換を用いた方程式(9.1.50)の解として直接求めてみよう．

$$\tilde{G}(\boldsymbol{k},\omega)=\frac{1}{(2\pi)^4}\int G(\boldsymbol{r},t)e^{-i\boldsymbol{k}\cdot\boldsymbol{r}+i\omega t}d\boldsymbol{k}d\omega \tag{9.1.61}$$

に対して得られる方程式

$$\left(-k^2+\frac{\omega^2}{c^2}\right)\tilde{G}(\boldsymbol{k},\omega)=-\frac{1}{(2\pi)^4} \tag{9.1.62}$$

を解くと，$\omega=k_0c$ と書き，α, β を未定の定数，P を Cauchy の主値を表わすとして

$$\tilde{G}(\boldsymbol{k}, \omega)=\frac{1}{(2\pi)^4}\left\{\frac{P}{k^2-{k_0}^2}+\alpha\delta(k-k_0)+\beta\delta(k+k_0)\right\} \tag{9.1.63}$$

が得られる．これを逆変換すると

$$G(\boldsymbol{r}, t)=\int\tilde{G}(\boldsymbol{k}, \omega)e^{i\boldsymbol{k}\cdot\boldsymbol{r}-i\omega t}d\boldsymbol{k}d\omega \tag{9.1.64}$$

であるが，ここで k_0 の積分路を C_{R} または C_{A} に指定することは，それぞれ，$\alpha=-\beta=i\pi/2k$ または $\alpha=-\beta=-i\pi/2k$ と選んだものに他ならないということを，(B. 13)を用いて示すことができる．これらがそれぞれ遅延条件と先進条件に対応していることは，$t<0$ では上方に積分路を閉じることができて $G_{\mathrm{ret}}=0$ となり，$t>0$ では下方に積分路を閉じることができて $G_{\mathrm{adv}}=0$ となることから明らかである．

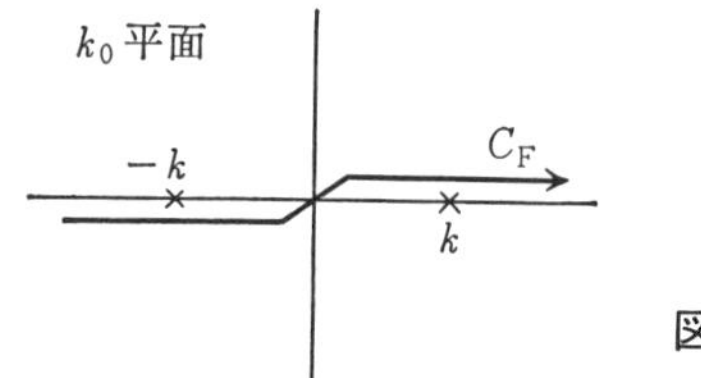

図 9.4

4次元 Fourier 変換から Green 関数を求める立場に立てば，$\alpha=\beta=i\pi/2k$ に対応する図 9.4 の積分路 C_{F} を用いた

$$G_{\mathrm{F}}(\boldsymbol{r}, t)=c^2D_{\mathrm{F}}(\boldsymbol{r}, t)=\frac{c}{(2\pi)^4}\int d\boldsymbol{k}\int_{C_{\mathrm{F}}}\frac{1}{k^2-{k_0}^2}e^{i\boldsymbol{k}\cdot\boldsymbol{r}-ik_0ct}dk_0 \tag{9.1.65}$$

もまた Green 関数である．この Green 関数の性質としては，$t>0$ のときは下半面で積分路を閉じることができるので，$k_0=k$ の極

からの寄与のみ残る．すなわち正の振動数部分のみ残る．逆に $t<0$ のときは負の振動数部分のみ残る．D_{F} を Feynmann の D 関数という*.

D 関数(9.1.51)はまた

$$D(\boldsymbol{r}, t) = \frac{1}{4\pi cr}(\delta(r-ct)-\delta(r+ct)) = \frac{1}{2\pi c}\epsilon(t)\delta(r^2-c^2t^2) \tag{9.1.66}$$

とも書き表わすことができる．

まったく同様に Klein-Gordon 方程式に対する遅延 Green 関数(3.5.21)

$$G_{\mathrm{ret}}(\boldsymbol{r}, t) = \frac{c}{4\pi r}\delta(ct-r) - \frac{\mu c}{4\pi\sqrt{c^2t^2-r^2}}J_1(\mu\sqrt{c^2t^2-r^2})\theta(ct-r) \tag{9.1.67}$$

と，その t を $-t$ に置き換えた先進 Green 関数

$$G_{\mathrm{adv}}(\boldsymbol{r}, t) = \frac{c}{4\pi r}\delta(ct+r) - \frac{\mu c}{4\pi\sqrt{c^2t^2-r^2}}J_1(\mu\sqrt{c^2t^2-r^2})\theta(-ct-r) \tag{9.1.68}$$

が，同じ非同次方程式

$$\left(\Delta - \frac{1}{c^2}\frac{\partial^2}{\partial t^2} - \mu^2\right)G(\boldsymbol{r}, t) = -\delta(\boldsymbol{r})\delta(t) \tag{9.1.69}$$

を充たしているので，

$$\begin{aligned} \varDelta(\boldsymbol{r}, t) &\equiv c^{-2}(G_{\mathrm{ret}}(\boldsymbol{r}, t) - G_{\mathrm{adv}}(\boldsymbol{r}, t)) \\ &= \frac{1}{2\pi c}\epsilon(t)\delta(r^2-c^2t^2) - \frac{\mu\epsilon(t)}{4\pi c\sqrt{c^2t^2-r^2}}J_1(\mu\sqrt{c^2t^2-r^2})\theta(c^2t^2-r^2) \end{aligned} \tag{9.1.70}$$

が，同次方程式

---

* D_{F} については係数だけ異なった定義もある．

$$\left(\Delta - \frac{1}{c^2}\frac{\partial^2}{\partial t^2} - \mu^2\right)\varDelta(\boldsymbol{r}, t) = 0 \qquad (9.1.71)$$

の解となる．(9.1.70)は Lorentz 変換に対して不変であるので不変 $\varDelta$ 関数という．

4次元 k 積分の立場から(9.1.60)(9.1.58)(9.1.59)(9.1.65)に対応して書き表わされる

$$\varDelta_{\mathrm{ret(adv)}}(\boldsymbol{r}, t) = \frac{1}{(2\pi)^4 c}\int d\boldsymbol{k}\int_{C_{\mathrm{R}}(C_{\mathrm{A}})}\frac{1}{\mu^2+k^2-k_0{}^2}e^{i\boldsymbol{k}\cdot\boldsymbol{r}-ik_0ct}dk_0 \qquad (9.1.72)$$

$$\varDelta(\boldsymbol{r}, t) = \frac{i}{(2\pi)^3 c}\int_{-\infty}^{\infty}\delta(k_0{}^2-k^2-\mu^2)\epsilon(k_0)e^{i\boldsymbol{k}\cdot\boldsymbol{r}-ik_0ct}d\boldsymbol{k}dk_0 \qquad (9.1.73)$$

$$= \frac{-1}{(2\pi)^4 c}\int d\boldsymbol{k}\int_{C_-+C_+}\frac{1}{\mu^2+k^2-k_0{}^2}e^{i\boldsymbol{k}\cdot\boldsymbol{r}-ik_0ct}dk_0 \qquad (9.1.74)^*$$

$$\varDelta_{\mathrm{F}}(\boldsymbol{r}, t) = \frac{1}{(2\pi)^4 c}\int d\boldsymbol{k}\int_{C_{\mathrm{F}}}\frac{1}{\mu^2+k^2-k_0{}^2}e^{i\boldsymbol{k}\cdot\boldsymbol{r}-ik_0ct}dk_0 \qquad (9.1.75)$$

もよく用いられる．積分路 C_{F} を指定するのに $1/(\mu^2+k^2-k_0{}^2-i\epsilon)$ のように極の位置を実軸からずらして実軸上の積分で表わすことが多い．

§9.2 平面境界

a) 壁の前の音源

平面壁($z=0$)の前方 z_0 の点に，強さ $q(t)$ の音源がある場合を考えよう．速度ポテンシャル $\phi(\boldsymbol{r}, t)$ は，方程式(A.2.8)に音源の効果を加えた

---

* $C_\pm$ は図9.2で k の代りに $\sqrt{k^2+\mu^2}$ とした積分路である．

$$\left(\Delta-\frac{1}{c^2}\frac{\partial^2}{\partial t^2}\right)\phi(\boldsymbol{r},t) = -q(t)\delta(x)\delta(y)\delta(z-z_0) \qquad (9.2.1)$$

を充たす．この方程式の境界条件

$$\frac{\partial\phi}{\partial z}(x,y,0,t)=0 \qquad (9.2.2)$$

を充たす解を求めればよい．

この場合に適合する Green 関数は(3.4.5)(5.2.3)から $\boldsymbol{r}_1'(x', y', -z')$ として

$$G(\boldsymbol{r},t,\boldsymbol{r}',t')=\frac{1}{4\pi|\boldsymbol{r}-\boldsymbol{r}'|}\delta\left(\frac{|\boldsymbol{r}-\boldsymbol{r}'|}{c}-(t-t')\right)$$
$$+\frac{1}{4\pi|\boldsymbol{r}-\boldsymbol{r}_1'|}\delta\left(\frac{|\boldsymbol{r}-\boldsymbol{r}_1'|}{c}-(t-t')\right) \qquad (9.2.3)$$

である．かくして，速度ポテンシャルは(2.2.9)から

$$\phi(\boldsymbol{r},t)=\int G(\boldsymbol{r},t,\boldsymbol{r}',t')q(t')\delta(x')\delta(y')\delta(z'-z_0)d\boldsymbol{r}'dt'$$
$$=\frac{q\left(t-\dfrac{\sqrt{x^2+y^2+(z-z_0)^2}}{c}\right)}{4\pi\sqrt{x^2+y^2+(z-z_0)^2}}+\frac{q\left(t-\dfrac{\sqrt{x^2+y^2+(z+z_0)^2}}{c}\right)}{4\pi\sqrt{x^2+y^2+(z+z_0)^2}} \qquad (9.2.4)$$

となる．

特に $q(t)=q_0e^{-i\omega t}$ のときは，$\boldsymbol{r}_0(0,0,z_0)$，$\boldsymbol{r}_{01}(0,0,-z_0)$，$k=\omega/c$ として

$$\phi(\boldsymbol{r},\boldsymbol{t})=\phi(\boldsymbol{r})e^{-i\omega t}=\frac{q_0e^{-i\omega t}}{4\pi}\left\{\frac{e^{ik|\boldsymbol{r}-\boldsymbol{r}_0|}}{|\boldsymbol{r}-\boldsymbol{r}_0|}+\frac{e^{ik|\boldsymbol{r}-\boldsymbol{r}_{01}|}}{|\boldsymbol{r}-\boldsymbol{r}_{01}|}\right\}$$

となる．$\phi(\boldsymbol{r})$ は Helmholtz 方程式を Neumann 条件のもとに解いたものに他ならない．さらに $kz_0\ll 1$ であれば，$r\gg z_0$ の領域で

$$\phi(\boldsymbol{r})\simeq\frac{q_0}{4\pi}\frac{e^{ikr}}{r}2\cos\frac{k\boldsymbol{r}\cdot\boldsymbol{r}_0}{r}$$

が成立する．放出される全エネルギーは，壁のない場合の

$$I_0 = \frac{\sigma_0}{c}\left\langle\int\left(\mathrm{Re}\frac{\partial\phi}{\partial t}\right)^2 r^2 d\Omega\right\rangle = \frac{\sigma_0 {q_0}^2\omega^2}{8\pi c}$$

とくらべると，

$$I = \frac{\sigma_0 {q_0}^2\omega^2}{8\pi^2 c}\int_0^{\pi/2}\sin\theta d\theta\int_0^{2\pi}d\varphi\cos^2(kz_0\cos\theta)$$
$$= \frac{\sigma_0 {q_0}^2\omega^2}{8\pi c}\left(1+\frac{\sin 2kz_0}{2kz_0}\right) \simeq \frac{\sigma_0 {q_0}^2\omega^2}{4\pi c}$$

となって，I_0 の2倍となる．

§9.3 2平面境界

a) 2平行完全導体面間の電磁放射

§7.5で扱った問題，すなわち，2つの平行完全導体面 $z=0, l$ の間にある，z 軸を向く固定された電気的点偏極による電磁放射の問題を，一般の時間依存性をもつ偏極に対して考えよう．このときHertzベクトル $\boldsymbol{\pi}_\mathrm{e}(0, 0, \Phi)$ は，方程式(A. 4. 25)

$$\left(\Delta - \varepsilon\mu\frac{\partial^2}{\partial t^2}\right)\Phi(\boldsymbol{r}, t) = -\frac{P(t)}{\varepsilon}\delta(x)\delta(y)\delta(z-z_0) \quad (9.3.1)$$

を充たす．対称性から解は円筒座標(ρ, φ, z)の φ には依存しないとしてよいので，(A. 4. 30)によって E_ρ, E_z, H_φ だけが0でない．境界条件は(A. 4. 13)から $E_\rho=0$ であるので

$$\frac{\partial\Phi(\boldsymbol{r}, t)}{\partial z} = 0 \qquad (z=0, l) \qquad (9.3.2)$$

であればよい．

この場合に適合するGreen関数を求めるために，§5.5に従って $\left\{\cos\frac{n\pi z}{l}\right\}$ で展開すると

$$G(\boldsymbol{r}, t, \boldsymbol{r}', t') = \frac{1}{l}\sum_{n=0}^{\infty}\epsilon_n\cos\frac{n\pi z}{l}g_n(\boldsymbol{\rho}, t, \boldsymbol{\rho}', t', z') \quad (9.3.3)$$

であり，g_n の充たす方程式は

$$\left\{\Delta_2-\left(\frac{n\pi}{l}\right)^2-\frac{1}{c^2}\frac{\partial^2}{\partial t^2}\right\}g_n(\boldsymbol{\rho},t,\boldsymbol{\rho}',t',z')=-\cos\frac{n\pi z'}{l}\delta(\boldsymbol{\rho}-\boldsymbol{\rho}')\delta(t-t') \tag{9.3.4}$$

である．この解は，空間が2次元の Klein-Gordon 方程式に対する Green 関数(3.5.20)を用いて，

$$\begin{aligned}&g_n(\boldsymbol{\rho},t,\boldsymbol{\rho}',t',z')\\&=\cos\frac{n\pi z'}{l}\frac{c\theta(c(t-t')-|\boldsymbol{\rho}-\boldsymbol{\rho}'|)}{2\pi\sqrt{c^2(t-t')^2-|\boldsymbol{\rho}-\boldsymbol{\rho}'|^2}}\cos\frac{n\pi\sqrt{c^2(t-t')^2-|\boldsymbol{\rho}-\boldsymbol{\rho}'|^2}}{l}\end{aligned} \tag{9.3.5}$$

として得られる．これを(9.3.3)に入れて，

$$\begin{aligned}G(\boldsymbol{r},t,\boldsymbol{r}',t')=&\frac{c\theta(c(t-t')-|\boldsymbol{\rho}-\boldsymbol{\rho}'|)}{2\pi l\sqrt{c^2(t-t')^2-|\boldsymbol{\rho}-\boldsymbol{\rho}'|^2}}\sum_{n=0}^{\infty}\epsilon_n\cos\frac{n\pi z}{l}\\&\times\cos\frac{n\pi z'}{l}\cos\frac{n\pi\sqrt{c^2(t-t')^2-|\boldsymbol{\rho}-\boldsymbol{\rho}'|^2}}{l}\end{aligned} \tag{9.3.6}$$

が得られる．これから解の表現(2.2.9)を用いて

$$\begin{aligned}\Phi(\boldsymbol{\rho},z,t)=&\frac{c}{2\pi l\varepsilon}\sum_{n=0}^{\infty}\epsilon_n\cos\frac{n\pi z}{l}\cos\frac{n\pi z_0}{l}\int_{-\infty}^{t}\frac{\theta(c(t-t')-\rho)}{\sqrt{c^2(t-t')^2-\rho^2}}\\&\times\cos\frac{n\pi\sqrt{c^2(t-t')^2-\rho^2}}{l}P(t')dt'\end{aligned} \tag{9.3.7}$$

となる．

特に(7.5.1)の場合，すなわち

$$P(t)=P_0e^{-i\omega t}$$

であれば，(9.3.7)の積分部分は

$$P_0\int_0^{\infty}\frac{\theta(c\tau-\rho)}{\sqrt{c^2\tau^2-\rho^2}}\cos\frac{n\pi\sqrt{c^2\tau^2-\rho^2}}{l}e^{i\omega\tau}d\tau e^{-i\omega t}$$

である．$c\tau=\rho\cosh\chi$ と変数を変換すると

$$\frac{P_0}{c}e^{-i\omega t}\int_0^{\infty}\cos\frac{n\pi\rho\sinh\chi}{l}e^{ik\rho\cosh\chi}d\chi$$

$$=\frac{P_0}{2c}e^{-i\omega t}\int_{-\infty}^{\infty}e^{(in\pi\rho\sinh\chi)/l}e^{ik\rho\cosh\chi}d\chi$$

となり，(3.5.15)から $k>n\pi/l$ に対しては

$$\frac{i\pi P_0}{2c}e^{-i\omega t}H_0^{(1)}\left(\rho\sqrt{k^2-\left(\frac{n\pi}{l}\right)^2}\right)$$

$k<n\pi/l$ に対しては

$$\frac{i\pi P_0}{2c}e^{-i\omega t}H_0^{(1)}\left(i\rho\sqrt{\left(\frac{n\pi}{l}\right)^2-k^2}\right)$$

となるので，(9.3.7)は(7.5.7)と一致している．

第10章　Green 関数の形式理論

§10.1　演 算 子*

2点の関数 $M(\boldsymbol{r},\boldsymbol{r}')$ と関数 $f(\boldsymbol{r})$ から新しい関数

$$g(\boldsymbol{r})=\int M(\boldsymbol{r},\boldsymbol{r}')f(\boldsymbol{r}')d\boldsymbol{r}' \tag{10.1.1}$$

を生み出すことができる．これを‘ベクトル’f に対して演算子 $\boldsymbol{M}$ を作用させて‘ベクトル’g を得たと解釈し，

$$g=\boldsymbol{M}f \tag{10.1.2}$$

と書くことにする．δ 関数は2点の関数であり，

$$f(\boldsymbol{r})=\int \delta(\boldsymbol{r}-\boldsymbol{r}')f(\boldsymbol{r}')d\boldsymbol{r}' \tag{10.1.3}$$

が任意の関数 $f(\boldsymbol{r})$ に対して成立するので，単位演算子 $\mathbf{1}$ と解釈し，(10.1.3)は

$$f=\mathbf{1}f \tag{10.1.4}$$

と書ける．また微分演算子は，

$$g(\boldsymbol{r})=\frac{\partial f(\boldsymbol{r})}{\partial x}=-\int\frac{\partial\delta(\boldsymbol{r}-\boldsymbol{r}')}{\partial x'}f(\boldsymbol{r}')d\boldsymbol{r}'=\int\frac{\partial\delta(\boldsymbol{r}-\boldsymbol{r}')}{\partial x}f(\boldsymbol{r}')d\boldsymbol{r}' \tag{10.1.5}$$

と書き直すと，(10.1.1)の演算の意味で2点関数 $\partial\delta(\boldsymbol{r}-\boldsymbol{r}')/\partial x$ に

---

*　この章においては $\boldsymbol{r},\boldsymbol{p}$ の太字のみがベクトル量であることを示し，他の太字は抽象的な演算子であることを示す．後に(10.1.22)で示すように $\boldsymbol{r}$ はある意味では演算子でもある．しかし $\boldsymbol{r}$ の関数として書いた演算子例えば(10.1.8)の $V(\boldsymbol{r})$ などは太字にしなかった．(10.1.15)の E_n などは演算子としては $E_n\mathbf{1}$ と書くべき量である．しかし混同のおそれもないであろうし，$E_n\mathbf{1}$ または $\boldsymbol{E}_n$ と書くのはかえって混乱させるのではないかと思い E_n のまま用いた．

対応させることができる.

微分方程式

$$\boldsymbol{L}\phi = -\rho \tag{10.1.6}$$

に対応する Green 関数は，方程式

$$\boldsymbol{L}\boldsymbol{G} = -\boldsymbol{1} \tag{10.1.7}$$

の解であるので，$\boldsymbol{G}$ を解くことは一種の逆演算子 $\boldsymbol{L}^{-1}$ を求めることに相当する．ただし逆があったとしても，有限次元行列のように一意的には定まらない．実際いままで述べてきたように，各種の境界条件などに対応して多くの Green 関数がある.

さて，このように Green 関数を抽象的な演算子と考えて取り扱う利点はどういうものであろうか．まず第1には，微分演算子や積分演算子だけでなく，第2量子化のような抽象的な演算子を用いた理論に対してもそのまま用いられる点である．第2には，複雑な関係式を簡潔に見通しよく書ける場合があるし，一般的な性質の議論を見通しよく行なえる場合がある点である．第1の利点については，以下の議論の多くが，演算子を第2量子化された意味での演算子であるとするだけで，そのまま第2量子化された理論においても用いられることで明らかであろうから，ここでは第2の利点について少しふれておこう．§1.4 c)項において Green 関数は単に厳密解を求める場合にのみ有効な方法であるばかりでなく，解のいろいろな性質を論じたり近似解を求める場合にも有効であると述べた．その際，例として，方程式(1.4.20)

$$\{\Delta - V(\boldsymbol{r}) + k^2\}\phi(\boldsymbol{r}) = \boldsymbol{L}\phi = (\boldsymbol{L}_0 - \boldsymbol{V})\phi = 0 \tag{10.1.8}$$

について考えた．ここで演算子 $\boldsymbol{V}$ は(10.1.1)の演算の意味で2点関数 $V(\boldsymbol{r})\delta(\boldsymbol{r}-\boldsymbol{r}')$ に対応している．一般の $V(\boldsymbol{r})$ に対してこの厳密解を解析的にまとまった形で表わすことはできない．しかし，方程式(1.4.21)

$$(\Delta+k^2)\psi_0(\boldsymbol{r}) = \boldsymbol{L}_0\psi_0 = 0 \tag{10.1.9}$$

に対する Green 関数 $G^{(0)}(\boldsymbol{r}, \boldsymbol{r}')$ は，広い範囲の境界条件に対して求められている．これを用いて，(1.4.22) のように，微分方程式 (10.1.8) と何らかの境界条件を，積分方程式

$$\psi(\boldsymbol{r}) = \psi_0(\boldsymbol{r}) - \int G^{(0)}(\boldsymbol{r}, \boldsymbol{r}')V(\boldsymbol{r}')\psi(\boldsymbol{r}')d\boldsymbol{r}' \tag{10.1.10}$$

で書き表わすことができる．(10.1.10) を逐次近似で解けば

$$\psi(\boldsymbol{r}) = \psi_0(\boldsymbol{r}) - \int G^{(0)}(\boldsymbol{r}, \boldsymbol{r}')V(\boldsymbol{r}')\psi_0(\boldsymbol{r}')d\boldsymbol{r}' + \int G^{(0)}(\boldsymbol{r}, \boldsymbol{r}')V(\boldsymbol{r}')G^{(0)}(\boldsymbol{r}', \boldsymbol{r}'')V(\boldsymbol{r}'')\psi_0(\boldsymbol{r}'')d\boldsymbol{r}'d\boldsymbol{r}'' - \cdots \tag{10.1.11}$$

が得られる．(10.1.10) (10.1.11) は，それぞれ

$$\psi = \psi_0 - \boldsymbol{G}^{(0)}\boldsymbol{V}\psi \tag{10.1.12}$$

$$\psi = \psi_0 - \boldsymbol{G}^{(0)}\boldsymbol{V}\psi_0 + \boldsymbol{G}^{(0)}\boldsymbol{V}\boldsymbol{G}^{(0)}\boldsymbol{V}\psi_0 - \cdots \tag{10.1.13}$$

などと簡潔に書き表わせるし，(10.1.12) はまた，形式的に

$$\psi = \frac{1}{\boldsymbol{1}+\boldsymbol{G}^{(0)}\boldsymbol{V}}\psi_0 \tag{10.1.14}$$

として解ける．

この章では特に量子力学においてよく用いられる Green 関数の形式理論について述べるが，まず次節以降の準備をしておこう．定常的な Schrödinger 方程式を

$$(\boldsymbol{H} - E_n)\psi_n = 0 \tag{10.1.15}$$

と書く．$\boldsymbol{H}$ は全ハミルトニアンであり，

$$\boldsymbol{H} = \boldsymbol{H}_0 + \boldsymbol{V} \tag{10.1.16}$$

と書いた $\boldsymbol{H}_0, \boldsymbol{V}$ を，それぞれ自由ハミルトニアン，相互作用ハミルトニアンとする．E_n は固有値，ψ_n は E_n に属する固有ベクトルである．$\boldsymbol{H}_0, \boldsymbol{V}$ が Hermite 演算子となるベクトル空間のみを考

えることにして，E_n は実数であり，固有ベクトルの集り $\{\psi_n\}$，および，$\boldsymbol{H}_0$ の固有ベクトルすなわち

$$(\boldsymbol{H}_0-E_n)\phi_n = 0 \tag{10.1.17}$$

を充たす ϕ_n の集り $\{\phi_n\}$ は，ともに完全系を作るとする.

ベクトル ϕ_n または ψ_n の共役ベクトルを特に明示する必要があるときは

$$\phi_n = |\phi_n\rangle, \qquad \psi_n = |\psi_n\rangle \tag{10.1.18}$$

の Hermite 共役を

$$\langle\phi_n| = (|\phi_n\rangle)^\dagger, \qquad \langle\psi_n| = (|\psi_n\rangle)^\dagger \tag{10.1.19}$$

などと書くことにする．(10.1.18) (10.1.19) は，それぞれ Dirac のケット・ベクトル，ブラ・ベクトルであり，それらの内積をブラケット

$$\langle\phi_n|\phi_m\rangle = (\langle\phi_m|\phi_n\rangle)^* \tag{10.1.20}$$

などと書くことにする．完全性は

$$\sum_n |\phi_n\rangle\langle\phi_n| = \mathbf{1} \tag{10.1.21}$$

で表わされる.

通常は $\boldsymbol{H}$ が微分演算子であり，固有ベクトルは $\boldsymbol{r}$ の関数 $\phi_n(\boldsymbol{r})$ で表わされる．これは演算子 $\boldsymbol{r}$ を対角にする表現でベクトル ϕ_n を表わしたものである．すなわち，$\boldsymbol{r}$ の固有値 $\boldsymbol{r}'$ に属する固有ベクトルを $|\boldsymbol{r}'\rangle$ と書くと

$$\boldsymbol{r}|\boldsymbol{r}'\rangle = \boldsymbol{r}'|\boldsymbol{r}'\rangle \tag{10.1.22}$$

であり，$\phi_n(\boldsymbol{r})$ は ϕ_n の '$\boldsymbol{r}$ 番目の成分'

$$\phi_n(\boldsymbol{r}) = \langle\boldsymbol{r}|\phi_n\rangle \tag{10.1.23}$$

という意味をもつ．完全性(4.1.10)で $\rho(x)=1$ としたものを多次元の場合に拡張したものは，この表現で(10.1.21)を書いた

$$\sum_n \phi_n(\boldsymbol{r})\phi_n{}^*(\boldsymbol{r}') = \sum_n \langle \boldsymbol{r}|\phi_n\rangle\langle\phi_n|\boldsymbol{r}'\rangle = \langle\boldsymbol{r}|\boldsymbol{r}'\rangle = \delta(\boldsymbol{r}-\boldsymbol{r}') \tag{10.1.24}$$

に他ならない.

E を実数として，方程式

$$(-\boldsymbol{H}_0+E)\phi = 0 \tag{10.1.25}$$

の Green 関数を $\boldsymbol{G}^{(0)}$ と書く．すなわち，方程式

$$(-\boldsymbol{H}_0+E)\boldsymbol{G}^{(0)} = -\boldsymbol{1} \tag{10.1.26}$$

を充たす演算子である．(10.1.26)を形式的に解くと

$$\boldsymbol{G}^{(0)} = \frac{-1}{E-\boldsymbol{H}_0} \tag{10.1.27}$$

である．この逆演算子を具体的に計算するには，$\boldsymbol{H}_0$ の固有関数系を用いて

$$\boldsymbol{G}^{(0)} = \sum_n \frac{1}{\boldsymbol{H}_0-E}|\phi_n\rangle\langle\phi_n| = \sum_n \frac{1}{E_n-E}|\phi_n\rangle\langle\phi_n| \tag{10.1.28}$$

のように展開する．このとき $E=E_n$ の扱いを定めておかねばならない．例えば，固有値 E_n が連続スペクトルであり E がその中にあるときには，n についての積分において被積分関数の極 $E_n=E$ をどう避けるかを定めておかねばならない．この場合の典型的な避け方は，(B.13)のように，極の下(上)を通る

$$\boldsymbol{G}_\pm{}^{(0)} = \sum_n \frac{-1}{E-E_n\pm i\epsilon}|\phi_n\rangle\langle\phi_n| \tag{10.1.29}$$

である．E, E_n は実数であるから，これで逆演算子が定義できる.

例として $\boldsymbol{H}_0=-\Delta$ の場合を考えよう．このとき固有値

$$E_n = p^2 \tag{10.1.30}$$

に属する平面波の固有状態 $|\boldsymbol{p}\rangle$ は $\boldsymbol{p}$ で指定され，その $\boldsymbol{r}$ を対角とする表示は

$$\langle \boldsymbol{r}|\boldsymbol{p}\rangle = \frac{1}{(2\pi)^{3/2}}e^{i\boldsymbol{p}\cdot\boldsymbol{r}} \tag{10.1.31}$$

である．$|\boldsymbol{p}\rangle$ が，直交性

$$\langle \boldsymbol{p}'|\boldsymbol{p}\rangle = \sum_{\boldsymbol{r}}\langle \boldsymbol{p}'|\boldsymbol{r}\rangle\langle \boldsymbol{r}|\boldsymbol{p}\rangle = \frac{1}{(2\pi)^3}\int e^{-i\boldsymbol{p}'\cdot\boldsymbol{r}}e^{i\boldsymbol{p}\cdot\boldsymbol{r}}d\boldsymbol{r} = \delta(\boldsymbol{p}-\boldsymbol{p}') \tag{10.1.32}$$

と，完全性

$$\langle \boldsymbol{r}|\{\sum_{\boldsymbol{p}}|\boldsymbol{p}\rangle\langle \boldsymbol{p}|\}|\boldsymbol{r}'\rangle = \frac{1}{(2\pi)^3}\int e^{i\boldsymbol{p}\cdot\boldsymbol{r}}e^{-i\boldsymbol{p}\cdot\boldsymbol{r}'}d\boldsymbol{p} = \delta(\boldsymbol{r}-\boldsymbol{r}') \tag{10.1.33}$$

を充たしていることが，(B. 4)からわかるであろう．(10. 1. 29)を $|\boldsymbol{r}\rangle$ 表示で書くと，$E=k^2$ として

$$\begin{aligned}\langle \boldsymbol{r}|\boldsymbol{G}_{\pm}{}^{(0)}|\boldsymbol{r}'\rangle &= \sum_{p}\frac{1}{p^2-E\mp i\epsilon}\langle \boldsymbol{r}|\boldsymbol{p}\rangle\langle \boldsymbol{p}|\boldsymbol{r}'\rangle \\ &= \frac{1}{(2\pi)^3}\int\frac{1}{p^2-k^2\mp i\epsilon}e^{i\boldsymbol{p}\cdot(\boldsymbol{r}-\boldsymbol{r}')}d\boldsymbol{p} \\ &= \frac{1}{4\pi|\boldsymbol{r}-\boldsymbol{r}'|}e^{\pm ik|\boldsymbol{r}-\boldsymbol{r}'|}\end{aligned} \tag{10.1.34}$$

となる．すなわち(3. 2. 15)で扱った $\boldsymbol{G}_3{}^{\pm}(\boldsymbol{r}-\boldsymbol{r}')$ を表わしている．

§10.2 定常的な散乱の形式理論

定常Schrödinger方程式

$$(-\boldsymbol{H}+E)\psi = 0 \tag{10.2.1}$$

のGreen関数の充たす方程式は

$$(-\boldsymbol{H}+E)\boldsymbol{G} = -\boldsymbol{1} \tag{10.2.2}$$

である．これを(10. 1. 27)にならって形式的に解くと，

$$\boldsymbol{G}_{\pm} = \frac{-1}{E-\boldsymbol{H}\pm i\epsilon} \tag{10.2.3}$$

が得られる．

逆演算子が定義される演算子 $\boldsymbol{a}, \boldsymbol{b}$ に対して証明できる関係式

$$\frac{1}{\boldsymbol{a}} = \frac{1}{\boldsymbol{b}} + \frac{1}{\boldsymbol{b}}(\boldsymbol{b}-\boldsymbol{a})\frac{1}{\boldsymbol{a}} \tag{10.2.4}$$

を用いると，(10.2.3)は $\boldsymbol{a}=\boldsymbol{H}-E\mp i\epsilon$，$\boldsymbol{b}=\boldsymbol{H}_0-E\mp i\epsilon$ にとることにより

$$\boldsymbol{G}_\pm = \boldsymbol{G}_\pm{}^{(0)} - \boldsymbol{G}_\pm{}^{(0)}\boldsymbol{V}\boldsymbol{G}_\pm \tag{10.2.5}$$

という方程式を充たすことがわかる．これを逐次近似で解くと，

$$\boldsymbol{G}_\pm = \boldsymbol{G}_\pm{}^{(0)} - \boldsymbol{G}_\pm{}^{(0)}\boldsymbol{V}\boldsymbol{G}_\pm{}^{(0)} + \boldsymbol{G}_\pm{}^{(0)}\boldsymbol{V}\boldsymbol{G}_\pm{}^{(0)}\boldsymbol{V}\boldsymbol{G}_\pm{}^{(0)} - \cdots \tag{10.2.6}$$

のようになる．

さて ϕ を(10.1.25)の解として，

$$\psi^{(\pm)} = \phi - \boldsymbol{G}_\pm\boldsymbol{V}\phi \tag{10.2.7}$$

を考えよう．これに演算子 $(E-\boldsymbol{H})$ を作用させると，$\psi^{(\pm)}$ が(10.2.1)の解になっていることを確かめることができる．(10.2.7)を(10.2.5)を用いて書き換えると，$\psi^{(\pm)}$ が，方程式

$$\begin{aligned}\psi^{(\pm)} &= \phi - (\boldsymbol{G}_\pm{}^{(0)} - \boldsymbol{G}_\pm{}^{(0)}\boldsymbol{V}\boldsymbol{G}_\pm)\boldsymbol{V}\phi \\ &= \phi - \boldsymbol{G}_\pm{}^{(0)}\boldsymbol{V}\phi + \boldsymbol{G}_\pm{}^{(0)}\boldsymbol{V}(-\psi^{(\pm)}+\phi) \\ &= \phi - \boldsymbol{G}_\pm{}^{(0)}\boldsymbol{V}\psi^{(\pm)}\end{aligned} \tag{10.2.8}$$

を充たすことがわかる．これは Lipmann-Schwinger 方程式といい，散乱の形式理論のなかで重要な位置を占める方程式である．

さて $\boldsymbol{H}_0=-\Delta$ とし，ϕ を平面波解としてみよう．(10.2.8)を $|\boldsymbol{r}\rangle$ 表示で書けば

$$\langle\boldsymbol{r}|\psi^{(\pm)}\rangle = \langle\boldsymbol{r}|\phi\rangle - \int\langle\boldsymbol{r}|G_\pm{}^{(0)}|\boldsymbol{r}'\rangle V(\boldsymbol{r}')\langle\boldsymbol{r}'|\psi^{(\pm)}\rangle d\boldsymbol{r}' \tag{10.2.9}$$

となる．(10.1.34)を用いると

$$\langle \boldsymbol{r}|\psi^{(\pm)}\rangle = \frac{1}{(2\pi)^{3/2}}e^{i\boldsymbol{k}\cdot\boldsymbol{r}} - \frac{1}{4\pi}\int\frac{1}{|\boldsymbol{r}-\boldsymbol{r}'|}e^{\pm ik|\boldsymbol{r}-\boldsymbol{r}'|}V(\boldsymbol{r}')\langle\boldsymbol{r}'|\psi^{(\pm)}\rangle d\boldsymbol{r}'$$

となり，V が有限のところにしか値をもたなければ，$r\to\infty$ で

$$\langle \boldsymbol{r}|\psi^{(\pm)}\rangle \to \frac{1}{(2\pi)^{3/2}}e^{i\boldsymbol{k}\cdot\boldsymbol{r}} - \frac{1}{4\pi r}e^{\pm ikr}\int e^{\mp ik\boldsymbol{r}\cdot\boldsymbol{r}'/r}V(\boldsymbol{r}')\langle\boldsymbol{r}'|\psi^{(\pm)}\rangle d\boldsymbol{r}' \tag{10.2.10}$$

すなわち(7.1.13)の形をしており

$$f(\theta,\varphi) = -\frac{(2\pi)^{3/2}}{4\pi}\int e^{-ik\boldsymbol{r}\cdot\boldsymbol{r}'/r}V(\boldsymbol{r}')\langle\boldsymbol{r}'|\psi^{(+)}\rangle d\boldsymbol{r}'$$

が得られる．$k\boldsymbol{r}/r$ が終状態 $|\phi_{\mathrm{f}}\rangle$ の波数ベクトルであることを考慮し，

$$\frac{1}{(2\pi)^{3/2}}e^{-ik\boldsymbol{r}\cdot\boldsymbol{r}'/r} = \langle\phi_{\mathrm{f}}|\boldsymbol{r}'\rangle$$

を用いると

$$f(\theta,\varphi) = -2\pi^2\langle\phi_{\mathrm{f}}|\boldsymbol{V}|\psi^{(+)}\rangle$$

となる．$H_0=-\dfrac{\hbar^2}{2m}\Delta$ の場合には，$\boldsymbol{V}$ を $\dfrac{2m}{\hbar^2}\boldsymbol{V}$ におきかえた形を考えて

$$f(\theta,\varphi) = -\frac{(2\pi)^2 m}{\hbar^2}\langle\phi_{\mathrm{f}}|\boldsymbol{V}|\psi^{(+)}\rangle \tag{10.2.11}$$

が得られる．このとき $k^2=2mE/\hbar^2$ である．

(10.2.11)の右辺の行列要素に関連して，$E=E_a$, $\phi=\phi_a$ に対する $\psi^{(+)}$ を $\psi_a{}^{(+)}$ と書き，行列要素が

$$T_{ba} = \langle\phi_b|\boldsymbol{T}|\phi_a\rangle = \langle\phi_b|\boldsymbol{V}|\psi_a{}^{(+)}\rangle \tag{10.2.12}$$

で定義される行列 $\boldsymbol{T}$ を導入しておこう．(10.2.8)から $\boldsymbol{T}$ の充たす方程式は

$$T_{ba} = V_{ba} - \langle\phi_b|\boldsymbol{V}\frac{-1}{E_a-\boldsymbol{H}_0+i\epsilon}\boldsymbol{V}|\psi_a{}^{(+)}\rangle$$

$$= V_{ba} + \left(\boldsymbol{V} \frac{1}{E_a - \boldsymbol{H}_0 + i\epsilon} \boldsymbol{T} \right)_{ba} \tag{10.2.13}$$

である．この $\boldsymbol{T}$ は次節で示すように遷移確率と密接に結びつく行列であり，遷移行列ということがある．

(7.1.8) (10.2.11) (10.2.12) から

$$\sigma(\theta, \varphi) = |f(\theta, \varphi)|^2 = \frac{(2\pi)^4 m^2}{\hbar^4} |T_{ba}|^2 \tag{10.2.14}$$

と書き表わすことができる．

§10.3　動的な散乱の形式理論

a)　変換関数

Schrödinger 方程式

$$\left(-\boldsymbol{H} + i\hbar \frac{\partial}{\partial t} \right) \psi(t) = 0 \tag{10.3.1}$$

の Green 関数 $\boldsymbol{G}(t-t')$ の充たす方程式は

$$\left(-\boldsymbol{H} + i\hbar \frac{\partial}{\partial t} \right) \boldsymbol{G}(t-t') = -\mathbf{1} \delta(t-t') \tag{10.3.2}$$

である．ここで $\mathbf{1}$ は $t, \partial/\partial t$ 以外の演算子についての単位演算子であり，$\boldsymbol{G}(t-t')$ は $t-t'$ の関数である演算子である．(10.3.2) の形式的な解として

$$\boldsymbol{G}(t-t') = \frac{-1}{i\hbar} e^{-i\boldsymbol{H}(t-t')/\hbar} \theta(t-t') = \frac{-1}{i\hbar} \boldsymbol{g}(t-t') \theta(t-t') \tag{10.3.3}$$

が得られる．ここで $\boldsymbol{H}$ は時間に陽には依存していないとしている．(10.3.3) を具体的に計算するには，$\boldsymbol{H}$ の固有関数系による展開を用いて

$$\boldsymbol{G}(t-t') = \frac{-1}{i\hbar} \theta(t-t') \sum_n e^{-iE_n(t-t')/\hbar} |\psi_n\rangle\langle\psi_n| \tag{10.3.4}$$

としたり，展開

$$\boldsymbol{G}(t-t') = \frac{-1}{i\hbar}\theta(t-t')\sum_{m=0}^{\infty}\frac{(-i/\hbar)^m}{m!}\boldsymbol{H}^m(t-t')^m \qquad (10.3.5)$$

を用いたり，あるいは次小節で述べるような摂動展開を用いたりしてなされる．また $\boldsymbol{g}(t-t')$ を用いて，初期状態ベクトル $\psi(t')$ から出発した時刻 t における状態ベクトルが

$$\psi(t) = \boldsymbol{g}(t-t')\psi(t') = e^{-i\boldsymbol{H}(t-t')/\hbar}\psi(t') \qquad (10.3.6)$$

で表わされる．

さて，これまではSchrödinger 表示で話をしてきたが，それから

$$\chi(t) = e^{i\boldsymbol{H}_0 t/\hbar}\psi(t) \qquad (10.3.7)$$

で定義される相互作用表示(Dirac 表示ともいう)に移ろう．この変換により任意の演算子は

$$\boldsymbol{V}(t) = e^{i\boldsymbol{H}_0 t/\hbar}\boldsymbol{V}e^{-i\boldsymbol{H}_0 t/\hbar} \qquad (10.3.8)$$

のように変換される．$\chi(t)$ の充たす方程式は，(10.3.1)(10.3.7)(10.3.8)から

$$\left(\boldsymbol{V}(t) - i\hbar\frac{\partial}{\partial t}\right)\chi(t) = 0 \qquad (10.3.9)$$

と書ける．これを朝永–Schwinger 方程式という．(10.3.9)の初期ベクトル $\chi(t')$ に対する解 $\chi(t)$ を(10.3.6)にならって

$$\chi(t) = \boldsymbol{U}(t,t')\chi(t') \qquad (10.3.10)$$

と書くと，$\boldsymbol{U}(t,t')$ の充たす方程式は

$$\left(\boldsymbol{V}(t) - i\hbar\frac{\partial}{\partial t}\right)\boldsymbol{U}(t,t') = 0 \qquad (10.3.11)$$

で，初期条件は

$$\boldsymbol{U}(t',t') = 1 \qquad (10.3.12)$$

である．(10.3.11)(10.3.12)と同値な積分方程式は

$$\boldsymbol{U}(t,t') = 1 - \frac{i}{\hbar}\int_{t'}^{t} \boldsymbol{V}(t'')\boldsymbol{U}(t'',t')dt'' \quad (10.3.13)$$

である．一方，(10.3.6)(10.3.7)から

$$\begin{aligned}\chi(t) &= e^{i\boldsymbol{H}_0 t/\hbar}\psi(t) = e^{i\boldsymbol{H}_0 t/\hbar}e^{-i\boldsymbol{H}(t-t')/\hbar}\psi(t') \\ &= e^{i\boldsymbol{H}_0 t/\hbar}e^{-i\boldsymbol{H}(t-t')/\hbar}e^{-i\boldsymbol{H}_0 t'/\hbar}\chi(t')\end{aligned}$$

すなわち

$$\boldsymbol{U}(t,t') = e^{i\boldsymbol{H}_0 t/\hbar}e^{-i\boldsymbol{H}(t-t')/\hbar}e^{-i\boldsymbol{H}_0 t'/\hbar} \quad (10.3.14)$$

が得られる．この $\boldsymbol{U}$ を変換関数という．(10.3.14)から

$$-i\hbar\frac{\partial}{\partial t'}\boldsymbol{U}(t,t') - \boldsymbol{U}(t,t')\boldsymbol{V}(t') = 0 \quad (10.3.15)$$

および

$$\boldsymbol{U}(t,t') = 1 - \frac{i}{\hbar}\int_{t'}^{t} \boldsymbol{U}(t,t'')\boldsymbol{V}(t'')dt'' \quad (10.3.16)$$

が成り立つことが確かめられる．

$\boldsymbol{H}, \boldsymbol{H}_0$ がともに Hermite 演算子とすると，(10.3.14)から

$$(\boldsymbol{U}(t,t'))^{\dagger} = \boldsymbol{U}(t',t) = (\boldsymbol{U}(t,t'))^{-1} \quad (10.3.17)$$

が示せる．すなわち $\boldsymbol{U}$ はユニタリーである．また

$$\boldsymbol{U}(t,t_1)\boldsymbol{U}(t_1,t') = \boldsymbol{U}(t,t') \quad (10.3.18)$$

が成り立つ．

b) $\boldsymbol{S}$ 行列

Schrödinger 表示で考えて，時刻 t' に状態 ϕ_a にあったものが時刻 t に状態 ϕ_b にある確率振幅は，(10.3.6)から

$$\langle\phi_b|\boldsymbol{g}(t-t')|\phi_a\rangle \quad (10.3.19)$$

である．ϕ_a, ϕ_b が H_0 の固有状態であれば，(10.3.14)の $e^{\pm i\boldsymbol{H}_0 t/\hbar}$ は位相因子を与えるだけであるから，この確率は

$$|\langle\phi_b|\boldsymbol{U}(t,t')|\phi_a\rangle|^2 \quad (10.3.20)$$

と書ける．

簡単のために，2粒子が近距離で働く相互作用によって散乱される場合を考えよう．$t=-\infty$ で2粒子が充分離れていると相互作用は無視できる．$\boldsymbol{H}_0$ の固有状態 ϕ_a にあると，相互作用が働くほど近づくまではそのままの状態にある．相互作用が働きだすと状態は変化を受けて，時刻 t には状態は相互作用表示で

$$\chi(t) = \boldsymbol{U}(t, -\infty)|\phi_a\rangle \tag{10.3.21}$$

となる．衝突が終り，また互いに遠く飛び去ると再び相互作用が無視できて，その状態を $\boldsymbol{H}_0$ の固有状態の重ね合せとして表わすと，各振幅が一定となる．すなわち

$$\chi(\infty) = \boldsymbol{U}(\infty, -\infty)|\phi_a\rangle = \sum_b S_{ba}|\phi_b\rangle \tag{10.3.22}$$

の S_{ba} が位相を除いて定まる．最終的に b 状態に見出だす確率は(10.3.20)の極限として

$$|S_{ba}|^2 = |\langle\phi_b|\boldsymbol{U}(\infty, -\infty)|\phi_a\rangle|^2 \tag{10.3.23}$$

で表わされる．この行列 $\boldsymbol{S}$ を S 行列という．

以上の議論は，相互作用が $t=\pm\infty$ で無視できる場合にのみ正しい．もし初期状態が平面波のような $\boldsymbol{H}_0$ の固有状態であれば，全空間に拡ってしまうから，充分離すことはできない．この困難を避けるためには，実際の実験に対応するように $\pm\infty$ で波束を用いて議論をするとか，形式的に相互作用を $t=\pm\infty$ で switch off するとかして取り扱う．後者は数学的に便利であるが，それが一般の場合に物理的な前者と一致することを示すことはできない．多くの場合 switch off は，$t=\pm\infty$ の極限の存在を仮定したり，無限積分を，例えば

$$\int_{-\infty}^{\infty} e^{i\omega t}dt = 2\pi\delta(\omega)$$

$$\int_0^{\pm\infty} e^{i\omega t}dt = \frac{-1}{i\omega\mp\epsilon} = i\left(\frac{P}{\omega}\mp i\pi\delta(\omega)\right)$$

とおくことにより，効力を発揮する．

ここで S 行列を形式的に無限級数で書き表わしておこう．(10.3.16)を逐次近似で解くと，

$$\boldsymbol{U}(t,t') = \sum_{n=0}^{\infty}\left(\frac{-i}{\hbar}\right)^n \int_{t'}^{t} dt_1 \int_{t'}^{t_1} dt_2 \cdots \int_{t'}^{t_{n-1}} dt_n \boldsymbol{V}(t_1)\boldsymbol{V}(t_2)\cdots\boldsymbol{V}(t_n) \tag{10.3.24}$$

となる．$t \to +\infty$，$t' \to -\infty$ とすると

$$\begin{aligned}\boldsymbol{S} &= \lim \boldsymbol{U}(t,t') \\ &= \sum_{n=0}^{\infty}\left(\frac{-i}{\hbar}\right)^n \int_{-\infty}^{\infty} dt_1 \int_{-\infty}^{t_1} dt_2 \cdots \int_{-\infty}^{t_{n-1}} dt_n \boldsymbol{V}(t_1)\boldsymbol{V}(t_2)\cdots\boldsymbol{V}(t_n) \\ &= \sum_{n=0}^{\infty}\frac{1}{n!}\left(\frac{-i}{\hbar}\right)^n \int_{-\infty}^{\infty} dt_1 dt_2 \cdots dt_n T(\boldsymbol{V}(t_1)\boldsymbol{V}(t_2)\cdots\boldsymbol{V}(t_n))\end{aligned} \tag{10.3.25}$$

と書ける．ここで T は時間順序に並べる演算子であり，過去から未来に順に右から左へ並べるものと約束する．例えば

$$T(\boldsymbol{A}(t_1)\boldsymbol{B}(t_2)\boldsymbol{C}(t_3)) = \boldsymbol{C}(t_3)\boldsymbol{A}(t_1)\boldsymbol{B}(t_2) \qquad (t_3 > t_1 > t_2)$$

である．(10.3.25)を Dyson の S 行列といい，各項が摂動の各次数に対応している．

つぎに(10.3.16)を用いれば

$$\begin{aligned}\boldsymbol{U}(0,\mp\infty)|\phi_a\rangle &= |\phi_a\rangle + \frac{i}{\hbar}\int_0^{\mp\infty} \boldsymbol{U}(0,s)\boldsymbol{V}(s)|\phi_a\rangle ds \\ &= |\phi_a\rangle + \frac{i}{\hbar}\int_0^{\mp\infty} e^{i\boldsymbol{H}s/\hbar}e^{-i\boldsymbol{H}_0 s/\hbar}e^{i\boldsymbol{H}_0 s/\hbar}\boldsymbol{V}e^{-i\boldsymbol{H}_0 s/\hbar}|\phi_a\rangle ds \\ &= |\phi_a\rangle - \frac{-1}{E_a - \boldsymbol{H} \pm i\epsilon}\boldsymbol{V}|\phi_a\rangle \\ &= |\psi_a{}^{(\pm)}\rangle\end{aligned} \tag{10.3.26}$$

が得られる．すなわち，S 行列は，$\psi_a{}^{(\pm)}$ を用いて

$$S_{ba} = \langle\phi_b|\boldsymbol{U}(\infty,0)\boldsymbol{U}(0,-\infty)|\phi_a\rangle = \langle\psi_b{}^{(-)}|\psi_a{}^{(+)}\rangle \tag{10.3.27}$$

と書き表わすこともできる.

S 行列要素はまた，(10. 3. 13) (10. 3. 18) (10. 3. 8)(10. 3. 14)(10. 2. 12)を用いて

$$\begin{aligned}S_{ba} &= \langle\phi_b|1-\frac{i}{\hbar}\int_{-\infty}^{\infty}\boldsymbol{V}(t')\boldsymbol{U}(t', -\infty)dt'|\phi_a\rangle \\ &= \langle\phi_b|\phi_a\rangle-\frac{i}{\hbar}\langle\phi_b|\int_{-\infty}^{\infty}\boldsymbol{V}(t')\boldsymbol{U}(t', 0)\boldsymbol{U}(0, -\infty)dt'|\phi_a\rangle \\ &= \delta_{ba}-\frac{i}{\hbar}\int_{-\infty}^{\infty}e^{iE_bt'/\hbar-iE_at'/\hbar}dt'\langle\phi_b|\boldsymbol{V}|\psi_a{}^{(+)}\rangle \\ &= \delta_{ba}-2\pi i\delta(E_b-E_a)T_{ba} \qquad (10.3.28)\end{aligned}$$

と書ける. 単位時間あたりの遷移確率 w_{ba} は，$b\neq a$ に対しては

$$|S_{ba}|^2 = 4\pi^2|T_{ba}|^2\delta^2(E_b-E_a) = 4\pi^2|T_{ba}|^2\delta(E_b-E_a)\delta(0)$$

を所要時間で割ったものである. この δ 関数の出所を考えると，散乱を考えている所要時間を 2τ として

$$\delta(E_b-E_a) = \frac{1}{2\pi}\lim_{\tau\to\infty}\frac{1}{\hbar}\int_{-\tau}^{\tau}e^{iE_bt'/\hbar-iE_at'/\hbar}dt'$$

であった. したがって

$$\lim_{\tau\to\infty}\frac{1}{2\tau}\delta(0) = \frac{1}{2\pi\hbar}$$

と考えてよいので，

$$w_{ba} = \lim_{\tau\to\infty}\frac{1}{2\tau}|S_{ba}|^2 = \frac{2\pi}{\hbar}|T_{ba}|^2\delta(E_b-E_a) \qquad (10.3.29)$$

である. 摂動の第1近似では

$$w_{ba} \simeq \frac{2\pi}{\hbar}|V_{ba}|^2\delta(E_b-E_a)$$

となり，いわゆる Fermi の golden rule と一致する.

(10. 3. 29)と(10. 2. 14)の関係をみてみよう. ϕ_a として(10. 1. 31)で波数ベクトル $\boldsymbol{p}=\boldsymbol{k}_a$ とした規格化を，単位確率流になおす

ために

$$\frac{1}{(2\pi)^{3/2}}e^{i\boldsymbol{k}_a\cdot\boldsymbol{r}} \to \sqrt{\frac{m}{\hbar k_a}}e^{i\boldsymbol{k}_a\cdot\boldsymbol{r}}$$

にとりなおす．ϕ_b として波数ベクトル $\boldsymbol{k}_b$ の粒子が体積 v のなかに 1 つあるように，規格化を

$$\frac{1}{(2\pi)^{3/2}}{}^{i\boldsymbol{k}_b\cdot\boldsymbol{r}} \to \frac{1}{\sqrt{v}}e^{i\boldsymbol{k}_b\cdot\boldsymbol{r}}$$

にとりなおす．最終状態の密度

$$\frac{1}{(2\pi)^3}vd\boldsymbol{k}_b = \frac{1}{(2\pi)^3}v{k_b}^2\frac{dk_b}{dE_b}dE_bd\Omega = \frac{vmk_b}{(2\pi)^3\hbar^2}dE_bd\Omega$$

を考慮すると，(10.3.29) から微分断面積として

$$\begin{aligned}\sigma d\Omega &= \int\frac{m(2\pi)^6}{\hbar k_a v}\frac{2\pi}{\hbar}|T_{ba}|^2\delta(E_b-E_a)\frac{vmk_b}{(2\pi)^3\hbar^2}dE_bd\Omega \\ &= \frac{(2\pi)^4m^2}{\hbar^4}|T_{ba}|^2d\Omega\end{aligned}$$

が得られて，(10.2.14) と一致する．

補　　遺

[A]　取り扱う方程式の出所

A.1　弦の振動

ごむの被覆によって包まれている弦が流体中で微小横振動をするとき，横方向の変位分布 $D(x,t)$ の充たす運動方程式は

$$\left(\frac{\partial^2}{\partial x^2}-\frac{1}{c^2}\frac{\partial^2}{\partial t^2}-\frac{1}{\kappa^2}\frac{\partial}{\partial t}-\mu^2\right)D(x,t)=-\rho(x,t) \tag{A.1.1}$$

である．ここで $c=\sqrt{T/\sigma}$ は，T を張力(tension)，σ を線密度として，振動の伝わる速度である．$T\kappa^{-2}\partial D(x,t)/\partial t$ は単位長さあたりに働く流体による弦の速度に比例するまさつ力，$T\mu^2 D(x,t)$ は単位長さあたりに働くごむ弾性による変位に比例する復元力，$T\rho(x,t)$ は単位長さあたりの外力である．

A.2　渦無し流

粘性を無視できるような場合には渦の保存則が証明される．したがって最初に渦がなければ渦無し流として取り扱ってもよい近似となる．すなわち，速度場 $\boldsymbol{v}(\boldsymbol{r},t)$ は

$$\nabla\times\boldsymbol{v}(\boldsymbol{r},t)=0 \tag{A.2.1}$$

を充たすと仮定する．このとき速度ポテンシャル $\phi(\boldsymbol{r},t)$ を導入すると，速度場は

$$\boldsymbol{v}(\boldsymbol{r},t)=-\nabla\phi(\boldsymbol{r},t) \tag{A.2.2}$$

で表わされる．

流体が非圧縮性と仮定してよければ

$$\nabla\cdot\boldsymbol{v}(\boldsymbol{r},t)=0 \tag{A.2.3}$$

が成立するので，(A. 2. 2), (A. 2. 3) から

$$\Delta\phi(\boldsymbol{r},t)=0 \tag{A.2.4}$$

が充たされる．流れの場のなかで質量保存則を破るような点を現象論的に導入すると便利なことが多い．例えば湧き出し口(または吸いこみ口)が $\boldsymbol{r}_0$ 点にあれば

$$\Delta\phi(\boldsymbol{r},t)=-q(t)\delta(\boldsymbol{r}-\boldsymbol{r}_0) \tag{A.2.5}$$

が成立するとして，$q(t)$ を湧き出しの強さという．単位時間に $\boldsymbol{r}_0$ 点から湧き出す流量は単位密度として

$$\int_S \boldsymbol{v}\cdot\boldsymbol{n}dS=-\int_S \nabla\phi\cdot\boldsymbol{n}dS=-\int_V \Delta\phi d\boldsymbol{r}=q(t) \tag{A.2.6}$$

である．ここで V は $\boldsymbol{r}_0$ 点を含む領域，S はそれを包む閉曲面，$\boldsymbol{n}$ は S 上の外向きの単位法線ベクトルである．

(A. 2. 4) を解く境界条件としては，例えば流体が入りこめない境界面では

$$\boldsymbol{n}\cdot\nabla\phi=0 \tag{A.2.7}$$

である．

つぎに音波の伝播を考えよう．圧縮性非粘性流体の渦無し流として，密度と圧力の平均 σ_0 と p_0 からのずれ $\delta\sigma_0$ と δp_0，それに速度がいずれも小さいとすると，速度ポテンシャルは，方程式

$$\left(\Delta-\frac{1}{c^2}\frac{\partial^2}{\partial t^2}\right)\phi(\boldsymbol{r},t)=0 \tag{A.2.8}$$

を充たす．ここで $c=\sqrt{\left.\dfrac{dp(\sigma)}{d\sigma}\right|_{\sigma_0}}$ は音波の速さとなる．圧力と速度ポテンシャルの間には

$$p(\boldsymbol{r},t)=p_0+\sigma_0\frac{\partial\phi(\boldsymbol{r},t)}{\partial t} \quad \text{(A. 2. 9)}$$

の関係がある．音波の強さは音源から充分離れた所で

$$I=\langle pv\rangle=\frac{\sigma_0}{c}\left\langle\left(\frac{\partial\phi}{\partial t}\right)^2\right\rangle \quad \text{(A. 2. 10)}$$

で表わされる．ここで $\langle\cdots\rangle$ は時間平均を示す．

音波の波長が短くなってくると粘性の影響も無視できない．このとき一般には渦保存則が成立しなくなるが，例えば x 方向に進む平面波について，$\boldsymbol{v}(x,t)=u(x,t)\boldsymbol{e}^{(x)}$ に対して方程式

$$\left(\frac{\partial^2}{\partial x^2}-\frac{1}{c^2}\frac{\partial^2}{\partial t^2}+\frac{4}{3}\frac{\nu}{c^2}\frac{\partial^3}{\partial t\partial x^2}\right)u(x,t)=0 \quad \text{(A. 2. 11)}$$

が成り立つ．ここで ν は動粘性係数である．

2つの媒質が接しているときの境界条件は，圧力の連続性

$$\sigma_1\frac{\partial\phi_{\mathrm{I}}}{\partial t}=\sigma_2\frac{\partial\phi_{\mathrm{II}}}{\partial t} \quad \text{(A. 2. 12)}$$

と，法線方向 $(\boldsymbol{n})$ の速度の連続性

$$\boldsymbol{n}\cdot\nabla\phi_{\mathrm{I}}=\boldsymbol{n}\cdot\nabla\phi_{\mathrm{II}} \quad \text{(A. 2. 13)}$$

である．

A.3　熱伝導と拡散

一様な物質内での温度分布 $T(\boldsymbol{r},t)$ は，熱伝導方程式

$$\left(\Delta-\frac{1}{\kappa^2}\frac{\partial}{\partial t}\right)T(\boldsymbol{r},t)=-\frac{1}{\lambda}Q(\boldsymbol{r},t) \quad \text{(A. 3. 1)}$$

を充たす．ここで $Q(\boldsymbol{r},t)$ は単位時間に発生する熱量密度，$\kappa^2=\lambda/c\sigma$ は温度伝導率(diffusivity of heat)，c は比熱(specific heat)，σ は密度，λ は熱伝導度(thermal conductivity)である．

単位面 S を通り，一方の側 I から他方 II へ単位時間に流れる熱量 $J(\boldsymbol{r},t)$ は，I から II へ向く単位法線ベクトルを $\boldsymbol{n}_{12}$ として

$$J(\boldsymbol{r}, t) = -\lambda \boldsymbol{n}_{12} \cdot \nabla T(\boldsymbol{r}, t) \tag{A.3.2}$$

である.

放射によって T_∞ の温度の物体と熱のやりとりがあるときは，α を表面できまる定数，$\boldsymbol{n}$ を外向きの単位法線として，境界条件

$$\boldsymbol{n} \cdot \nabla T(\boldsymbol{r}, t) + \frac{\alpha}{\lambda}(T(\boldsymbol{r}, t) - T_\infty) = 0 \tag{A.3.3}$$

が成立する.

特別な場合として，断面が近似的に一定温度である棒が表面において T_∞ の温度の物体と放射により熱のやりとりをしている場合には，棒の長さの方向についての熱伝導は

$$\left(\frac{\partial^2}{\partial x^2} - \frac{1}{\kappa^2}\frac{\partial}{\partial t} - \frac{b^2}{\kappa^2}\right) T(x, t) = -\frac{b^2}{\kappa^2} T_\infty \tag{A.3.4}$$

により記述される．ここで s を断面積，p を周囲の長さとして $b^2 = \alpha p / c\sigma s$ である.

拡散現象を現象論的に取り扱うと，熱伝導と同様の方程式となる．ある物質の流れを表わすベクトルは，密度を $\sigma(\boldsymbol{r}, t)$，$D$ を拡散係数(diffusion coefficient)として，(A. 3. 2) と同様に

$$\boldsymbol{J}(\boldsymbol{r}, t) = -D \nabla \sigma(\boldsymbol{r}, t) \tag{A.3.5}$$

と書ける．これが Fick の法則である．$\sigma(\boldsymbol{r}, t)$ の充たす方程式は

$$\left(\Delta - \frac{1}{D}\frac{\partial}{\partial t} - \frac{\chi}{D}\right) \sigma(r, t) = -\frac{1}{D} q(r, t) \tag{A.3.6}$$

となる．ここで密度に比例した吸収があるとしたのが左辺第 3 項，湧き出しがあるとしたのが右辺である.

Fick の拡散法則(A. 3. 5)は輸送理論から適当な仮定のもとに導かれる．吸収の弱い物質に対して拡散係数と平均自由行路(mean free path) λ との間に

$$D = \frac{1}{3}\lambda \tag{A.3.7}$$

の関係がある．拡散物質$(x>0)$と真空$(x<0)$との境界条件は

$$\frac{\partial\sigma}{\partial x}(0,t)-\frac{3\sigma(0,t)}{2\lambda}=0 \qquad \text{(A. 3. 8)}$$

である．これを外挿して

$$\sigma(x,t)=0 \qquad \left(x=-\frac{2}{3}\lambda\right) \qquad \text{(A. 3. 9)}$$

として取り扱うことがある．

A.4　電　磁　場*

Maxwell 方程式は

$$\nabla\times\boldsymbol{E}(\boldsymbol{r},t)+\frac{\partial\boldsymbol{B}(\boldsymbol{r},t)}{\partial t}=0 \qquad \text{(A. 4. 1)}$$

$$\nabla\cdot\boldsymbol{B}(\boldsymbol{r},t)=0 \qquad \text{(A. 4. 2)}$$

$$\nabla\times\boldsymbol{H}(\boldsymbol{r},t)-\frac{\partial\boldsymbol{D}(\boldsymbol{r},t)}{\partial t}=\boldsymbol{j}(\boldsymbol{r},t) \qquad \text{(A. 4. 3)}$$

$$\nabla\cdot\boldsymbol{D}(\boldsymbol{r},t)=\rho(\boldsymbol{r},t) \qquad \text{(A. 4. 4)}$$

である．ここで$\boldsymbol{E},\boldsymbol{D},\boldsymbol{H},\boldsymbol{B}$はそれぞれ電場(electric field)，電束密度(electric flux density)，磁場(magnetic field)，磁束密度(magnetic flux density)といい，$\boldsymbol{j},\rho$はそれぞれ伝導電流(conduction current)，真電荷(true charge)である．強誘電体，強磁性体，非等方性物質などを除いた通常の物質に対して

$$\boldsymbol{D}(\boldsymbol{r},t)=\varepsilon\boldsymbol{E}(\boldsymbol{r},t) \qquad \text{(A. 4. 5)}$$

$$\boldsymbol{B}(\boldsymbol{r},t)=\mu\boldsymbol{H}(\boldsymbol{r},t) \qquad \text{(A. 4. 6)}$$

の関係が成立する．比例定数ε,μをそれぞれ誘電率(dielectric constant)，透磁率(magnetic permeability)といい物質により定ま

---

* MKSA 有理単位系を用いた．

る定数である*．また導体に対して Ohm の法則

$$\boldsymbol{j}(\boldsymbol{r},t)=\sigma\boldsymbol{E}(\boldsymbol{r},t) \tag{A.4.7}$$

が成立する．ここで σ は電気伝導率(conductivity)という．

2つの異なる誘電体 I と II がある境界面で接しているとき，$\boldsymbol{n}_{12}$ を領域 I から II に向かう単位法線ベクトルとして，境界条件

$$\boldsymbol{n}_{12}\cdot(\boldsymbol{B}_1-\boldsymbol{B}_2)=0 \tag{A.4.8}$$

$$\boldsymbol{n}_{12}\times(\boldsymbol{E}_1-\boldsymbol{E}_2)=0 \tag{A.4.9}$$

$$\boldsymbol{n}_{12}\cdot(\boldsymbol{D}_2-\boldsymbol{D}_1)=\tilde{\rho} \tag{A.4.10}$$

$$\boldsymbol{n}_{12}\times(\boldsymbol{H}_2-\boldsymbol{H}_1)=\tilde{\boldsymbol{j}} \tag{A.4.11}$$

が成立する．$\tilde{\rho}, \tilde{\boldsymbol{j}}$ は，それぞれ表面電荷密度と表面電流密度である．(A.4.8)(A.4.10)は，それぞれ(A.4.2)(A.4.4)を広い2面が境界面に平行でその両側にあるうすい直方体内部で積分し Gauss の定理を用いて得られる．(A.4.9)(A.4.11)は，それぞれ(A.4.1)(A.4.3)を長い2辺が境界面に平行でその両側にある細長い矩形面上で積分し Stokes の定理を用いて得られる．特に完全導体($\sigma=\infty$)内では $\boldsymbol{E}=0$ で，振動電磁場のみ考えれば $\boldsymbol{B}=0$ でもあるから，完全導体との境界では

$$\boldsymbol{n}\cdot\boldsymbol{B}=0 \tag{A.4.12}$$

$$\boldsymbol{n}\times\boldsymbol{E}=0 \tag{A.4.13}$$

となる．電流保存則に Ohm の法則を用いて得られる

$$\frac{\partial\tilde{\rho}}{\partial t}=\boldsymbol{n}_{12}\cdot(\sigma_1\boldsymbol{E}_1-\sigma_2\boldsymbol{E}_2)$$

と(A.4.10)が $\tilde{\rho}=0$ に対して両立するためには，

$$\sigma_1\varepsilon_2-\sigma_2\varepsilon_1=0 \tag{A.4.14}$$

---

* 一般には定数でなく振動数の関数である．そのときには屈折率が振動数により変化するので分散(dispersion)現象をおこす．本書では§9.1.c)項における Cherenkov 放射以外ではそのような現象は考えないこととして ε, μ を定数で近似することにする．

が充たされていなければならない．一方が導体であれば一般には(A. 4. 14)は充たされず，$\tilde{\rho}$ を与えて解くのではなく(A. 4. 10)によって定まる表面電荷が現われるのである．また $\tilde{\boldsymbol{j}}$ は完全導体以外では0である．

電磁放射のエネルギーを計算するためには，エネルギー流密度であるPoyntingベクトル

$$\boldsymbol{S} = \boldsymbol{E} \times \boldsymbol{H} \qquad \text{(A. 4. 15)}$$

を用いればよい．

(A. 4. 5)(A. 4. 6)が成立すれば，独立な電磁場として $\boldsymbol{E}$ と $\boldsymbol{B}$ の2つのベクトル場(相対論的には1つの反対称2階テンソル場)をとれる．これらを扱う代りにベクトルポテンシャル $\boldsymbol{A}(\boldsymbol{r}, t)$ とスカラーポテンシャル $\phi(\boldsymbol{r}, t)$(相対論的にはこれらは1つの4元ベクトル場)を導入して

$$\boldsymbol{B}(\boldsymbol{r}, t) = \nabla \times \boldsymbol{A}(\boldsymbol{r}, t) \qquad \text{(A. 4. 16)}$$

$$\boldsymbol{E}(\boldsymbol{r}, t) = -\frac{\partial \boldsymbol{A}(\boldsymbol{r}, t)}{\partial t} - \nabla \phi(\boldsymbol{r}, t) \qquad \text{(A. 4. 17)}$$

として $\boldsymbol{A}, \phi$ を扱う方が便利なことが多い．$\boldsymbol{A}, \phi$ の代りに

$$\boldsymbol{A}'(\boldsymbol{r}, t) = \boldsymbol{A}(\boldsymbol{r}, t) + \nabla \chi(\boldsymbol{r}, t) \qquad \text{(A. 4. 18)}$$

$$\phi'(\boldsymbol{r}, t) = \phi(\boldsymbol{r}, t) - \frac{\partial \chi(\boldsymbol{r}, t)}{\partial t} \qquad \text{(A. 4. 19)}$$

のようにスカラー場 χ によって新しい $\boldsymbol{A}', \phi'$ に変換しても，(A. 4. 16) (A. 4. 17)で得られる $\boldsymbol{E}, \boldsymbol{B}$ は変わらない．(A. 4. 18)(A. 4. 19)のような変換をゲージ変換といい，$\boldsymbol{A}, \phi$ にはそれだけ不定性がある．その不定性を利用して，たとえばLorentz条件

$$\nabla \boldsymbol{A}(\boldsymbol{r}, t) + \varepsilon\mu \frac{\partial \phi(\boldsymbol{r}, t)}{\partial t} = 0 \qquad \text{(A. 4. 20)}$$

をつけることができる．Maxwell方程式の始めの2つは

(A. 4. 16)(A. 4. 17) ととることにより自動的に充たされている. あとの 2 つは Lorentz 条件をつければ

$$\left(\Delta - \varepsilon\mu\frac{\partial^2}{\partial t^2}\right)\boldsymbol{A}(\boldsymbol{r},t) = -\mu\boldsymbol{j}(\boldsymbol{r},t) \qquad \text{(A. 4. 21)}$$

$$\left(\Delta - \varepsilon\mu\frac{\partial^2}{\partial t^2}\right)\phi(\boldsymbol{r},t) = -\frac{1}{\varepsilon}\rho(\boldsymbol{r},t) \qquad \text{(A. 4. 22)}$$

となる.

いま $\boldsymbol{j}$ と ρ が

$$\boldsymbol{j}(\boldsymbol{r},t) = \frac{\partial \boldsymbol{P}(\boldsymbol{r},t)}{\partial t} + \frac{1}{\mu}\nabla\times\boldsymbol{M}(\boldsymbol{r},t) \qquad \text{(A. 4. 23)}$$

$$\rho(\boldsymbol{r},t) = -\nabla\cdot\boldsymbol{P}(\boldsymbol{r},t) \qquad \text{(A. 4. 24)}$$

のように $\boldsymbol{E}$ や $\boldsymbol{B}$ によらない固定された偏極(fixed polarization) $\boldsymbol{P}(\boldsymbol{r},t)$, $\boldsymbol{M}(\boldsymbol{r},t)$ で表わされているときには, 電気的 Hertz ベクトル $\boldsymbol{\pi}_{\mathrm{e}}(\boldsymbol{r},t)$, 磁気的 Hertz ベクトル $\boldsymbol{\pi}_{\mathrm{m}}(\boldsymbol{r},t)$ を

$$\left(\Delta - \varepsilon\mu\frac{\partial^2}{\partial t^2}\right)\boldsymbol{\pi}_{\mathrm{e}}(\boldsymbol{r},t) = -\frac{1}{\varepsilon}\boldsymbol{P}(\boldsymbol{r},t) \qquad \text{(A. 4. 25)}$$

$$\left(\Delta - \varepsilon\mu\frac{\partial^2}{\partial t^2}\right)\boldsymbol{\pi}_{\mathrm{m}}(\boldsymbol{r},t) = -\frac{1}{\mu}\boldsymbol{M}(\boldsymbol{r},t) \qquad \text{(A. 4. 26)}$$

の解として,

$$\boldsymbol{A}(\boldsymbol{r},t) = \varepsilon\mu\frac{\partial \boldsymbol{\pi}_{\mathrm{e}}(\boldsymbol{r},t)}{\partial t} + \mu\nabla\times\boldsymbol{\pi}_{\mathrm{m}}(\boldsymbol{r},t) \qquad \text{(A. 4. 27)}$$

$$\phi(\boldsymbol{r},t) = -\nabla\cdot\boldsymbol{\pi}_{\mathrm{e}}(\boldsymbol{r},t) \qquad \text{(A. 4. 28)}$$

を作ると, この $\boldsymbol{A}, \phi$ は方程式(A. 4. 21)(A. 4. 22) と Lorentz 条件(A. 4. 20) を充たしていることが示せる. 外場として電気的偏極や磁気的偏極が与えられたときの電磁場を記述する場合は Hertz ベクトルを用いると便利である. 例えば(A. 4. 25) (A. 4. 26) で $\boldsymbol{P}, \boldsymbol{M}$ が z 成分のみをもつとき, $\boldsymbol{\pi}_{\mathrm{e}}(0,0,\varPhi(\boldsymbol{r},t))$, $\boldsymbol{\pi}_{\mathrm{m}}(0,0,\varPsi(\boldsymbol{r},t))$ と z 成分のみをもつ Hertz ベクトルを考える. $\boldsymbol{\varPhi}, \boldsymbol{\varPsi}$ と $\boldsymbol{E}, \boldsymbol{H}$ の関

係は，カルテシアン座標では

$$\left.\begin{aligned} E_x &= \frac{\partial^2\Phi}{\partial x\partial z} - \mu\frac{\partial^2\Psi}{\partial t\partial y}, & H_x &= \frac{\partial^2\Psi}{\partial x\partial z} + \varepsilon\frac{\partial^2\Phi}{\partial t\partial y} \\ E_y &= \frac{\partial^2\Phi}{\partial y\partial z} + \mu\frac{\partial^2\Psi}{\partial t\partial x}, & H_y &= \frac{\partial^2\Psi}{\partial y\partial z} - \varepsilon\frac{\partial^2\Phi}{\partial t\partial x} \\ E_z &= \frac{\partial^2\Phi}{\partial z^2} - \varepsilon\mu\frac{\partial^2\Phi}{\partial t^2}, & H_z &= \frac{\partial^2\Psi}{\partial z^2} - \varepsilon\mu\frac{\partial^2\Psi}{\partial t^2} \end{aligned}\right\} \tag{A. 4. 29}$$

となり，円筒座標では

$$\left.\begin{aligned} E_\rho &= \frac{\partial^2\Phi}{\partial\rho\partial z} - \frac{\mu}{\rho}\frac{\partial^2\Psi}{\partial t\partial\varphi}, & H_\rho &= \frac{\partial^2\Psi}{\partial\rho\partial z} + \frac{\varepsilon}{\rho}\frac{\partial^2\Phi}{\partial t\partial\varphi} \\ E_\varphi &= \frac{1}{\rho}\frac{\partial^2\Phi}{\partial\varphi\partial z} + \mu\frac{\partial^2\Psi}{\partial t\partial\rho}, & H_\varphi &= \frac{1}{\rho}\frac{\partial^2\Psi}{\partial\varphi\partial z} - \varepsilon\frac{\partial^2\Phi}{\partial t\partial\rho} \\ E_z &= \frac{\partial^2\Phi}{\partial z^2} - \varepsilon\mu\frac{\partial^2\Phi}{\partial t^2}, & H_z &= \frac{\partial^2\Psi}{\partial z^2} - \varepsilon\mu\frac{\partial^2\Psi}{\partial t^2} \end{aligned}\right\} \tag{A. 4. 30}$$

となる．

導体内部では真電荷は非常に早く消失するのでこれを0とおき，Ohm の法則(A. 4. 7)を用いると，Maxwell 方程式から

$$\left(\Delta - \varepsilon\mu\frac{\partial^2}{\partial t^2} - \sigma\mu\frac{\partial}{\partial t}\right)\boldsymbol{E}(\boldsymbol{r}, t) = 0 \tag{A. 4. 31}$$

$$\left(\Delta - \varepsilon\mu\frac{\partial^2}{\partial t^2} - \sigma\mu\frac{\partial}{\partial t}\right)\boldsymbol{B}(\boldsymbol{r}, t) = 0 \tag{A. 4. 32}$$

が成立することが示せる．これらは後に述べる電信方程式(telegraphic equation)の3次元的な拡張となっている．このときはまた(A. 4. 1)～(A. 4. 4)の代りに

$$\left(\Delta - \varepsilon\mu\frac{\partial^2}{\partial t^2} - \sigma\mu\frac{\partial}{\partial t}\right)\boldsymbol{\pi}_{\mathrm{e}}(\boldsymbol{r}, t) = 0 \tag{A. 4. 33}$$

$$\left(\Delta-\varepsilon\mu\frac{\partial^2}{\partial t^2}-\sigma\mu\frac{\partial}{\partial t}\right)\boldsymbol{\pi}_{\mathrm{m}}(\boldsymbol{r},t)=0 \tag{A. 4. 34}$$

の解を用いて

$$\boldsymbol{A}(\boldsymbol{r},t)=\varepsilon\mu\frac{\partial\boldsymbol{\pi}_{\mathrm{e}}(\boldsymbol{r},t)}{\partial t}+\sigma\mu\boldsymbol{\pi}_{\mathrm{e}}(\boldsymbol{r},t)+\mu\nabla\times\boldsymbol{\pi}_{\mathrm{m}}(\boldsymbol{r},t) \tag{A. 4. 35}$$

$$\phi(\boldsymbol{r},t)=-\nabla\cdot\boldsymbol{\pi}_{\mathrm{e}}(\boldsymbol{r},t) \tag{A. 4. 36}$$

とおいて導体中の電磁場を記述することができる．z 方向に進む平面波のような特別な場合を除いて，$\boldsymbol{\pi}_{\mathrm{e}},\boldsymbol{\pi}_{\mathrm{m}}$ が z 成分 $\varPhi,\varPsi$ のみをもつ Hertz ベクトルとして電磁場を表わすことができる．このとき $\varPhi,\varPsi$ と $\boldsymbol{E},\boldsymbol{H}$ の関係は，カルテシアン座標を用いて

$$\left.\begin{aligned}
E_x&=\frac{\partial^2\varPhi}{\partial x\partial z}-\mu\frac{\partial^2\varPsi}{\partial t\partial y}, & H_x&=\frac{\partial^2\varPsi}{\partial x\partial z}+\left(\varepsilon\frac{\partial}{\partial t}+\sigma\right)\frac{\partial\varPhi}{\partial y}\\
E_y&=\frac{\partial^2\varPhi}{\partial y\partial z}+\mu\frac{\partial^2\varPsi}{\partial t\partial x}, & H_y&=\frac{\partial^2\varPsi}{\partial y\partial z}-\left(\varepsilon\frac{\partial}{\partial t}+\sigma\right)\frac{\partial\varPhi}{\partial x}\\
E_z&=\frac{\partial^2\varPhi}{\partial z^2}-\mu\left(\varepsilon\frac{\partial}{\partial t}+\sigma\right)\frac{\partial\varPhi}{\partial t}, & H_z&=\frac{\partial^2\varPsi}{\partial z^2}-\mu\left(\varepsilon\frac{\partial}{\partial t}+\sigma\right)\frac{\partial\varPsi}{\partial t}
\end{aligned}\right\} \tag{A. 4. 37}$$

と書け，円筒座標で

$$\left.\begin{aligned}
E_\rho&=\frac{\partial^2\varPhi}{\partial\rho\partial z}-\frac{\mu}{\rho}\frac{\partial^2\varPsi}{\partial t\partial\varphi}, & H_\rho&=\frac{\partial^2\varPsi}{\partial\rho\partial z}+\frac{1}{\rho}\left(\varepsilon\frac{\partial}{\partial t}+\sigma\right)\frac{\partial\varPhi}{\partial\varphi}\\
E_\varphi&=\frac{1}{\rho}\frac{\partial^2\varPhi}{\partial\varphi\partial z}+\mu\frac{\partial^2\varPsi}{\partial t\partial\rho}, & H_\varphi&=\frac{1}{\rho}\frac{\partial^2\varPsi}{\partial\varphi\partial z}-\left(\varepsilon\frac{\partial}{\partial t}+\sigma\right)\frac{\partial\varPhi}{\partial\rho}\\
E_z&=\frac{\partial^2\varPhi}{\partial z^2}-\mu\left(\varepsilon\frac{\partial}{\partial t}+\sigma\right)\frac{\partial\varPhi}{\partial t}, & H_z&=\frac{\partial^2\varPsi}{\partial z^2}-\mu\left(\varepsilon\frac{\partial}{\partial t}+\sigma\right)\frac{\partial\varPsi}{\partial t}
\end{aligned}\right\} \tag{A. 4. 38}$$

と書ける．導体中での Hertz ベクトルは，導体の外側で固定された電気的磁気的偏極がある場合の，電磁場の解析に用いて有効である．

球面を境界にもつ場合にはカルテシアン座標，円筒座標の場合のように点偏極によって生じたHertzベクトルのz成分のみを考えたのではうまく記述できない．しかし地上の垂直アンテナのように，極軸上に軸方向を向いた電気的点偏極があるような場合には，解は球座標でφによらず，E_r, E_θ, H_φのみ0でない解がある．このとき$P_0(t)$を偏極の大きさとして

$$\left(\Delta-\varepsilon\mu\frac{\partial^2}{\partial t^2}\right)u(\boldsymbol{r},t)=-\frac{P_0(t)}{r\varepsilon}\frac{\delta(r-r_0)\delta(\theta)}{2\pi r^2\sin\theta} \tag{A. 4. 39}$$

を充たす$u(\boldsymbol{r},t)$から

$$\left.\begin{aligned}E_r&=-\frac{1}{r\sin\theta}\frac{\partial}{\partial\theta}\left(\sin\theta\frac{\partial u}{\partial\theta}\right)=\frac{\partial^2 ru}{\partial r^2}-\varepsilon\mu r\frac{\partial^2 u}{\partial t^2}\\E_\theta&=\frac{1}{r}\frac{\partial^2 ru}{\partial\theta\partial r}\\H_\varphi&=-\varepsilon\frac{\partial^2 u}{\partial t\partial\theta}\end{aligned}\right\} \tag{A. 4. 40}$$

で電磁場を作ると，Maxwell方程式が充たされている．

静的な場合には，よく知られているように，静電ポテンシャルを求める式が(A. 4. 22)から

$$\Delta\phi(\boldsymbol{r})=-\frac{1}{\varepsilon}\rho(\boldsymbol{r}) \tag{A. 4. 41}$$

となり，静電場が(A. 4. 17)から

$$\boldsymbol{E}(\boldsymbol{r})=-\nabla\phi(\boldsymbol{r}) \tag{A. 4. 42}$$

を用いて得られる．

導体内部に定常電流分布がある場合の静電場については，外部起電力密度$\boldsymbol{E}_{\mathrm{ex}}(\boldsymbol{r})$を用いてOhmの法則(A. 4. 7)を

$$\boldsymbol{j}(\boldsymbol{r})=\sigma(\boldsymbol{E}(\boldsymbol{r})+\boldsymbol{E}_{\mathrm{ex}}(\boldsymbol{r})) \tag{A. 4. 43}$$

に拡張して扱わねばならない．このとき定常電流保存則を用いて

$$\Delta\phi(\boldsymbol{r}) = -\nabla\cdot\boldsymbol{E}(\boldsymbol{r}) = \nabla\cdot\boldsymbol{E}_{\mathrm{ex}}(\boldsymbol{r}) \qquad (\mathrm{A.\,4.\,44})$$

が成立する.

話は変わるが，単位長さあたりのインダクタンス(inductance) L, 抵抗 R, 線間コンダクタンス(conductance) G, キャパシタンス(capacitance) C の送電線の電圧分布 $E(x,t)$ と電流分布 $I(x,t)$ の間には

$$\left(L\frac{\partial}{\partial t}+R\right)I(x,t) = -\frac{\partial E(x,t)}{\partial x} \qquad (\mathrm{A.\,4.\,45})$$

$$-\frac{\partial I(x,t)}{\partial x} = \left(C\frac{\partial}{\partial t}+G\right)E(x,t) \qquad (\mathrm{A.\,4.\,46})$$

の関係があり，これから

$$\left.\begin{aligned}\left\{\frac{\partial^2}{\partial x^2}-LC\frac{\partial^2}{\partial t^2}-(LG+RC)\frac{\partial}{\partial t}-RG\right\}E(x,t)=0\\ \left\{\frac{\partial^2}{\partial x^2}-LC\frac{\partial^2}{\partial t^2}-(LG+RC)\frac{\partial}{\partial t}-RG\right\}I(x,t)=0\end{aligned}\right\} \qquad (\mathrm{A.\,4.\,47})$$

が成立することが示せる．これを電信方程式という.

この項のおわりに電磁場としての光に対するスカラー場による取扱いについて述べておこう．光を完全に記述するには各時刻各点でベクトルとなる場 $\boldsymbol{E}, \boldsymbol{B}$ を定めなければならない．しかし振動数が大きいことから多くの場合問題となるのは時間平均であることと，通常は自然光を対象とするので偏光していないことから，主な観測量は偏りを考えない電磁場の強度の時間平均である．源泉のないとき $\boldsymbol{E}, \boldsymbol{H}$ の各成分は波動方程式を充たす．これらを波動方程式

$$\left(\Delta-\frac{1}{c^2}\frac{\partial^2}{\partial t^2}\right)u(\boldsymbol{r},t) = 0 \qquad (\mathrm{A.\,4.\,48})$$

を充たす1つのスカラー場 $u(\boldsymbol{r},t)$ で代表させる．自然光を放射す

る光源から出た光が，あまり大きくない開口部をもつ光学系を通過したときの光の強度分布は

$$I=\langle|u(\boldsymbol{r},t)|^2\rangle \tag{A.4.49}$$

で代用してもよいことが示される*.

A.5 量子力学

ハミルトニアンを $\boldsymbol{H}$ と書き，波動関数 ψ の充たす Schrödinger 方程式は

$$i\hbar\frac{\partial\psi}{\partial t}=\boldsymbol{H}\psi \tag{A.5.1}$$

である．定常的な Schrödinger 方程式は

$$E\psi=\boldsymbol{H}\psi \tag{A.5.2}$$

となる．

特に1体の粒子に対してはポテンシャルを $V(\boldsymbol{r})$ として

$$\left(\frac{-\hbar^2}{2m}\Delta+V(\boldsymbol{r})-i\hbar\frac{\partial}{\partial t}\right)\psi(\boldsymbol{r},t)=0 \tag{A.5.3}$$

$$\left(\frac{-\hbar^2}{2m}\Delta+V(\boldsymbol{r})-E\right)\psi(\boldsymbol{r})=0 \tag{A.5.4}$$

となる．$V(\boldsymbol{r})=0$ のとき，(A.5.4) は Helmholtz 方程式，(A.5.3) は係数が複素数になる違いを除いて熱伝導方程式と同形となる．

$$\int_\Omega|\psi(\boldsymbol{r},t)|^2d\boldsymbol{r} \tag{A.5.5}$$

は領域 Ω に粒子を見出す確率を表わし，

$$\boldsymbol{J}=\frac{\hbar}{2mi}(\psi^*(\boldsymbol{r},t)\nabla\psi(\boldsymbol{r},t)-\nabla\psi^*(\boldsymbol{r},t)\cdot\psi(\boldsymbol{r},t)) \tag{A.5.6}$$

は確率流密度を表わす．

---

* 文献(4).

[B] δ 関 数

任意の連続関数 $f(x)$ に対して，Ω を 0 を含む積分領域として，

$$\int_{\Omega} f(x)\delta(x)dx = f(0) \tag{B.1}$$

となるような関数(普通の意味では関数ではないが)を δ 関数という．また δ 関数の n 階微分は，任意の n 階微分が連続である関数 $f(x)$ に対して

$$\int_{\Omega} f(x)\frac{d^n\delta(x)}{dx^n}dx = (-1)^n\frac{d^n f}{dx^n}(0) \tag{B.2}$$

が成立する関数として定義する．

さて Fourier の積分定理

$$f(x) = \lim_{b\to\infty}\lim_{a\to\infty}\frac{1}{2\pi}\int_{-b}^{b} dke^{ikx}\int_{-a}^{a} dx' f(x')e^{-ikx'} \tag{B.3}$$

において，右辺の積分順序を形式的に変えてもよいとすれば

$$f(x) = \lim_{a\to\infty}\int_{-a}^{a} dx' f(x')\left(\lim_{b\to\infty}\frac{1}{2\pi}\int_{-b}^{b} e^{ik(x-x')}dk\right)$$

となり，(B.1) と比較すると

$$\frac{1}{2\pi}\int_{-\infty}^{\infty} e^{ik(x-x')}dk = \delta(x-x') \tag{B.4}$$

と考えればよいことがわかる．これが δ 関数の Fourier 積分表示である．実際に $\delta(x)$ の Fourier 変換は

$$\hat{\delta}(k) \equiv \frac{1}{2\pi}\int_{-\infty}^{\infty}\delta(x)e^{-ikx}dx = \frac{1}{2\pi} \tag{B.5}$$

であり，その逆変換

$$\delta(x) = \int_{-\infty}^{\infty}\hat{\delta}(k)e^{ikx}dk$$

が (B.4) となる．

3次元空間での δ 関数は，原点を含む領域を Ω として

$$\int_{\Omega} f(\boldsymbol{r})\delta(\boldsymbol{r})d\boldsymbol{r} = f(\boldsymbol{0}) \tag{B.6}$$

が任意の連続関数 $f(\boldsymbol{r})$ に対して成立する関数であると定義する．またカルテシアン座標を用いて

$$\delta(\boldsymbol{r}) = \delta(x)\delta(y)\delta(z) \tag{B.7}$$

と考えてもよい．円筒座標を用いると，積分の重み ρ を考慮に入れて

$$\delta(\boldsymbol{r}-\boldsymbol{r}') = \frac{\delta(\rho-\rho')\delta(\varphi-\varphi')\delta(z-z')}{\rho} \tag{B.8}$$

と書ける．特に $\rho'=0$ のときは

$$\frac{\delta(\rho)\delta(z-z')}{2\pi\rho} \tag{B.9}$$

としてよい．球座標を用いると

$$\delta(\boldsymbol{r}-\boldsymbol{r}') = \frac{\delta(r-r')\delta(\theta-\theta')\delta(\varphi-\varphi')}{r^2\sin\theta} \tag{B.10}$$

と書ける．特に $r'=0$ のときは

$$\frac{\delta(r)}{4\pi r^2} \tag{B.11}$$

としてよい．

δ 関数と関連してよく用いられる関数に，ϵ を無限小の正の数として

$$\frac{1}{x\pm i\epsilon} = -i\int_0^{\pm\infty} e^{k(ix\mp\epsilon)}dk \tag{B.12}$$

がある．性質のよい関数 $f(x)$ との積の積分は

$$\int\frac{f(x)}{x\pm i\epsilon}dx = \int_{R_\pm}\frac{f(x)}{x}dx = P\int\frac{f(x)}{x}dx \mp \frac{1}{2}\oint\frac{f(x)}{x}dx$$

のように書ける．第1項は Cauchy の主値であり，図 B.1 の積分

路 R_+ と R_- の積分の平均である．第2項は原点のまわりの小さな円周上の積分であり，R_- の積分から R_+ の積分を引いたものである．第2項は $f(x)$ が原点で正則なら $\mp i\pi f(0)$ となる．したがって原点で正則な $f(x)$ に対し

$$\frac{1}{x \pm i\epsilon} = P\frac{1}{x} \mp i\pi\delta(x) \tag{B. 13}$$

と書くことができる．

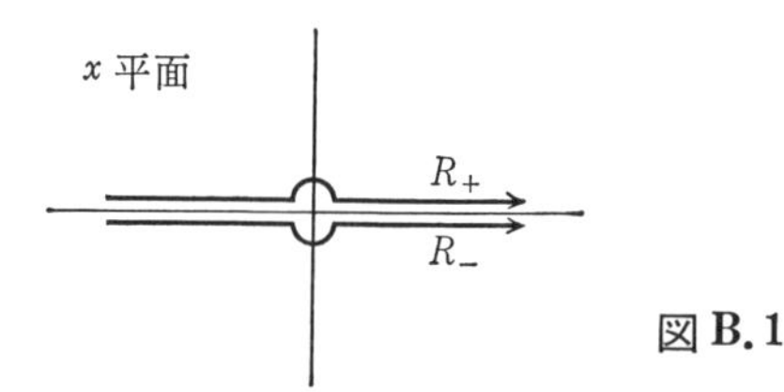

図 **B. 1**

階段関数

$$\theta(x) = \begin{cases} 1 & (x>0) \\ 0 & (x<0) \end{cases} \tag{B. 14}$$

の Fourier 変換は

$$\begin{aligned} \hat{\theta}(k) &= \frac{1}{2\pi}\int_{-\infty}^{\infty}\theta(x)e^{-ikx}dx = \lim_{\epsilon\to 0}\frac{1}{2\pi}\int_0^{\infty}e^{-ikx-\epsilon x}dx \\ &= \frac{-i}{2\pi}\frac{1}{k-i\epsilon} = \frac{-i}{2\pi}\left(P\frac{1}{k} + i\pi\delta(k)\right) \end{aligned} \tag{B. 15}$$

である．また

$$\frac{d\theta(x)}{dx} = \delta(x) \tag{B. 16}$$

が，a, b を2つの正数，$\theta(x)$ を連続関数の極限と考えて

$$\int_{-a}^{b} f(x)\frac{d\theta(x)}{dx}dx = \Big[f(x)\theta(x)\Big]_{-a}^{b} - \int_{-a}^{b}\frac{df(x)}{dx}\theta(x)dx$$

$$= f(b) - \int_0^b \frac{df(x)}{dx} dx = f(0)$$

のように証明される．

$g(x)$ を $g(0)=0$ であるような性質のよい関数として

$$g(x)\frac{d\delta(x)}{dx} = -\frac{dg(x)}{dx}\delta(x) \tag{B. 17}$$

が成り立つことが，両辺に性質のよい任意の関数 $f(x)$ をかけて積分することにより示される．

[C] 球　関　数

Legendre の微分方程式

$$\frac{d}{dx}(1-x^2)\frac{dy(x)}{dx} + n(n+1)y(x) = 0 \tag{C. 1}$$

の，$x=\pm 1$ で正則であり

$$P_n(1) = 1 \tag{C. 2}$$

に規格化された解を n 次の第 1 種 Legendre 関数（または球関数）といい $P_n(x)$ と書く．これは Rodrigues の公式

$$P_n(x) = \frac{1}{2^n n!}\frac{d^n(x^2-1)^n}{dx^n} \tag{C. 3}$$

で表わされる．

$P_n(x)$ から

$$P_n{}^m(x) = (1-x^2)^{m/2}\frac{d^m P_n(x)}{dx^m} \qquad (n \geq m > 0) \tag{C. 4}$$

$$P_n{}^{-m}(x) = (-1)^m \frac{(n-m)!}{(n+m)!}P_n{}^m(x) \qquad (n \geq m > 0) \tag{C. 5}$$

で導かれる関数を第 1 種の Legendre 陪関数といい，微分方程式

$$\frac{d}{dx}(1-x^2)\frac{dy(x)}{dx}-\frac{m^2}{1-x^2}y(x)+n(n+1)y(x)=0 \tag{C. 6}$$

の $x=\pm 1$ で有界な解となっている．通常 $P_n(x)=P_n{}^0(x)$ と書いて $P_n{}^m(x)\,(-n\leq m\leq n)$ で統一的に取り扱う．

$P_n{}^m(x)$ の作る完全直交系のなかで本書で用いられたものは関数系

$$\{P_n{}^m(x)\} \qquad (n=|m|, |m|+1, \cdots) \tag{C. 7}$$

である．この直交性は

$$\int_{-1}^{1} P_n{}^m(x)P_l{}^m(x)dx = \frac{2}{2n+1}\frac{(n+m)!}{(n-m)!}\delta_{nl} \tag{C. 8}$$

で表わされ，完全性は性質のよい関数 $f(x)$ が

$$f(x) = \sum_{n=|m|}^{\infty} C_n P_n{}^m(x) \tag{C. 9}$$

$$C_n = \frac{2n+1}{2}\frac{(n-m)!}{(n+m)!}\int_{-1}^{1} P_n{}^m(x)f(x)dx \tag{C. 10}$$

と展開できることで表わされる．

球面上での完全規格直交系として

$$Y_n{}^m(\theta,\varphi) = \left(\frac{(2n+1)(n-m)!}{4\pi(n+m)!}\right)^{1/2} P_n{}^m(\cos\theta)e^{im\varphi} \tag{C. 11}$$

がよく用いられる．すなわち正規直交性は

$$\int_0^{2\pi} d\varphi \int_0^{\pi} \sin\theta d\theta (Y_n{}^m(\theta,\varphi))^* Y_s{}^t(\theta,\varphi) = \delta_{ns}\delta_{mt} \tag{C. 12}$$

であり，完全性は性質のよい関数 $f(\theta,\varphi)$ の展開

$$f(\theta,\varphi) = \sum_{n=0}^{\infty}\sum_{m=-n}^{n} C_{nm} Y_n{}^m(\theta,\varphi) \tag{C. 13}$$

$$C_{nm}=\int_0^{2\pi}d\varphi\int_0^{\pi}\sin\theta d\theta(Y_n{}^m(\theta,\varphi))^*f(\theta,\varphi) \tag{C. 14}$$

で表わされる．

n を固定した $Y_n{}^m(\theta,\varphi)$ の 1 次結合

$$Y_n(\theta,\varphi)=\sum_{m=-n}^{n}C_mY_n{}^m(\theta,\varphi) \tag{C. 15}$$

の総称を n 次球面調和関数という．Y_n, Y_n' を n 次球面調和関数として，Laplace 方程式

$$\Delta u(\boldsymbol{r})=0$$

の解は

$$u(\boldsymbol{r})=\sum_{n=0}^{\infty}\left(r^nY_n(\theta,\varphi)+\frac{1}{r^{n+1}}Y_n'(\theta,\varphi)\right) \tag{C. 16}$$

と表わされる．

$P_n(x)$ を用いた重要な展開として

$$\frac{1}{|\boldsymbol{r}-\boldsymbol{r}'|}=\frac{1}{r'}\frac{1}{\sqrt{1-\dfrac{2r}{r'}\cos\gamma+\left(\dfrac{r}{r'}\right)^2}}=\frac{1}{r'}\sum_{n=0}^{\infty}\left(\frac{r}{r'}\right)^nP_n(\cos\gamma)$$

$$(r'>r;\ r'\leftrightarrow r) \tag{C. 17}$$

$$e^{ikr\cos\theta}=\sum_{n=0}^{\infty}(2n+1)i^nj_n(kr)P_n(\cos\theta) \tag{C. 18}$$

$$\frac{e^{\pm ik|\boldsymbol{r}-\boldsymbol{r}'|}}{|\boldsymbol{r}-\boldsymbol{r}'|}=\pm ik\sum_{n=0}^{\infty}(2n+1)j_n(kr)h_n{}^{(\tau)}(kr')P_n(\cos\gamma)$$

$$(r'>r;\ r'\leftrightarrow r) \tag{C. 19}$$

をあげておこう．ここで γ は $\boldsymbol{r}$ と $\boldsymbol{r}'$ のなす角，j_n は球 Bessel 関数，$h^{(\tau)}$ は±の複号に応じて第 1 種球 Hankel 関数 $h^{(1)}$，第 2 種球 Hankel 関数 $h^{(2)}$ である．(C. 17) は通常の展開というよりも，母関数

$$\frac{1}{\sqrt{1-2\rho x+\rho^2}}=\sum_{n=0}^{\infty}\rho^nP_n(x) \tag{C. 20}$$

を用いた $P_n(x)$ の定義として理解される．(C. 18) と (C, 19) は，左辺が Helmholtz 方程式

$$(\Delta+k^2)u(\boldsymbol{r})=0 \qquad ((\text{C. 19}) に対しては \boldsymbol{r}\neq\boldsymbol{r}')$$

の解になっていることから，P_n の係数が球円筒関数 $\mathfrak{z}_n(kr)$ (D. 12) になっていることから示すことができる．

よく用いられる和公式として

$$P_n(\cos\gamma)=\sum_{m=-n}^{n}\frac{(n-m)!}{(n+m)!}P_n{}^m(\cos\theta)P_n{}^m(\cos\theta')e^{im(\varphi-\varphi')}$$

$$=\sum_{m=0}^{n}\epsilon_m\frac{(n-m)!}{(n+m)!}P_n{}^m(\cos\theta)P_n{}^m(\cos\theta')\cos m(\varphi-\varphi') \qquad (\text{C. 21})$$

がある．ここで γ は方向 (θ,φ) と方向 (θ',φ') とのなす角，ϵ_m は Neumann 因子である．これは

$$\int\frac{1}{|\boldsymbol{r}-\boldsymbol{r}'|}f(\boldsymbol{r})g(\boldsymbol{r}')d\boldsymbol{r}d\boldsymbol{r}'$$

のような積分を $\boldsymbol{r}$ の積分と $\boldsymbol{r}'$ の積分とに分けて計算できるので，有効な公式である．証明は θ',φ' を固定してその方向を軸にとった球座標 (γ,ψ) の関数としても，θ,φ の関数としても n 次球面調和関数になっていることを利用してなされる．

[D] 円筒関数

Bessel の微分方程式

$$\frac{d^2Z(z)}{dz^2}+\frac{1}{z}\frac{dZ(z)}{dz}+\left(1-\frac{\nu^2}{z^2}\right)Z(z)=0 \qquad (\text{D. 1})$$

の原点で有界な解を ν 次 Bessel 関数 $J_\nu(z)\,(\nu>0)$ と書き，

$$J_\nu(z)=\left(\frac{z}{2}\right)^\nu\sum_{k=0}^{\infty}\frac{(-1)^k}{k!\Gamma(\nu+k+1)}\left(\frac{z}{2}\right)^{2k} \quad (z\neq 負の実数) \quad (\text{D. 2})$$

で表わされる．ここで Γ は

$$\Gamma(z)=\int_0^\infty e^{-t}t^{z-1}dt \qquad (\mathrm{Re}\, z>0) \tag{D. 3}$$

を解析接続したもので，Γ 関数という．ν が整数でないときは，(D. 2) と1次独立な解として

$$J_{-\nu}(z)=\left(\frac{z}{2}\right)^{-\nu}\sum_{k=0}^{\infty}\frac{(-1)^k}{k!\Gamma(-\nu+k+1)}\left(\frac{z}{2}\right)^{2k} \tag{D. 4}$$

をとることができる．また $J_\nu, J_{-\nu}$ から Neumann 関数 $N_\nu(z)$，第1種，第2種 Hankel 関数 $H_\nu{}^{(1)}(z), H_\nu{}^{(2)}(z)$ を

$$N_\nu(z)=\frac{J_\nu(z)\cos\nu\pi-J_{-\nu}(z)}{\sin\nu\pi} \qquad (\nu\neq\text{整数}) \tag{D. 5}$$

$$H_\nu{}^{(\tau)}(z)=J_\nu(z)\pm iN_\nu(z) \tag{D. 6}$$

のように定義する．ここで τ は $\pm$ の複号に対応してそれぞれ 1, 2 をとる．これらの (D. 1) の解を総称して円筒関数といい，一般的に $Z_\nu(z)$ で表わす．

ν が整数(以下 n で示す)のときには

$$J_{-n}(z)=(-1)^nJ_n(z) \tag{D. 7}$$

となり，$J_n(z)$ と1次独立にならない．このとき $J_n(z)$ と1次独立な Neumann 関数を (D. 5) の $\nu\to n$ の極限として

$$N_n(z)=\frac{1}{\pi}\left(\frac{\partial J_\nu(z)}{\partial\nu}-(-1)^\nu\frac{\partial J_{-\nu}(z)}{\partial\nu}\right)_{\nu=n} \tag{D. 8}$$

で定義する．$N_n(z)$ の原点附近での主要部分は

$$N_n(z)\simeq\frac{2}{\pi n!}\left(\frac{z}{2}\right)^n\ln\frac{z}{2}-\frac{(n-1)!}{\pi}\left(\frac{z}{2}\right)^{-n} \tag{D. 9}$$

である．$n=0$ のときは右辺第2項はない．

変形された円筒関数として

$$I_\nu(z)=\begin{cases} e^{-\nu\pi i/2}J_\nu(iz) & \left(-\pi<\arg z<\dfrac{\pi}{2}\right) \\ e^{3\nu\pi i/2}J_\nu(-iz) & \left(\dfrac{\pi}{2}<\arg z<\pi\right) \end{cases} \tag{D. 10}$$

$$K_\nu(z)=\frac{i\pi}{2}e^{\nu\pi i/2}H_\nu{}^{(1)}(iz) \tag{D. 11}$$

がよく用いられる．また球円筒関数が

$$\mathfrak{z}_n(z)=\sqrt{\frac{\pi}{2z}}Z_{n+1/2}(z) \tag{D. 12}$$

で定義される．これは Helmholtz 方程式

$$(\Delta+k^2)u(\boldsymbol{r})=0$$

の一般解が

$$\sum_{n=0}^{\infty}c_n\mathfrak{z}_n(kr)Y_n(\theta,\varphi) \tag{D. 13}$$

と書けることから，Helmholtz 方程式を球座標を用いて解く場合に重要となる．(D. 12)の Z として $J, N, H^{(\tau)}$ をとったものを，それぞれ $j_n(z), n_n(z), h_n{}^{(\tau)}(z)$ と書き，球 Bessel 関数，球 Neumann 関数，$\tau=1,2$ に従って第1種，第2種球 Hankel 関数という．

漸化式とか漸近形を証明するのに便利な積分表示として

$$H_\nu{}^{(\tau)}(z)=\frac{1}{\pi}\int_{S(\tau)}e^{iz\cos\omega+i\nu(\omega-\pi/2)}d\omega \tag{D. 14}$$

がある．$S_{(\tau)}$ は図 D. 1 に示される積分路である．(D. 14)を証明するには，$(\Delta_2+k^2)u(\boldsymbol{\rho})=0$ の解 $Z_n(k\rho)e^{in\varphi}$ を平面波解 $e^{ik\rho\cos(\varphi-\alpha)}$ の1次結合で書くことを考える．そのために

$$\int_\beta^\gamma e^{ik\rho\cos(\varphi-\alpha)+in\alpha}d\alpha=\int_{\beta-\varphi}^{\gamma-\varphi}e^{ik\rho\cos\omega+in\omega}d\omega e^{in\varphi}$$

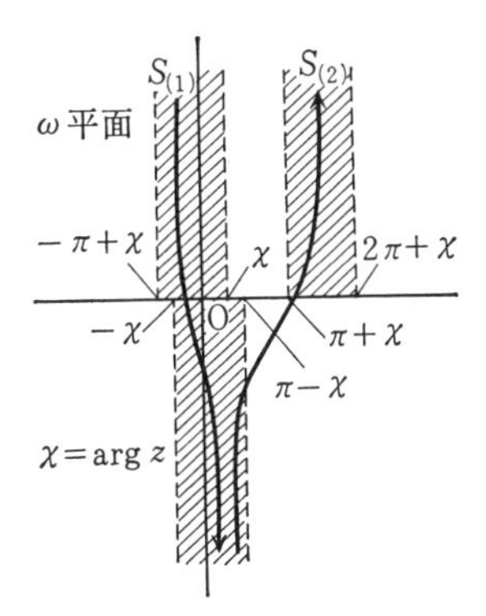

図 **D.1**

の積分路の両端を適当に無限遠にもっていって，そこからのφへの依存性を消すようにすればよい.

(D. 14)からも得られる有用な積分表示として

$$J_n(z) = \frac{1}{2\pi}\int_{\alpha}^{2\pi+\alpha} \cos(n\varphi - z\sin\varphi)d\varphi \tag{D. 15}$$

$$I_n(z) = \frac{1}{\pi}\int_0^{\pi} e^{z\cos\varphi}\cos n\varphi d\varphi \tag{D. 16}$$

$$H_\nu^{(\tau)}(x) = \pm\frac{e^{\mp i\nu\pi/2}}{i\pi}\int_{-\infty}^{\infty} e^{\pm ix\cosh t-\nu t}dt$$

$$(x>0,\ -1<\mathrm{Re}\,\nu<1) \tag{D. 17}$$

$$K_\nu(x) = \frac{1}{\cos\frac{\nu\pi}{2}}\int_0^{\infty}\cos(x\sinh t)\cosh\nu t dt$$

$$(x>0,\ -1<\mathrm{Re}\,\nu<1) \tag{D. 18}$$

をあげておこう.

本書で用いられる漸化式

$$\frac{d}{dz}z^n Z_n(z) = z^n Z_{n-1}(z) \tag{D. 19}$$

$$\frac{d}{dz}z^{-n}Z_n(z) = -z^{-n}Z_{n+1}(z) \tag{D. 20}$$

が(D. 14)から導かれる基本的な漸化式を用いて証明される.

$|z| \gg \nu$ に対して漸近形

$$H_\nu{}^{(\tau)}(z) \xrightarrow[|z|\to\infty]{} \sqrt{\frac{2}{\pi z}}e^{\pm i[z-(\nu+1/2)(\pi/2)]} \qquad (z \neq \text{負の実数}) \tag{D. 21}$$

が成り立つ. これから, k を波数, $r=|\boldsymbol{r}|$ として, $H_\nu{}^{(1)}(kr)$ が外向きの, $H_\nu{}^{(2)}(kr)$ が内向きの波を表わしていることがわかる. (D. 21)の証明は(D. 14)を鞍部点法を用いて近似すればよい.

和公式として

$$Z_0(|\boldsymbol{\rho}-\boldsymbol{\rho}'|) = \sum_{n=0}^{\infty}\epsilon_n Z_n(\rho)J_n(\rho')\cos n\chi \qquad (\rho>\rho') \tag{D. 22}$$

$$K_0(|\boldsymbol{\rho}-\boldsymbol{\rho}'|) = \sum_{n=0}^{\infty}\epsilon_n K_n(\rho)I_n(\rho')\cos n\chi \qquad (\rho>\rho') \tag{D. 23}$$

が積分表示を用いて証明できる. ここで χ は2つのベクトル $\boldsymbol{\rho}$ と $\boldsymbol{\rho}'$ のなす角, ϵ_n は Neumann 因子である.

また

$$J_\nu(z)N_\nu{}'(z) - J_\nu{}'(z)N_\nu(z) = \frac{2}{\pi z} \tag{D. 24}$$

$$j_\nu(z)n_\nu{}'(z) - j_\nu{}'(z)n_\nu(z) = \frac{1}{z^2} \tag{D. 25}$$

が Wronskian の計算から示せる.

積分の変形などに有用な公式として

$$H_\nu{}^{(1)}(e^{im\pi}z) = -\frac{\sin(m-1)\nu}{\sin\nu\pi}H_\nu{}^{(1)}(z) - e^{-i\nu\pi}\frac{\sin\nu m\pi}{\sin\nu\pi}H_\nu{}^{(2)}(z) \tag{D. 26}$$

が解析接続により得られる.

有用な積分公式として

$$\int^{x} x' Z_\nu(\alpha x') Z_\nu(\beta x') dx'$$
$$= \frac{x}{\alpha^2-\beta^2}\left[\beta Z_\nu(\alpha x)\frac{dZ_\nu(\beta x)}{d(\beta x)} - \alpha Z_\nu(\beta x)\frac{dZ_\nu(\alpha x)}{d(\alpha x)}\right] \tag{D. 27}$$

が微分方程式(D. 1)を用いて証明される.

円筒関数から作られる完全直交系のなかで，本書で用いたものは

$$\{J_n(\xi_i\rho)\} \qquad (\xi_i \text{ は } J_n(\xi_i a)=0 \text{ のすべての正根}) \tag{D. 28}$$

である. 直交性は

$$\int_0^a \rho J_n(\xi_i\rho) J_n(\xi_j\rho) d\rho = \frac{a^2}{2}\left(\frac{dJ_n(\xi_i a)}{d(\xi_i a)}\right)^2 \delta_{ij} \tag{D. 29}$$

で，完全性は性質のよい関数 $f(x)$ が

$$f(\rho) = \frac{2}{a^2}\sum \frac{c_i J_n(\xi_i\rho)}{(J_n'(\xi_i a))^2} \tag{D. 30}$$

$$c_i = \int_0^a \rho J_n(\xi_i\rho) f(\rho) d\rho \tag{D. 31}$$

と展開されることで表わされる.

本書で用いられた積分として次のものをあげておこう. (W. …) とあるのは文献(10)のページ数を示している.

$$\int_0^{\pi/2} J_1(z\sin\varphi) d\varphi = \frac{1-\cos z}{z} \qquad \text{(W. 374)(D. 32)}$$

$$\int_0^\infty e^{-bt} J_n(at) dt = \frac{1}{\sqrt{a^2+b^2}}\left\{\frac{\sqrt{a^2+b^2}-b}{a}\right\}^n \qquad (a, b>0)$$
$$\text{(W. 386)(D. 33)}$$

$$\int_0^\infty e^{\pm ibt}J_n(at)dt=\begin{cases}\dfrac{1}{\sqrt{a^2-b^2}}\left\{\dfrac{\sqrt{a^2-b^2}\pm ib}{a}\right\}^n & (a>b>0)\\[2ex] \dfrac{\pm i}{\sqrt{b^2-a^2}}\left\{\dfrac{\pm ia}{\sqrt{b^2-a^2}+b}\right\}^n & (b>a>0)\end{cases}$$

(W. 405) (D. 34)

$$\int_0^\infty e^{-p^2t^2}J_\nu(at)t^{\nu+1}dt=\frac{a^\nu}{(2p^2)^{\nu+1}}e^{-a^2/4p^2} \qquad (\mathrm{Re}\,\nu>-1)$$

(W. 394) (D. 35)

$$\int_0^\infty \frac{J_\nu(at)J_\nu(bt)t}{t^2-r^2\mp i\epsilon}dt=\pm\frac{i\pi}{2}J_\nu(br)H_\nu{}^{(\tau)}(ar)$$

$(a>b\geq 0,\ \mathrm{Re}\,\nu\geq 0)$ (W. 429) (D. 36)

$$\int_0^\infty \frac{J_\nu(at)J_\nu(bt)t}{t^2+r^2}dt=I_\nu(br)K_\nu(ar)$$

$(a>b\geq 0,\ \mathrm{Re}\,\nu\geq 0)$ (W. 429) (D. 37)

(D. 36) (D. 37) で $b=\nu=0$ としたものはとくによく用いられる.

[E] 第2量子化における Green 関数*

第10章で述べた抽象的な演算子形式は第2量子化された理論に対しても適用できる. それは Schrödinger 方程式 (10. 2. 1) において H を第2量子化における演算子で書かれていると考えるだけである. しかし場の量子論とか物性論においてはこのような Schrödinger 方程式に対する Green 関数ではなくて, むしろ場の演算子に対する方程式に関連したものを Green 関数と名づけて有効に用いている. それらの方程式は相互作用がない場合は, 例

* 補遺[E]では演算子をすべて細字で書く. 太字はベクトルを表わす.

えばスカラー場に対して Klein–Gordon 方程式となるように，既に知られた方程式と同形のものとなり，Green 関数としても同じものとなる．しかし相互作用がある場合は方程式が非線形となり，摂動論的な扱いを除いて，古典的な Green 関数の理論との対応を失う．くわしくその内容に立ち入ることはそれぞれの専門書にゆずって，ここでは場の量子論とか物性論においてどのような量を Green 関数とよんでいるかという簡単な紹介にとどめることにする．

E.1　場の量子論における Green 関数

$\lambda\varphi^3(X)$ という自己相互作用ハミルトニアンをもつスカラー場 $\varphi(X)$ を例にとって考えることにしよう．相互作用表示では，$\varphi(X)$ は方程式

$$\left(\Delta - \frac{1}{c^2}\frac{\partial^2}{\partial t^2} - \mu^2\right)\varphi(X) = 0 \tag{E.1}$$

を充たし，同時刻の $\varphi(X)$ の間には，交換関係

$$\left.\begin{aligned}
&[\varphi(\boldsymbol{r}, t), \varphi(\boldsymbol{r}', t)] = \left[\frac{\partial\varphi}{\partial t}(\boldsymbol{r}, t), \frac{\partial\varphi}{\partial t}(\boldsymbol{r}', t)\right] = 0 \\
&\left[\frac{\partial\varphi}{\partial t}(\boldsymbol{r}, t), \varphi(\boldsymbol{r}', t)\right] = -i\hbar c^2\delta(\boldsymbol{r}-\boldsymbol{r}')
\end{aligned}\right\} \tag{E.2}$$

が成立する．相互作用ハミルトニアンは

$$V(t) = \lambda\int\varphi^3(\boldsymbol{r}, t)d\boldsymbol{r} \tag{E.3}$$

である．$\varphi(\boldsymbol{r}, t)$ を

$$\varphi(\boldsymbol{r}, t) = \frac{\sqrt{\hbar c^2}}{\sqrt{2(2\pi)^3}}\int\frac{d\boldsymbol{k}}{\sqrt{\omega}}\{a(\boldsymbol{k})e^{i\boldsymbol{k}\cdot\boldsymbol{r}-i\omega t} + a^\dagger(\boldsymbol{k})e^{-i\boldsymbol{k}\cdot\boldsymbol{r}+i\omega t}\} \tag{E.4}$$

と書くと，$\omega = \sqrt{k^2+\mu^2}$ ととることにより方程式(E.1)は充たされ

る．$a(\boldsymbol{k})$の交換関係を

$$[a(\boldsymbol{k}), a^\dagger(\boldsymbol{k}')] = \delta(\boldsymbol{k}-\boldsymbol{k}'), \qquad \text{その他の交換関係は } 0 \tag{E. 5}$$

と置くことにより，交換関係(E. 2)も充たされる．(E. 5)を充たす演算子から

$$n(\boldsymbol{k}) = a^\dagger(\boldsymbol{k})a(\boldsymbol{k}) \tag{E. 6}$$

を作れば$n(\boldsymbol{k})$の固有値が$0, 1, 2, \cdots$であることが示されるので粒子数を表わす演算子と解釈できる．また$n(\boldsymbol{k})$と$a(\boldsymbol{k}), a^\dagger(\boldsymbol{k})$との交換関係を作ると，$a(\boldsymbol{k}), a^\dagger(\boldsymbol{k})$がそれぞれ粒子の消滅，創生演算子という意味をもつことがわかる．

すべての波数ベクトル$\boldsymbol{k}$に対応する自由度の粒子数が0である状態，すなわち真空状態$|0\rangle$を

$$a(\boldsymbol{k})|0\rangle = 0 \tag{E. 7}$$

で定義する．波数ベクトルが$\boldsymbol{k}$の中間子が1つある状態は

$$a^\dagger(\boldsymbol{k})|0\rangle = |\boldsymbol{k}\rangle \tag{E. 8}$$

である．1個の中間子が入射して1個の中間子が出ていく過程は

$$\langle \boldsymbol{k}'|S|\boldsymbol{k}\rangle = \frac{2\sqrt{\omega'\omega}}{\hbar c^2(2\pi)^3} e^{i\omega't'-i\omega t} \times \left\langle 0 \middle| \int e^{-i\boldsymbol{k}'\cdot\boldsymbol{r}'}\varphi(\boldsymbol{r}', t')d\boldsymbol{r}' S \int e^{i\boldsymbol{k}\cdot\boldsymbol{r}}\varphi(\boldsymbol{r}, t)d\boldsymbol{r} \middle| 0 \right\rangle \tag{E. 9}$$

が計算されればよいが，これはt, t'には依存しないので，

$$\langle 0|\varphi(\boldsymbol{r}', \infty)S\varphi(\boldsymbol{r}, -\infty)|0\rangle$$

さらには

$$\langle 0|T(\varphi(\boldsymbol{r}', t')S\varphi(\boldsymbol{r}, t))|0\rangle$$

が判ればよい．1体の Green 関数を

$$G(X, X') = \frac{i}{\hbar}\frac{\langle 0|T(S\varphi(X)\varphi(X'))|0\rangle}{\langle 0|S|0\rangle} \tag{E. 10}$$

で定義する．すなわちGからS行列要素が得られる．

さて(E. 3)のような相互作用ハミルトニアンをもつ場合に，S行列(10. 3. 25)とかGreen関数(E. 10)を計算するにはT演算子の中に$\varphi(X)$の積が入った演算子の行列要素を計算すればよい．その際用いられる重要な定理は，Wickの展開*

$$T(\varphi(X_1)\varphi(X_2)\cdots\varphi(X_n))$$
$$=\sum(\varphi^{\cdot}(X_{s1})\varphi^{\cdot}(X_{s2}))(\varphi^{\cdot}(X_{s3})\varphi^{\cdot}(X_{s4}))\cdots(\varphi^{\cdot}(X_{s(2m-1)})\varphi^{\cdot}(X_{s2m}))$$
$$\times:\varphi(X_{t1})\varphi(X_{t2})\cdots\varphi(X_{t(n-2m)}): \tag{E. 11}$$

である．ここで，

$$(\varphi^{\cdot}(X)\varphi^{\cdot}(Y))=\langle 0|T(\varphi(X)\varphi(Y))|0\rangle \tag{E. 12}$$

であり，$:\varphi(X_1)\varphi(X_2)\cdots\varphi(X_m):$はWickの積とよばれるもので，その中の演算子は消滅演算子を作用させてから後に創生演算子を作用させる，すなわちすべての消滅演算子は創生演算子の右にあるという約束である．例えば

$$:a^{\dagger}(\boldsymbol{k}_1)a(\boldsymbol{k}_2)a^{\dagger}(\boldsymbol{k}_3)a(\boldsymbol{k}_4):=a^{\dagger}(\boldsymbol{k}_1)a^{\dagger}(\boldsymbol{k}_3)a(\boldsymbol{k}_2)a(\boldsymbol{k}_4)$$

である．(E. 11)における和はn個の$\varphi(X_j)$をm個の対$(\varphi^{\cdot}\varphi^{\cdot})$と残り$n-2m$個の$\varphi(X_{t1})\cdots\varphi(X_{t(n-2m)})$に分けるすべての可能な組み合せについての和である．この定理を証明するにはすべての消滅演算子を右に移動させる．創生演算子を追いこすたびに

$$a(\boldsymbol{k})a^{\dagger}(\boldsymbol{k}')=a^{\dagger}(\boldsymbol{k}')a(\boldsymbol{k})+\delta(\boldsymbol{k}-\boldsymbol{k}') \tag{E. 13}$$

のようにδ関数がでる．このδ関数に対応して$t>t'$として$a(\boldsymbol{k})$をもつ$\varphi(X)$と$a^{\dagger}(\boldsymbol{k})$をもつ$\varphi(X')$に対して

$$\langle 0|T(\varphi(X)\varphi(X'))|0\rangle=(\varphi^{\cdot}(X)\varphi^{\cdot}(X'))$$

が現われることを用いて証明される．

Wickの積に分解されると，ある行列要素はそれに対応する

---

* G. C. Wick : *Phys. Rev.*, **80** (1950), 288.

Wick 積の項から得られる．例えば(E. 9)のような行列要素はWick の展開で $:\varphi(X)\varphi(Y):$ の項から定まる．かくして S 行列(10. 3. 25)とか Green 関数(E. 10)を摂動論で求めようとすれば，(E. 12)すなわち Green 関数の 0 次近似

$$G^{(0)}(X, Y) = \frac{i}{\hbar}\langle 0|T(\varphi(X)\varphi(Y))|0\rangle \tag{E. 14}$$

がわかれば計算できる．

さて 0 次 Green 関数 $G^{(0)}$ は

$$\begin{aligned}
&\left(\Delta-\frac{1}{c^2}\frac{\partial^2}{\partial t^2}-\mu^2\right)G^{(0)}(X, X') \\
&= \frac{i}{\hbar}\left\langle 0\left|\left[\frac{-1}{c^2}\frac{d^2\theta(t-t')}{dt^2}\varphi(X)\varphi(X')\right.\right.\right. \\
&\quad -\frac{2}{c^2}\frac{d\theta(t-t')}{dt}\frac{\partial\varphi(X)}{\partial t}\varphi(X')+\theta(t-t')\left\{\Delta-\frac{1}{c^2}\frac{\partial^2}{\partial t^2}-\mu^2\right\}\varphi(X)\varphi(X') \\
&\quad -\frac{1}{c^2}\frac{d^2\theta(t'-t)}{dt^2}\varphi(X')\varphi(X)-\frac{2}{c^2}\frac{d\theta(t'-t)}{dt}\varphi(X')\frac{\partial\varphi(X)}{\partial t} \\
&\quad \left.\left.\left.+\theta(t'-t)\varphi(X')\left\{\Delta-\frac{1}{c^2}\frac{\partial^2}{\partial t^2}-\mu^2\right\}\varphi(X)\right]\right|0\right\rangle \\
&= \frac{i}{\hbar}\left\langle 0\left|\left\{\frac{-1}{c^2}\frac{d\delta(t-t')}{dt}[\varphi(X), \varphi(X')]-\frac{2\delta(t-t')}{c^2}\left[\frac{\partial\varphi(X)}{\partial t}, \varphi(X')\right]\right\}\right|0\right\rangle \\
&= \frac{-i}{\hbar c^2}\delta(t-t')\left[\frac{\partial\varphi(X)}{\partial t}, \varphi(X')\right] = -\delta(t-t')\delta(\boldsymbol{r}-\boldsymbol{r}')
\end{aligned} \tag{E. 15}$$

となり，Klein-Gordon 方程式に対する Green 関数の方程式と同じ方程式を充たす．(E. 14)において $t\to\infty$ にすると $\varphi(X)$ が一番左にくるので $\varphi(X)$ の中の消滅演算子の部分すなわち正振動数の部分だけとなり，$t\to-\infty$ では逆に負振動数の部分となる．この条件は(9. 1. 75)の $\varDelta_{\mathrm{F}}(X-X')$ の充たす条件に外ならないので

$$G^{(0)}(X, Y) = \varDelta_{\mathrm{F}}(X-Y) \tag{E. 16}$$

である．(E. 16)はもちろん(E. 4)(E. 5)(E. 7)(E. 14)を用いて直接得ることもできる．

(E. 10)にもどって，これを Heisenberg 表示の演算子

$$\varphi_{\mathrm{H}}(X) = U(0,t)\varphi(X)U(t,0) \tag{E. 17}$$

と

$$|0_{\mathrm{H}}\rangle = U(0,-\infty)|0\rangle \tag{E. 18}$$

を用いて書いてみよう．形式的な演算では

$$HU(0,-\infty) = U(0,-\infty)H_0 \tag{E. 19}$$

が示されるので，$|0_{\mathrm{H}}\rangle$ は H の最低エネルギー状態として真の真空(true vacuum)とよばれている．真空の安定性を表わす

$$S|0\rangle = \text{const}\,|0\rangle \tag{E. 20}$$

と，(10. 3. 18)が時刻を $\pm\infty$ にしても成り立つと仮定した式を用いると，(E. 10)は

$$G(X,X') = \frac{i}{\hbar}\langle 0_{\mathrm{H}}|T(\varphi_{\mathrm{H}}(X),\varphi_{\mathrm{H}}(X'))|0_{\mathrm{H}}\rangle \tag{E. 21}$$

と書ける．φ_{H} の方程式

$$\left(\Delta - \frac{1}{c^2}\frac{\partial^2}{\partial t^2} - \mu^2 + 3\lambda\varphi_{\mathrm{H}}(X)\right)\varphi_{\mathrm{H}}(X) = 0 \tag{E. 22}$$

と(E. 2)と同形の正準交換関係を用いると，(E. 15)を得たのと同様の計算により

$$\left(\Delta - \frac{1}{c^2}\frac{\partial^2}{\partial t^2} - \mu^2\right)G(X,X') + 3\lambda\frac{i}{\hbar}\langle 0_{\mathrm{H}}|T(\varphi_{\mathrm{H}}(X)\varphi_{\mathrm{H}}(X)\varphi_{\mathrm{H}}(X'))|0_{\mathrm{H}}\rangle = -\delta(X-X') \tag{E. 23}$$

が得られる．左辺最終項はこのままでは $G(X,X')$ に演算子をかけたという形をしていない．従って(E. 23)は $\langle 0_{\mathrm{H}}|T(\varphi_{\mathrm{H}}\varphi_{\mathrm{H}}\varphi_{\mathrm{H}})|0_{\mathrm{H}}\rangle$ に対する方程式と連立で解かねばならない．しかし(E. 22)が非線

形の方程式であるから，今度はまた新しい量$\langle 0_{\mathrm{H}}|T(\varphi_{\mathrm{H}}\varphi_{\mathrm{H}}\varphi_{\mathrm{H}}\varphi_{\mathrm{H}})|0_{\mathrm{H}}\rangle$が現われる．このようにしてGreen関数の方程式系は無限個の未知関数に対する無限個の方程式系となる．また仮にこの左辺最終項を摂動論の助けをかりて

$$\int \Sigma(X, X'')G(X'', X')dX'' \tag{E. 24}$$

の形に書いたとしても$\Sigma(X, X')$はGの汎関数であり，一般には近似を用いなければまとまった形にも書けない．したがって$G(X, X')$は古典論におけるGreen関数とは大きく異なっている*.

E.2 物性論におけるGreen関数

例として第2量子化系

$$H = \int \psi^\dagger(\boldsymbol{r})H_0\psi(\boldsymbol{r})d\boldsymbol{r} + \frac{1}{2}\int \psi^\dagger(\boldsymbol{r})\psi^\dagger(\boldsymbol{r}')V(\boldsymbol{r}, \boldsymbol{r}')\psi(\boldsymbol{r}')\psi(\boldsymbol{r})d\boldsymbol{r}d\boldsymbol{r}' \tag{E. 25}$$

$$[\psi(\boldsymbol{r}), \psi^\dagger(\boldsymbol{r}')]_+ = \psi(\boldsymbol{r})\psi^\dagger(\boldsymbol{r}')+\psi^\dagger(\boldsymbol{r}')\psi(\boldsymbol{r}) = \delta(\boldsymbol{r}-\boldsymbol{r}'),$$

$$\text{その他の交換関係は}\ 0 \tag{E. 26}$$

で$V=0$の場合を考えよう．Heisenberg演算子(この場合は相互作用表示と同じ演算子である)の運動方程式は

$$i\hbar\frac{\partial\psi(X)}{\partial t} = -[H, \psi(X)] = H_0\psi(X)$$

である．

前項において$G^{(0)}$が方程式(E. 15)を充たしたのは，時間につ

---

* 仮想的な外場$J(X)$を用いた相互作用$\int J(X)\varphi(X)dX$を導入することによって，(E. 23)の左辺最終項を$J(X)$についての$G(X, X')$の汎関数微分の形に表わすことはできる．この意味では古典論における汎関数微分方程式に対するGreen関数と対応している．

いての階段関数と正準交換関係がうまくからみあったからであり，真空期待値はただ Green 関数の境界条件すなわち Δ_{F} であることを定めたにすぎない．このことを注意して任意の状態での期待値

$$G(X, X') = \frac{i}{\hbar}\langle|T(\psi(X)\psi^{\dagger}(X'))|\rangle \tag{E. 27}$$

を考えよう．ここで T は単に時間順序に並べなおすだけでなく，Fermi 粒子演算子の，1つの並べなおしに伴う置換ごとに符号を変えると約束しておく．すなわち

$$T(\psi(X)\psi^{\dagger}(X')) = \theta(t-t')\psi(X)\psi^{\dagger}(X') - \theta(t'-t)\psi^{\dagger}(X')\psi(X)$$

のようにする．さて

$$\begin{aligned}
&\left(i\hbar\frac{\partial}{\partial t} - H_0\right)G(X, X') \\
&= \frac{i}{\hbar}\Biggl\langle\Biggl|\Biggl[i\hbar\frac{d\theta(t-t')}{dt}\psi(X)\psi^{\dagger}(X') \\
&\quad + \theta(t-t')\left\{i\hbar\frac{\partial}{\partial t} - H_0\right\}\psi(X)\psi^{\dagger}(X') - i\hbar\frac{d\theta(t'-t)}{dt}\psi^{\dagger}(X')\psi(X) \\
&\quad - \theta(t'-t)\psi^{\dagger}(X')\left\{i\hbar\frac{\partial}{\partial t} - H_0\right\}\psi(X)\Biggr]\Biggr|\Biggr\rangle \\
&= -\langle|\delta(t-t')[\psi(X), \psi^{\dagger}(X')]_{+}|\rangle = -\delta(t-t')\delta(\boldsymbol{r}-\boldsymbol{r}')
\end{aligned} \tag{E. 28}$$

が成立するのでこれは自由 Schrödinger 方程式に対する Green 関数の充たす方程式と同じものである．通常状態 $|\ \rangle$ として基底状態例えば絶対0度の Fermi ガス状態などがとられる．

(E. 28) の計算においてはなにも純粋状態に対する期待値である必要もない．例えば密度行列 ρ で表わされる混合状態についての期待値に対応して

$$G(X, X') = \frac{i}{\hbar}\mathrm{Tr}\{\rho T(\psi(X)\psi^{\dagger}(X'))\} \tag{E. 29}$$

を用いても，まったく同様の計算から (E. 28) と同じ方程式が充た

されていることが示せる.

また大分配関数 $\mathrm{Tr}\{e^{-\beta(H-\mu N)}\}$ と変換関数(10.3.14)との類似性から時間の代りに温度を用いた温度 Green 関数(松原-Green 関数*)も有効に用いられている.

非線形相互作用がある場合に，古典的な Green 関数から逸脱する事情は，場の理論における Green 関数と同様である.

[F] Gauss の定理と Green の定理

まず Gauss の定理

$$\int_V \nabla\cdot\boldsymbol{A}(\boldsymbol{r})d\boldsymbol{r}=\int_S \boldsymbol{n}\cdot\boldsymbol{A}(\boldsymbol{r})dS \tag{F.1}$$

を証明しよう. ここで S は領域 V を囲む閉曲面，$\boldsymbol{n}$ は S 上の外向きの単位法線ベクトルである. 切口の面積が $dydz$ である x 軸に平行な多くの4角柱で V を貫く. 各4角柱と V との共通部分を V_i とする. S と1つの4角柱との交面は必ず偶数個であり x の小さい方から $S_1, S_2, \cdots, S_{2n}$ とする. 図 F.1 はその $z=z$ できった図である.

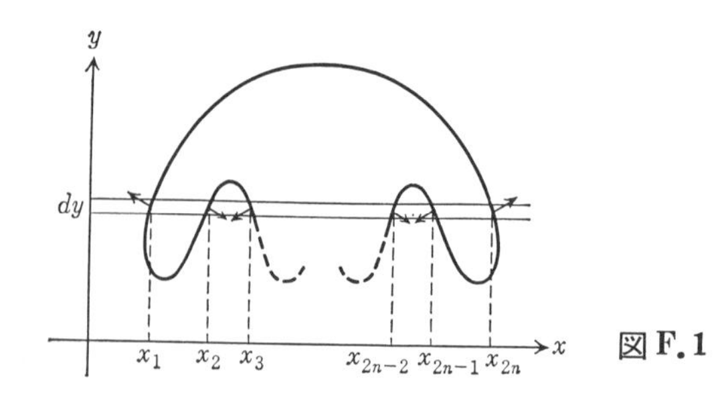

図 F.1

* T. Matsubara, *Prog. Theor. Phys.*, **14** (1955), 351.

$$\int_{V_i}\frac{\partial f(x,y,z)}{\partial x}dxdydz=\sum_{j=1}^{n}\left\{\int_{S_{2j}}f(x_{2j},y,z)dydz-\int_{S_{2j-1}}f(x_{2j-1},y,z)dydz\right\} \tag{F.2}$$

が成立する．S_j 面における外向き法線ベクトルを $\boldsymbol{n}_j$ とすると，S_j の面積 dS_j に対して

$$dS_{2j}\boldsymbol{n}_{2j}\cdot\boldsymbol{e}^{(1)}=dydz,\qquad -dS_{2j-1}\boldsymbol{n}_{2j-1}\cdot\boldsymbol{e}^{(1)}=dydz \tag{F.3}$$

が成り立つから

$$\int_{V_i}\frac{\partial f(x,y,z)}{\partial x}dxdydz=\sum_{j=1}^{2n}\int_{S_j}f(x_j,y,z)\boldsymbol{n}_j\cdot\boldsymbol{e}^{(1)}dS_j \tag{F.4}$$

となる．このような4角柱で V を全部おおうと

$$\int_{V}\frac{\partial f(x,y,z)}{\partial x}dxdydz=\int_S f(x,y,z)\boldsymbol{n}\cdot\boldsymbol{e}^{(1)}dS \tag{F.5}$$

が得られる．同様に

$$\int_{V}\frac{\partial g(x,y,z)}{\partial y}dxdydz=\int_S g(x,y,z)\boldsymbol{n}\cdot\boldsymbol{e}^{(2)}dS \tag{F.6}$$

$$\int_{V}\frac{\partial h(x,y,z)}{\partial z}dxdydz=\int_S h(x,y,z)\boldsymbol{n}\cdot\boldsymbol{e}^{(3)}dS \tag{F.7}$$

が得られるので，特に f,g,h を x,y,z 成分とするベクトル場 $\boldsymbol{A}(\boldsymbol{r})$ に対して(F.1)が成立する．

つぎにGreenの定理

$$\int_V\{u(\boldsymbol{r})\Delta v(\boldsymbol{r})-v(\boldsymbol{r})\Delta u(\boldsymbol{r})\}d\boldsymbol{r}=\int_S\{u(\boldsymbol{r})\nabla v(\boldsymbol{r})-v(\boldsymbol{r})\nabla u(\boldsymbol{r})\}\cdot\boldsymbol{n}dS \tag{F.8}$$

が，Gaussの定理(F.1)の $A(\boldsymbol{r})$ として $u\nabla v-v\nabla u$ をとることによって証明される．

参　考　書

この本のもととなった講義の原稿を作るにあたって主として参考にした本は

(1) A. Sommerfeld: *Partial Differential Equations in Physics,* Academic Press (1949) (増田秀行訳：物理数学(ゾンマーフェルト理論物理学講座 6), 講談社(1969))

(2) P. M. Morse and H. Feshbach: *Methods of Theoretical Physics* I, II, McGraw-Hill (1953)

(3) 寺沢寛一：自然科学者のための数学概論(全 2 冊), 岩波書店(1931, 60)

である. (1)は読んで面白い物理数学の本であり, (2), (3)は辞書として用いるのが適当であろう.

また

(4) M. Born and E. Wolf: *Principle of Optics,* Pergamon Press (1974) (草川・横田訳：光学の原理 I, II, III, 東海大学出版会(1974–75))

(5) 堀健夫, 堀淳一：光学 I, II, みすず書房(1952, 53)

(6) J. A. Stratton: *Electromagnetic Theory,* McGraw-Hill (1941)

(7) 砂川重信：理論電磁気学, 紀伊国屋書店(1973)

(8) D. Iwanenko und A. Sokolow: *Klassische Feldtheorie,* Staatsverlag, Moskau-Leningrad (1949)

なども参考にした.

Fourier 変換など固有関数系による展開については

(9) 今村勤：物理とフーリエ変換, 岩波全書(1976)

Bessel 関数については

(10) G. N. Watson: *A Treatise on the Theory of Bessel Functions,* Cambridge Univ. Press (1922)

を主として引用した.

索　引

サ 行

タ 行

ナ 行

ハ 行

マ 行

ヤ 行

ラ 行

ワ 行

今村　勤
1927年生れ．大阪大学理学部物理学科卒業．同大学助教授，関西学院大学理学部教授を経て，関西学院大学名誉教授．この間ボストン大学講師，ノースカロライナ大学客員准教授などを歴任．著書は本シリーズ4冊の他に『確率場の数学』(岩波書店)など．

物理数学シリーズ 4
物理とグリーン関数

2016年2月17日　第1刷発行
2025年4月4日　第5刷発行

著　者　今村　勤（いまむら　つとむ）

発行者　坂本政謙

発行所　株式会社 岩波書店
〒101-8002 東京都千代田区一ツ橋2-5-5
電話案内 03-5210-4000
https://www.iwanami.co.jp/

印刷・理想社　カバー・半七印刷　製本・中永製本

ISBN 978-4-00-007719-4　Printed in Japan